Telecommunications

Veröffentlichungen des / Publications of the

Münchner Kreis

Übernationale Vereinigung für Kommunikationsforschung,
Supranational Association for Communications Research

Band / Volume 7

Telekommunikation als Berufschance

Professional Chances in Telecommunications

Vorträge des am 19./20. April 1982
in München abgehaltenen Kongresses

Proceedings of a Congress
Held in Munich, April 19/20, 1982

Herausgeber/Editor: W. Kaiser

Springer-Verlag
Berlin Heidelberg New York 1982

Münchner Kreis
Übernationale Vereinigung für Kommunikationsforschung
Supranational Association for Communications Research
Ludwigstraße 8, D-8000 München 22, Telefon: (089) 28 49 09

Wissenschaftliche Leitung des Kongresses:

Prof. Dr.-Ing. Wolfgang Kaiser
Institut für Nachrichtenübertragung, Universität Stuttgart
Breitscheidstraße 2, 7000 Stuttgart 1

CIP-Kurztitelaufnahme der Deutschen Bibliothek
Telekommunikation als Berufschance :
Vorträge d. am 19./20. April 1982 in München abgehaltenen
Kongresses = Professional chances in telecommunications /
[Münchner Kreis, Übernat. Vereinigung für
Kommunikationsforschung, München]. Hrsg.: W. Kaiser.
[Wiss. Leitung d. Kongresses: Wolfgang Kaiser]. –
Berlin ; Heidelberg ; New York : Springer, 1982.
(Telecommunications ; Bd. 7)

ISBN-13: 978-3-540-11726-1   e-ISBN-13: 978-3-642-68696-2
DOI: 10.1007/978-3-642-68696-2

NE: Kaiser, Wolfgang [Hrsg.]; Münchner Kreis;
GT; PT

2362/3020/543210

Vorwort

In steigendem Maße hat die Telekommunikation einen tiefgreifenden Einfluß auf unsere Gesellschaft, die Formen des Zusammenlebens und Zusammenwirkens in unserer arbeitsteiligen Welt und den erreichbaren Lebensstandard. Neben Energie und Materie gilt Information als die dritte fundamentale Größe für die Gestaltung unseres Lebens. Die Bedeutung der Information nimmt von Jahr zu Jahr zu, und es steht zu erwarten, daß die Informationstechnik prägenden Einfluß auf die kommenden Jahrzehnte haben wird. Dabei versteht man unter dem Begriff Informationstechnik bzw. Telematik das Zusammenwirken von Informationsverarbeitung oder Informatik einerseits und Informationsübermittlung oder Telekommunikation andererseits. Deutlich erkennbar wachsen diese beiden Gebiete immer stärker zusammen und bedingen sich gegenseitig. Der Zwang zur Innovation ist daher gerade hier besonders ausgeprägt, wobei auf dem Weg in das Informationszeitalter die Mikroelektronik als Basisinnovation die Rolle des Wegbereiters übernommen hat.

Getragen wird diese Entwicklung aber von Menschen, nämlich den Informationsgestaltern und -vermittlern einerseits und denjenigen, die den technischen Vorgang der Informationsübermittlung erst ermöglichen. Zur ersten Gruppe zählen die Autoren, Publizisten, Journalisten, Redakteure, Reporter, kurzum alle, die Informationen erzeugen und anbieten, zur zweiten Gruppe gehören die auf dem Gebiet der Telekommunikation tätigen Ingenieure, Forscher und Techniker.

Der Kongreß "Telekommunikation als Berufschance" ist der Berufswelt dieser beiden Gruppen gewidmet. Obwohl sie vom Ausbildungsgang und von der Tätigkeitsart her ganz verschieden sind, üben beide Berufsgruppen eine unverzichtbare Funktion im Dienste der Menschen und der Gesellschaft aus.

Das Berufsbild der ersten Gruppe erfährt durch die neuen technologischen Möglichkeiten Änderungen, die Rückwirkungen auf die berufliche Aus- und Weiterbildung haben. Aber auch das Berufsbild des Telekommunikationsingenieurs ist einem schnellen Wandel unterworfen.

Telekommunikationsingenieure entwerfen und gestalten unter Anwendung von wissenschaftlich-technisch fundiertem Wissen Produkte, Anlagen und Systeme und entwickeln die dazu notwendigen Verfahren. Zu ihren Tätigkeitsgebieten zählen neben der eigentlichen Nachrichtenübermittlung die Daten- und Bürotechnik, die Verkehrs- und Sicherheitstechnik sowie die Unterhaltungselektronik. Ingenieure dieser Art findet man in großer Zahl in der Industrie, wo sie bei der angewandten Forschung, bei der Produktentwicklung, bei der Projektierung, im Vertrieb, in der Fertigung, im Prüffeld, im Patentwesen, bei der Montage, im Service und auch im Ausbildungswesen eingesetzt sind und - je nach Neigung und Begabung - Aufgaben mehr theoretischer oder praktischer Art ausführen. Das Wort Ingenieur kommt von Ingenium, dem schöpferischen Einfall, der Erfindung, aber daneben muß jeder Ingenieur ein beträchtliches Quantum an Fleiß und Ausdauer mitbringen. Außer in Industrieunternehmen sind Telekommunikationsingenieure in großer Zahl auch im öffentlichen Dienst sowie in Ingenieur- und Patentbüros, Forschungsinstituten und im Lehramt tätig.

Nach so vielen Dekaden relativ gleichmäßiger, ruhiger Weiterentwicklung befindet sich die Kommunikationstechnik derzeit im Umbruch, von der Analog- zur Digitaltechnik, von Kupfer- zu Glasfaserkabeln und von den separaten Nachrichtennetzen zu einem gemeinsamen Netz mit Integration der von den Teilnehmern gewünschten Dienste. Dieser Trend verändert selbstverständlich auch die beruflichen Anforderungen an die Ingenieure.

Technischer Fortschritt und wirtschaftliches Wachstum sind die Basis unseres Wohlstandes und daher für die weitere Entwicklung unverzichtbar. Neben den überwiegend positiven Auswirkungen des im Bereich der Telekommunikation zu verzeichnenden technischen Fortschritts auf die Lebensverhältnisse des Menschen sind dabei aber gelegentlich auch negative zu verzeichnen. Der Ingenieur muß daher nicht nur komplizierte technische Problemstellungen lösen können, sondern darf die damit verbundenen wirtschaftlichen Fragen nicht aus den Augen verlieren, muß einen möglichen Einfluß auf die Gesellschaft und die Umwelt beachten und sollte auch in der Öffentlichkeit argumentieren und überzeugen können. Die Ingenieure sind sich ihrer Verantwortung in diesem technischen Evolutionsprozeß durchaus bewußt und betrachten dies als einen Teil ihres beruflichen Selbstverständnisses, sie sehen aber wohl auch klarer als andere die technologischen Sachzwänge. Eine simple Technikverweigerung oder Technikfeindlichkeit ist eine allzu einfache Lösung, um negative Auswirkungen zu vermeiden.

Der vorliegende Band enthält die auf dem Kongreß "Telekommunikation als Berufschance" gehaltenen Vorträge. In Fortsetzung seiner früheren Kongresse "Telekommunikation für den Menschen" und "Telekommunikation für Bildung und Ausbildung" hatte sich der MÜNCHNER KREIS mit diesem, seinem siebten Kongreß das Ziel gesetzt, die heutige Berufssituation auf dem Gebiet der Telekommunikation zu beleuchten, Aussagen zur weiteren Entwicklung zu sammeln und berufliche Chancen für die Zukunft aufzuzeigen.

Da die Referate in deutscher oder in englischer Sprache, jeweils mit Simultanübersetzung, vorgetragen wurden, ist auch dieser Band weitgehend zweisprachig gestaltet. Jedem Vortrag in deutscher Originalfassung ist eine gekürzte Darstellung in englischer Sprache beigefügt, und umgekehrt.

Auf das Grußwort des Bayerischen Staatsministers für Unterricht und Kultus, Herrn Prof. Dr. Hans Maier, und das vom Herrn Bundesminister für Forschung und Technologie, Dr. Andreas von Bülow, gehaltene Grundsatzreferat über die Telekommunikation als besonders aussichtsreiches Feld für Innovationen folgen in diesem Band die beiden Eröffnungsvorträge über die Lage an den Hochschulen in diesem Jahrzehnt und die Trends im Rundfunkjournalismus sowie weitere drei Vorträge über die berufliche Situation im Rundfunk und die Wege zum Beruf eines Journalisten.

Die weiteren Vorträge des ersten Tages waren dann der beruflichen Situation der Telekommunikationsingenieure gewidmet, zunächst mit zwei Vorträgen über die Lage in der Industrie bzw. bei der Deutschen Bundespost und dann mit Referaten über den Bedarf an Telekommunikationsingenieuren und die Ausbildungsmöglichkeiten zu diesem Beruf. Speziell die beiden letzten Vorträge sollten auf die sich daran anschließende Podiumsdiskussion vorbereiten, an der auf dem Podium auch junge, noch nicht im Beruf stehende Menschen teilnahmen. Darüber hinaus beteiligten sich zahlreiche Schüler der Klassen 12 und 13 der Münchner Gymnasien und deren Lehrer an dieser Diskussion und konnten in lebhaftem Frage- und Antwortspiel Näheres über das Berufsbild des Telekommunikationsingenieurs, seine beruflichen Aussichten, sein Selbstverständnis und die Wege zu diesem Beruf in Erfahrung bringen.

Der zweite Tag des Kongresses begann mit einem Blick auf die internationale Szene, zunächst mit einem Referat über die Beschäftigungsaussichten aus der Sicht der International Telecommunication Union. Daran schlossen sich zwei Vorträge über die Situation in USA und Japan als den beiden bedeutendsten Industrieländern mit doch ganz verschiedenen Formen der Personalpolitik an. Der vierte Vortrag in dieser Themengruppe berichtete dann über die typischen Verhältnisse in einem Entwicklungsland.

Die restlichen Vorträge des zweiten Kongreßtages befaßten sich mit den sichtbar werdenden Änderungen der Berufsbilder auf dem Gebiet der Telekommunikation. So wurde in drei Vorträgen über Veränderungen im technischen Bereich und in weiteren fünf Vorträgen über solche im Medienbereich berichtet, wobei - natürlich nur exemplarisch - einige dieser neuen Berufsbilder vorgestellt wurden. Der Kongreß schloß mit einem zusammenfassenden Resümee von Prof. Witte.

Ich bin sehr glücklich darüber, daß sich so viele prominente Persönlichkeiten bereit erklärt haben, durch einen Vortrag oder die Übernahme einer Diskussionsleitung an diesem Kongreß mitzuwirken. Ihnen allen möchte ich meinen ganz besonderen Dank aussprechen. Schließlich gilt mein Dank auch der örtlichen Kongreßleitung, die den äußeren Rahmen für diese Veranstaltung schuf, sowie meinem Assistenten Herrn Dr. H.Th. Hagmeyer, der zur Vorbereitung des Kongresses und der Herausgabe dieses Bandes wesentlich beigetragen hat.

Im Mai 1982   Wolfgang Kaiser

Foreword

More and more, telecommunication has strong impacts on our society, on
the way we live, work together and on upgrading our standard of living.
Together with energy and matter, information is the third fundamental
quality that determines our life style. The importance of information
increases from year to year and information techniques will have a
mounting influence in the coming decades. The term information techniques or telematics means that information transmission or telecommunications on one hand and information processing or informatics on the
other show an ever growing, overlapping relationship and condition each
other. The need for innovations is especially urgent in this field and
microelectronics as a basic innovation is paving the way into the era
of information.

The basis of this development, however, is the work of human beings,
people, who generate and offer informations, and people, who develop
and construct the technical means of information transfer. In the first
group are the authors, TV and radio reporters, journalists, editors,
in short all types of communicators, and in the second group are the
telecommunication engineers, researchers and technicians. This congress
"Professional Chances in Telecommunications" is dedicated to furthering
the professional world of these two groups. They entirely differ in
their way of education and their professional activities but both
groups are essential to serve the people in our society.

The professional sphere of the first group will change because of the
new technological possibilities. That in turn will influence education
and training of future telecommunicators. Also, the professional skills
of telecommunication engineers are changing quickly. By applying scientific knowledge, the engineers design and make new products, in-
stallations, systems and develop the necessary methods for this task.
In addition to the more traditional area of telecommunications their
activities encompass the field of data and office communication, traffic

and security techniques, as well as consumer electronics. The majority
of telecommunication engineers have jobs in industry. They are engaged
in research and development, in marketing, in production, in testing
and product control, in maintenance and in training others, and in ac-
cordance with their talents and personal preferences fulfill tasks of
a more theoretical or practical nature. Other telecommunication engineers have their jobs in public institutions, in consulting, engineering or patent offices, in research institutes and in education. The
word engineer stems from Ingenium, the creative idea, the invention,
but above that engineers need a lot of endurance.

After so many decades of a relatively smooth paced evolution, the telecommunication techniques are now in a complete change from the analog
to the digital signal form, from copper wire to optical fibre and from
the separate networks of today to a common network with integration
of all subscriber services. Clearly this development will influence
the professional requirements of telecommunication engineers considerably.

Technical progress and economic growth are the basis for our welfare
and, therefore, essential to further development. To our society the
effects of the technical progress in telecommunications are mainly positive but some negative aspects may turn up. Therefore, the engineer
must not only be trained to solve complicated technical problems. He
has to check the related economic issues, to watch the possible influence to society as well as its ecology and must be able to argue in the
public. Engineers are aware of their responsibility in this process of
technical evolution and consider it as part of their professional self-
understanding. However, they also know better than others, that there
are technological restraints. A simple refusal or even hostility to
any technical progress is a too trivial solution to avoid negative
effects.

This Proceedings Volume contains the papers given at the congress
"Professional Chances in Telecommunications". In pursuing the line of
its former congresses "Human Aspects of Telecommunication" and "Telecommunication for Education and Vocational Training", the MÜNCHNER
KREIS intended with this, its seventh congress to describe the existing
professional situation, indicate the forecasts for the demand and show
the professional chances in the future.

The papers were given in German or English, with simultaneous translation. So this edition has been bilingually composed by adding to each paper an abbreviated version in the other language.

This volume starts with the opening address by Prof. Dr. Hans Maier, Minister of Education and Culture, Munich, and the key note paper by Dr. Andreas von Bülow, Minister of Research and Technology, Bonn, on telecommunications as a specially important field for innovations, followed by the two papers of the opening session on the universities in the eighties and the trends in radio and TV journalism. The next three papers describe the professional situation in broadcasting and the ways to become a journalist.

The remaining four papers of the first day of the congress dealt with the professional world of the telecommunication engineers, their situation and assignments in industry and at the Deutsche Bundespost, the demand for such engineers and the educational possibilities to become a telecommunication engineer. The last two papers were specifically oriented to facilitate the open panel discussion on the educational opportunities and professional chances of telecommunication engineers. Also young people interested in this profession were speaking on the panel and many boys and girls from the senior high schools of Munich as well as their teachers contributed to this discussion.

The second day of the congress started with papers covering the professional situation in foreign countries. The first paper gave the employment opportunities as viewed by the International Telecommunication Union. Then came two papers from the USA and Japan as the most important industrialized countries with quite different aspects of employment policy, and finally a paper about the communication engineering education in Nigeria as a prototype of a developing country.

The remaining papers of the second day described new or strongly modified types of professions in telecommunications, starting with three papers on the changes in the technical area and then - of course in an exemplary way only - followed by five papers on new types of professions in the media. The congress concluded with a résumé presented by Prof. Witte.

I am very glad, indeed, that so many prominent people contributed to this congress, either by giving a paper or by acting as the chairperson of a session. I want to thank all participants most sincerely. May I also express my gratitude to the people in the local congress office and to my assistant Dr. H. Th. Hagmeyer, who helped in organizing the congress and in editing this volume.

May 1982   Wolfgang Kaiser

Inhalt/Contents

Grußwort des Bayerischen Staatsministers für Unterricht und Kultus

Professor Dr. Hans Maier

Sehr geehrte Damen und Herren!

Unser Kommunikationssystem steht gegenwärtig am Beginn tiefgreifender Veränderungen. Bahnbrechende Fortschritte im Bereich der Mikroelektronik, der Glasfasertechnologie und des Satellitenfunks ermöglichen neue Formen der Informationsübermittlung und Informationsspeicherung. Die gesellschaftliche und wirtschaftliche Bedeutung dieser neuen Kommunikationstechnologie wird häufig verglichen mit den epochemachenden Erfindungen des Bleidrucks oder der Dampfmaschine. Dabei taucht sowohl die Vision einer "total verkabelten Gesellschaft" und des "maßlos informierten" Bürgers auf als auch die Befürchtung einer Orwell'schen elektronischen Kulturrevolution.

Ich habe Verständnis dafür, daß die zu erwartenden Neuerungen Mißtrauen und Ängste hervorrufen. Doch wie wir aus der Geschichte wissen, sind derartige Symptome weder einmalig noch neu. Häufig wird übersehen, daß die wissenschaftliche, technische Entwicklung bereits dem Bestehenden den Boden unter den Füßen weggezogen hat. Auch die Entwicklung der Kommunikationstechnologie ist unaufhaltbar, solange das Grundrecht der Freiheit von Wissenschaft, Forschung und Lehre gültig ist. Es kommt also darauf an, daß sich die Bürger, die Verantwortlichen in Wirtschaft, Gesellschaft und Staat den damit verbundenen Herausforderungen stellen.

In der Öffentlichkeit wird häufig nur die Gefahr des Verlusts an Arbeitsplätzen gesehen. Sicher gehen jedoch von der Nutzung neuer Produkte auch Beschäftigungsimpulse aus. Selbst in den konventionellen Herstellungs- und Übermittlungsbereichen wie der Post, des Druckgewerbes und der Büros erfolgen vermutlich die Beschäftigungsrückgänge wegen des zu erwartenden Informationswachstums nicht so schnell, wie dies manchmal angenommen wird. Die weitreichenden Auswirkungen der Nutzung neuer Kommunikationstechnologien werden die Berufsanforderungen verändern. Es ist kaum anzunehmen, daß sich eine Vielzahl neuer Berufe entwickelt. Vielmehr werden sich innerhalb der bestehenden Berufe die Tätigkeitsmerkmale insofern ändern, daß informationsbezogene Elemente verstärkt oder neu aufgenommen werden. Für die inhaltliche Gestaltung der beruflichen Bildung bedeutet dies, daß bislang gegenständlich gelöste Aufgaben zunehmend auf der Ebene der Information und damit auch mit erhöhter Abstraktion bearbeitet werden müssen und die Kenntnisse der Informationsinhalte hinter die Kenntnisse über den Zugang zur Information zurückzutreten haben. Berufliche Schulen und Hochschulen müssen deshalb in Zukunft vermehrt ihr Augenmerk darauf richten, Grundfähigkeiten und sogenannte Schlüsselqualifikationen zu vermitteln. Dazu gehören aber nicht nur sprachliches Ausdrucksvermögen, logisches Verständnis und technische Fähigkeiten, sondern auch alte Tugenden wie Sorgfalt, Mitverantwortung und Leistungsbereitschaft.

Die Diskussion über die neuen Medien wird in der Öffentlichkeit leider sehr selektiv und häufig ideologisch überhöht geführt. Es wird Aufgabe dieses Kongresses und der weiteren Arbeit sein, den Fragen der Telekommunikation nachzugehen und die Öffentlichkeit über Ergebnisse zu informieren.

Ich wünsche der Tagung einen guten und erfolgreichen Verlauf.

Innovationsfeld Telekommunikation

Dr. Andreas von Bülow
Bundesminister für Forschung und Technologie

Meine sehr verehrten Damen und Herren!

Die Telekommunikationsindustrie gilt als Wachstumsbranche. Der Weltmarkt für Informations- und Kommunikationssysteme soll sich in diesem Jahrzehnt fast verdoppeln und 1990 auf ein Volumen von 350 Mrd. DM gestiegen sein.

Die kommunikationstechnische Industrie ist kreativ und innovativ. Ihre Leistungsfähigkeit ist zugleich Grundlage der Wettbewerbs- und Innovationsfähigkeit vieler anderer Wirtschaftszweige, aber auch der Volkswirtschaften insgesamt.

Ohne die Entwicklungschancen der Mikroelektronik, der Optischen Nachrichtentechnik, der Glasfaser oder der möglichen Digitalisierung von Netzen und Endgeräten genauer und im einzelnen hier zu bewerten, kann man sicher behaupten, daß der Bereich der Telekommunikation anzusprechen ist, wenn die Formel "Innovationen erzeugen Wachstum" zu beweisen ist. Den pessimistischen Prognosen für einige andere Wirtschaftszweige stehen im Grundsatz positive Perspektiven des Informations- und Kommunikationssektors für Wachstum und Beschäftigung, auch für neue Arbeitsplätze gegenüber.

Dieser Kongreß befaßt sich mit den beruflichen Möglichkeiten im Bereich der Telekommunikation. Angesichts der derzeit nicht annähernd zu befriedigenden Nachfrage nach hochqualifizierten Fachkräften für diesen Bereich und einer wohl noch nicht erkannten Vielfalt neuer beruflicher Möglichkeiten ist dies ein interessantes Tagungsprogramm. Darüber darf aber nicht die aktuelle Frage vergessen werden, warum die Telekommunikationsindustrie in der Bundesrepublik Deutschland in den letzten Monaten in erheblichem Umfang Arbeitskräfte entlassen hat. Wir müssen uns fragen, ob es sich um kurzfristige Maßnahmen wegen akuter konjunktureller Schwierigkeiten handelt, oder ob wir vor einer langfristigen Entwicklung stehen, die unter dem Stichwort "Jobkilling durch modernste Technologie" zu einem Schreckgespenst werden könnte.

Ich habe den Eindruck, daß die Schwierigkeiten für die Arbeitsplätze im Telekommunikationsbereich zunächst die gleichen Ursprünge haben wie in einer Reihe anderer Branchen. Sie sind Folge des Ersatzes elektromechanischer Lösungen durch die Elektronik, dem damit einhergehenden verminderten Wartungsaufwand und dem für diese Entwicklung typischen Rückgang an Wertschöpfung.

In Teilen der Telekommunikation tritt diese Entwicklung nur deshalb etwas verzögerter auf als beispielsweise in der Büromaschinenindustrie, weil die Lebenszyklen dieser Großanlagentechnik von Natur aus länger sind, der Marktdruck geringer ist und z.B. bis zum Vollausbau des vorhandenen analogen Fernsprechnetzes in konventioneller Technologie noch einige Jahre vor uns liegen. Aber Sättigungserscheinungen sind ab Mitte der 80er Jahre zu erwarten und zu diesem Zeitpunkt werden neue Systemlösungen auf der Basis der neuen Technologien voll durchschlagen.

Dieser System- und Technologiewechsel ist allerdings nicht das einzige Arbeitsproblem, das vor uns liegt. Für die Deutsche Bundespost als größtes Unternehmen der Bundesrepublik Deutschland bringt es die zusätzliche Aufgabe, die schrittweise durch neue Fernmeldedienste bei der "gelben" Post ersetzten Arbeitsplätze durch eine Geschäftsausweitung im Fernmeldewesen selbst wett zu machen. Es ist also nicht die Arroganz eines staatlichen Monopols, sondern die Verantwortung für Arbeitsplätze, wenn die Post heute neue geschäftliche Möglichkeiten im Fernmeldesektor für sich zu sichern sucht.

Nun gibt es in der öffentlichen Diskussion seit langem das Schlagwort von einem riesigen Investitionsstau durch die Deutsche Bundespost, der ganz einfach zu beseitigen sei, wenn endlich ein bundesweites Kabelfernsehnetz aufgebaut werde.

Dazu möchte ich drei Bemerkungen machen, eine gesellschaftspolitische, eine ökonomische und eine technologiepolitische. Gesellschaftspolitisch ist Fernsehen für die Politik und für Politiker eine wichtige Angelegenheit, wer wollte das bestreiten, und natürlich nicht nur für die Politiker, sondern wir alle müssen uns um Voraussetzung und Folgen dieses Mediums kümmern.

Das Fernsehen vermittelt Leitbilder, es kann eine lebendige politische und fachliche Diskussion vermitteln oder sie zur unterschwelligen Propaganda degenerieren lassen. Es kann Familien zur Sprachlosigkeit verführen und Heranwachsenden eine Scheinwelt vorspielen, die sie manipulierbar macht. Wir alle wissen um die guten und schlechten Seiten dieses Mediums und deshalb ist es nicht verwunderlich, daß es zwischen den demokratischen Parteien unterschiedliche Meinungen und Interessen gibt, wie Fernsehen organisiert sein sollte. Sie können sich sicher denken, daß ich ein engagierter Verfechter des öffentlich-rechtlichen, vom Parteienproporz im wesentlichen freien und wirtschaftlich unabhängigen Fernsehen bin und die amerikanische Fernsehkultur nicht für das non plus ultra halte. Aber darauf kommt es mir in diesem Zusammenhang nicht an. Worauf es mir ankommt, ist, daß wir redlich miteinander diskutieren und nicht versuchen, durch die Hintertür gesellschaftspolitische Interessenpositionen durchzusetzen. Wer für privates Fernsehen ist, wer für eine Vervielfachung der Programme ist, sollte dies sagen und begründen und sich bei politischen Angriffen nicht hinter dem Investitionsstau verschanzen.

Soviel nur zum gesellschaftspolitischen Aspekt. Nun zum ökonomischen Argument des Investitionsstaus. In einer Studie der Firma Arthur D. Little wird das Investitionsvolumen des für Kabelfernsehnetze gelobten Landes USA auf derzeit 1 Mrd. DM jährlich geschätzt. Das würde auf die Einwohnerzahl der Bundesrepublik umgerechnet ein Volumen von rund 300 Mio. DM bei uns ergeben. Interessanterweise liegt allein das Investitionsvolumen der Deutschen Bundespost für Verteilnetze im Jahr 1982 etwa in dieser Größenordnung. Die Bundespost investiert im Fernmeldebereich aber jährlich das 30fache. Ein Nachrichtentechniker würde sagen, der berühmte Investitionsstau im Kabelfernsehen geht im Rauschen unter.

Soviel zum ökonomischen. Und nun noch eine Bemerkung zum technologiepolitischen Aspekt. Eine beschleunigte Investition in Kabelfernsehverteilnetze, die über die Marktnachfrage deutlich hinausgeht, ist auch technologiepolitisch eine Fehlleistung. Wir sollten uns wirklich darauf konzentrieren, in technisch anspruchsvolle und wirtschaftlich zukunftsweisende Lösungen zu investieren.

Ich erinnere an die Regierungsentscheidung für den Aufbau eines bundesweiten integrierten Breitband-Glasfasernetzes vom Sommer letzten Jahres, in dem auch eine Kabelfernsehverteilung als integrierte Dienst-

leistung möglich sein wird. Entsprechende Pilotprojekte sind beabsich-
tigt. Ich räume ein, daß integrierte Breitbandnetze natürlich nicht so
schnell aufgebaut werden können, wie konventionelle Koaxialkabel-Ver-
teilnetze. Der Aufbau solcher Netze auf der Basis der optischen Nachrichtentechnik kann uns aber eine technologische Spitzenstellung verschaffen. Die Zugriffsmöglichkeiten zu Fernsehprogrammen und Videothe-
ken oder wesentlich verbesserte Qualitätsstandards in der Fern-
sehbilddarstellung sind dabei allenfalls Teile eines größeren Ganzen.
Die zitierte Regierungsentscheidung für den Aufbau von Glasfaser-Breit-
bandnetzen ist allerdings eher langfristig bedeutungsvoll. Mittelfri-
stig bekommen wir in dieser Branche wohl eher Beschäftigungsprobleme.
Betrachten wir einmal dazu unsere Exportstatistik. Die deutsche Industrie als größter Industrieausrüster der Welt exportiert insgesamt heute mehr denn je.

Leider stagniert bei der deutschen Telekommunikationsindustrie die Ex-
portquote derzeit bei 25 %. Auch in den für die Zukunft wichtigen Bereichen der Datenverarbeitung und der Mikroelektronik sind Schwächen
nicht zu übersehen. Bei der Datenverarbeitung sind wir Importland, und
wir beziehen ca. 50 % unseres Bedarfs an integrierten Schaltkreisen aus
dem Ausland. Eine starke Telekommunikationsindustrie, die mit steigenden Exportquoten neue Arbeitsplätze schafft, ist ohne starke Datenverarbeitung und ohne eine breite Basis in der Mikroelektronik nicht denkbar. Warum sind wir im gesamten Bereich der Informationstechnik so viel
schwächer im Export als etwa im Maschinenbau? Als für Forschung und
Technologie zuständiger Minister habe ich mir natürlich die Frage vorgelegt, ob wir gegenüber anderen Industrienationen einen wesentlichen
Rückstand in unseren FuE-Aufwendungen haben, der diese Schwäche erklären könnte. Ich habe in den letzten Monaten versucht, in einer Reihe
von Gesprächen mit Vertretern aus Wissenschaft und Industrie hierauf
eine Antwort zu finden. Danach drängt sich bei mir der Eindruck auf,
daß wir bei einigen Spitzenprodukten,so zum Beispiel bei der digitalen
Vermittlungstechnik, einem Vergleich mit Ländern wie den USA und Japan
zur Zeit im Markt nicht standhalten, obwohl alle wirklich wichtigen
Technologien bei uns technisch beherrscht werden. Stagnation im Telekommunikationsbereich kann also nicht mit fehlendem technischen Know
how erklärt werden. Das gleiche ist übrigens für die Bauelementeindu -
strie anzunehmen.

Die Schwierigkeiten liegen woanders: Wenn wir uns nicht darauf beschränken wollen, die internationale Innovationsrate im Bereich der Informa-
tions- und Kommunikationstechnik nur noch wissenschaftlich nachzuvoll-

ziehen, sondern das internationale Wachstumspotential dieses Bereichs zum Erhalten, vielleicht sogar zur Ausweitung des Arbeitsplatzangebots, selbst voll ausschöpfen wollen, müssen wir neue Märkte erschließen. Und zwar innerhalb und außerhalb unseres Landes. Es gibt Schätzungen, daß in der Zukunft ein Weltmarktanteil von 3 bis 5 % erforderlich sein wird, um die Entwicklungsaufwendung für öffentliche und private Vermittlungseinrichtungen bei einer Lebensdauer von 6 bis 9 Jahren pro Produktgeneration wieder hereinzuspielen. Hierbei ist zu berücksichtigen, daß allein der US-Markt für digitale Vermittlungssysteme weitaus größer ist als alle anderen nationalen Märkte zusammen. Sind diese Zahlen halbwegs richtig, kann man sich leicht ausrechnen, welche Unternehmen am Weltmarkt überleben werden; deutsche Unternehmen werden dabei sein, wenn sie eine konsequente Exportstrategie verfolgen. Unsere traditionellen Märkte sind jedenfalls für das Einspielen der für eine Ausschöpfung des Innovationspotentials notwendigen Entwicklungsaufwendungen zu klein. Neue Märkte werden allerdings am einfachsten zunächst im Inland erschlossen. Ich komme darauf noch einmal zurück.

Ich habe inzwischen gelernt, daß der Telekommunikation bei der Entwicklung des Binnenmarkts auch für die Produkte der Datenverarbeitungs- und Bauelementeindustrie eine Schlüsselrolle zugefallen ist. Eine moderne Fernmeldeinfrastruktur ist das Rückgrat der "Geschäftlichen Kommunikation". Der entsprechende Endgerätebereich und damit auch in steigendem Umfang das Produktspektrum der informationstechnischen Industrie hängen davon ab. Teletex bietet dafür ein gutes Beispiel. Die Post hat diesen Dienst gerade als erste Betriebsgesellschaft überhaupt eingeführt, und schon die Hannover-Messe wird zeigen, daß es sich in Zukunft kein Büromaschinenhersteller mehr wird leisten können, auf kommunikationsfähige Textautomaten zu verzichten.

Datenverarbeitung, Bürotechnik und Fernmeldewesen sind verschiedene Seiten desselben Gegenstands geworden. Insbesondere für die Unternehmen der kommunikationstechnischen Industrie bedeutet dies die Einstellung auf eine gegenüber früheren Jahren enorm gesteigerte Vielfalt von Technologien in Produktentwicklung und Fertigung. Hieraus wiederum resultieren erhöhte Anforderungen bei den Entwicklungsaufwendungen, hohe Aufwendungen für zugekaufte Komponenten, und, dies ist entscheidend, ein dramatischer Rückgang in der Wertschöpfung.

Zusätzlich beobachten wir gerade im Telekommunikationsbereich das Phänomen, daß technologische Innovationen zunehmend von neuen Wettbewerbern vorangetrieben werden, so z.B. von IBM bei Nebenstellenanlagen.

In Deutschland hat gerade Nixdorf die Postzulassung für die erste PCM-
Nebenstellenanlage in der Bundesrepublik Deutschland erhalten.

Die Probleme, die sich aus der verminderten Wertschöpfung, der vergleichsweise kurzen Produktlebensdauer und einer Reihe neuer Wettbe-
werber auf dem Telekommunikationsmarkt ergeben, sind von den Unternehmen zu lösen; die politischen und gesellschaftlichen Folgen zu bedenken und gegebenenfalls zu handeln ist die Sache der Regierung und der
politischen Öffentlichkeit.

Ich glaube, die Grenzen der Forschungs- und Technologiepolitik sind
hierbei offenkundig. Die Bundesregierung hat die Industrie seit Anfang
der 70er Jahre auf den Gebieten der optischen Nachrichtentechnik, der
Digitalisierung von Netzen und Endgeräten und der Mikroelektronik gefördert, zugegeben mit im internationalen Maßstab bescheidenen Mitteln.
Sie hat mit dem Beschluß zur Durchführung der beiden Sonderprogramme
"Anwendung der Mikroelektronik" und "Komponenten der Optischen Nachrichtentechnik" im September letzten Jahres der Tatsache Rechnung getragen, daß nun erhebliche Anstrengungen notwendig sind, um die For-
schungs- und Entwicklungsergebnisse der 70er Jahre auf die Produktebe-
ne zu transformieren. Danach muß der Markt sich selbst helfen.

Allerdings, ein wichtiges, vielleicht sogar entscheidendes Marktsegment
wird von der Deutschen Bundespost bestimmt. Darauf wird auch in einer
für den Bundesminister für Forschung und Technologie angefertigten Studie über Chancen und Probleme einer innovationsorientierten Beschaffungs-
politik hingewiesen. Die Autoren der Studie von IABG und IFO behaupten
übrigens, daß die fast vollständige Ausrichtung der Nachfrage der DBP
auf den Inlandsmarkt zur Errichtung und Konservierung marktmächtiger
Angebotsstrukturen beigetragen habe, die die Innovationskonkurrenz be-
hinderten. Ich halte diese Schlußfolgerung für zu einfach als Antwort
auf die Frage, nach welchen Kriterien das Interessen-Dreieck zwischen
Postverwaltung, Industrie und den Nutzern fernmeldetechnischer Dienstleistungen auszubalancieren ist. Hier geht es um grundlegende Weichen-
stellungen.
Um ein Beispiel zu geben: Ein Teil der kommunikationstechnischen Industrie drängt heute nicht nur auf den Einsatz von Fernseh-Rundfunk-
Satelliten. Satelliten sollen auch den schnellen Aufbau des sogenannten
ISDN-Netzes, ein digitales Netz mit 64 kbit/s-Kanälen und zusätzlichen,
parallel einzusetzenden Datenkanälen, ermöglichen. Andere Teile der Industrie möchten dieses Netz so schnell wie möglich rein terrestrisch
realisiert sehen. Schließlich gibt es angesichts der erheblichen Ent-

wicklungsfortschritte bei der Optischen Nachrichtentechnik den Plan,
ein sogenanntes bundesweites Breitbandnetz mit Glasfasern von den Orts-
netzen ausgehend sehr zügig aufzubauen und die Digitalisierung des vorhandenen Netzes zu überspringen. Wenn man einmal von der Satelliten-
Alternative absieht, so käme eine ISDN-Strategie primär der Geräte-
und damit auch der Bauelementeindustrie zugute, insbesondere der Bereich
der geschäftlichen Kommunikation erhielte eine Fülle positiver Impulse
für die bürotechnische und die Datenverarbeitungs-Industrie.

Das integrierte breitbandige Glasfaser-Ortsnetz dagegen würde zunächst
Investitionen für die Hersteller optischer Kabel bringen und sehr viel
langfristiger erst für die Geräte- und Konsumelektronik-Industrie. Bei
dieser Alternative gelten als wesentliche Argumente erstens, daß eine
Abnahme-Garantie für große Kabellängen die Preise für in der Bundesrepublik Deutschland produzierte Glasfasern auch auf dem Weltmarkt konkurrenzfähig machen würde; zweitens, daß die frühzeitige Beherrschung
der Breitbandübermittlungs- und Endgerätetechnik die deutsche Industrie
in den neunziger Jahren an die Spitze des technischen Fortschritts
bringen könnte.

Wie hängen Wettbewerb, Marktgrößen und Forschungs- und Entwicklungsaufwendungen miteinander zusammen:
Wir haben bislang einen im wesentlichen von der Bundespost regulierten
Markt. Der Übergang zu einer Wettbewerbspolitik, wie sie in Teilberei-
chen auch von der Monopolkommission in ihrem Sondergutachten von Anfang
1981 empfohlen wurde, würde bedeuten, daß die Monopolstellung der Trä-
gerorganisation abgebaut wird und, was in diesem Zusammenhang noch wichtiger ist, daß der Kreis der potentiellen Anbieter erweitert wird, so
daß der nationale Markt auch internationalen Konkurrenten beliebig
offensteht. Eine derartige Industriepolitik ist typischerweise aus einer Position der Stärke, für die Telekommunikationsindustrie heißt das
auch, großer Marktanteile, erfolgreich zu führen. Die USA sind das
beste Beispiel hierfür. England versucht den Übergang zu einer Wettbewerbspolitik seit einigen Jahren. Es wird sich zeigen, ob die engli-
sche Telekommunikationsindustrie dieses Experiment bestehen wird. Ich
glaube, um eine völlig offene Wettbewerbspolitik für den Telekommuni-
kationssektor zu bewerten, genügt es, sich einmal den amerikanischen
Markt näher anzusehen:

Ich habe schon erwähnt, daß der US-Markt für Vermittlungssysteme größer ist als alle anderen nationalen Märkte zusammen. Das amerikanische
Netz umfaßt etwa 40 % aller Telefonanschlüsse in der Welt und ist damit

das weitaus größte nationale Netz. Von den Erträgen aus Fernmeldediensten gehen 90 % an nur zwei Trägerorganisationen, allein 81 % an AT&T.

Die amerikanische Telekommunikationsindustrie hatte 1980 einen Umsatz
von 40 Mrd. DM, dem standen in der Bundesrepublik Deutschland 8,5 Mrd.
DM gegenüber.

Für den Vergleich der FuE-Aufwendungen gilt: USA knapp 6 Mrd. DM, die
Bundesrepublik Deutschland etwa 1 Mrd. DM. Die letzte Zahl bezieht sich
auf die gesamten Entwicklungsaufwendungen in der Bundesrepublik Deutschland. Für Grundlagenforschung der Art, wie sie bei den Bell Laboratorien
erfolgt, dürften in der Bundesrepublik Deutschland jährlich etwa 250
Mio. DM ausgegeben werden.

Die Bell Laboratorien, eine non profit-Organisation, verfügten 1980
über einen Etat von knapp 3 Mrd. DM, der Etat der japanischen Electrical
Communications Laboratories liegt zur Zeit bei 700 Mio. DM pro Jahr;
schließlich kann allein das französiche Centre National d'Etudes des
Telecommunications über 270 Mio. DM verfügen, eine Summe, die immer
noch über den Gesamtaufwendungen der Bundesrepublik für Grundlagenforschung und Vorentwicklung auf dem Gebiet der Nachrichtentechnik liegt.

Um wieder auf den Vergleich USA-Bundesrepublik zurückzukommen: Ich
glaube, daß wir bei diesen Zahlenverhältnissen froh darüber sein können, daß die US-Firmen angesichts ihres großen Heimmarktes in der Vergangenheit weitgehend auf Exportanstrengungen verzichtet haben. Aber
Sie wissen alle, die Situation ändert sich.

So hat AT&T-Tochter Western Electric damit begonnen, Exportmöglichkei-
ten im Mittleren Osten, in Taiwan und Südkorea wahrzunehmen. Darüber
hinaus sind die Konsequenzen aus dem im Januar erfolgten Vergleich
zwischen dem Justice Department und AT&T noch nicht abzusehen. Es
gibt eigentlich wenige, die daran zweifeln, daß mit diesem Vergleich
sowohl die Notwendigkeit als auch die Basis für eine gesteigerte Ex-
porttätigkeit gelegt worden sind.

Im Binnenmarkt der USA bildet AT&T zusammen mit ihrer Tochter Western
Electric ein mächtigeres Monopol als jede andere nationale Trägerorga-
nisation und die Deregulierungspolitik der amerikanischen Regierung
wird wenig daran ändern, daß die US-Importe im Telekommunikationssek-
tor 1981 2 % nicht überstiegen haben.

Ich meine, daß der Übergang zu einer einseitigen Marktöffnung für unsere
Telekommunikationsindustrie deshalb sehr gefährlich sein könnte. Zugleich wird deutlich, wie wichtig eine abgestimmte Politik im Bereich
Forschung und Entwicklung mit der langfristigen Investitionsplanung
von Post und Industrie ist, wenn wir uns im Grundsatz über die Notwendigkeit für gesteigerte Exportanstrengungen einig sind. Dann müßte
wohl auch ein Verfahren entwickelt werden, nach dem der Erfolg im Export im Rahmen der Beschaffungsmaßnahmen der Deutschen Bundespost besonders berücksichtigt und belohnt wird. Dies hat den zusätzlichen
Vorteil, daß über intensive Exportanstrengungen zuverlässige Informationen über die internationale Innovationsrate und -richtung zu gewinnen sind. Man braucht dann weniger darüber zu rätseln, wo die Märkte
der Zukunft liegen werden. Mit Export meine ich übrigens echten Export
und nicht die Produktion im Ausland.

Ich hoffe, daß ich einige Probleme, über die meines Erachtens öffentlich zu wenig diskutiert wird, direkt genug angesprochen habe. Ich
glaube, daß wir mit der Erörterung von Scheinproblemen - und den Investitionsstau bei konventionellen Kabelfernsehnetzen halte ich für
ein solches - hier nicht weiter kommen.

Die Ausgangsposition der Industrie, der Post, des Wirtschafts-und des For-
schungsministers sind zu Beginn eines derartigen Diskussionsprozesses
notwendigerweise unterschiedlich, und die wirklichen Probleme sind nur
dann herauszuarbeiten, wenn die Ausgangspositionen in aller Deutlich-
keit klar werden.

Ich glaube, daß wir diese Diskussion jetzt führen müssen, wenn wir in
den 80er Jahren eine gesunde Basis für die Entwicklung des Kommunika-
tions- und Informationssektors gewinnen wollen, die nur bei hohen Exportquoten erhalten werden kann.

Nun,dieser Kongreß beschäftigt sich mit der wichtigsten Investition in
der Zukunft: Mit der beruflichen Qualifikation und Ausbildung der im
Kommunikationssektor Tätigen. Ich möchte dazu noch einige Bemerkungen
machen, die eher grundsätzlicher Natur sind. Wenn wir davon ausgehen,
daß Datenverarbeitung, Bürotechnik und Fernmeldewesen sich immer stärker überlappen, wird ein Trend deutlich. Eine solide und breite Ausbildung ist wichtiger als eine zu große Spezialisierung. Ausbildung
fängt bereits in der Schule an, und das ist meine erste Bemerkung.

Künftige Ingenieure und Techniker müssen in Zukunft noch stärker als
in der Vergangenheit in der Lage sein, sich mit neuen Problemen vertraut machen zu können, an der Aufgabe lernen zu können, um bei der
Entwicklung und Produktion neue Wege zu finden. Es ist vielleicht kein
Zufall, daß das Land, das im Augenblick technologisch am erfolgreich-
sten ist, auch mit Abstand die höchsten Prozentsätze von Abiturienten
hat. In Japan gehen 88 % aller Schüler bis zur Hochschulreife in eine
Schule, in der Bundesrepublik sind es nicht mehr als 23 %. Es ist merk-
würdig, daß diese Tatsache so wenig diskutiert wird.

Wir müssen unser Bildungssystem allerdings an neue Gegebenheiten anpas-
sen können. Ein Beispiel dazu : Die französiche Regierung hat ein Programm aufgelegt, mit dem in den nächsten Jahren Schulen insgesamt
10.000 Personal-Computer zur Verfügung gestellt werden. Damit wird den
Schülern frühzeitig die Möglichkeit geboten, programmieren zu lernen
und sich mit einem technischen Instrument vertraut zu machen, das in
ihrer späteren beruflichen Laufbahn in vielen Fällen eine wichtige Rolle spielen wird. Wir sind bei uns bedauerlicherweise nicht soweit. Dies
ist auch eine Bewährungsprobe des Förderalismus. Ich könnte mir allerdings vorstellen, daß durch eine Verbindung von regionaler Industrie
und Schulen bei uns genau dasselbe noch schneller erreicht werden könnte.

Meine zweite Bemerkung zum Thema Ausbildung bezieht sich auf das Verhältnis zur Technik in unserer Gesellschaft. Es gibt seit einigen Jahren eine intensive Diskussion bei uns über die Technikfeindlichkeit unserer Jugend. Ich glaube, daß da manchmal das Kind mit dem Bad ausge-
schüttet worden ist. Das zeigen auch die wieder ansteigenden Zahlen
der jungen Leute, die sich für einen technischen Beruf entscheiden. Ich
halte jedenfalls den noch nicht für einen Technikfeind, der lieber ein
Buch in die Hand nimmt, statt sich mit Hilfe eines elektronischen Gerätes
zu informieren. Ich meine auch, daß jemand, der sich engagiert für besseren Umweltschutz einsetzt, keineswegs per se die industrielle Zukunft
der Bundesrepublik aufs Spiel zu setzen gewillt ist. Was wir aber zu wenig
bei uns pflegen, in den Schulen, in der beruflichen Ausbildung und an
den Universitäten, ist die rationale Bewertung technischer Möglichkeiten
zur Verbesserung unserer Lebens- und Arbeitsbedingungen. Gerade die
Kommunikations- und Informationstechnik bietet hier interessante An-
satzpunkte, ob im Umweltschutz, bei der Energieeinsparung oder bei der
Humanisierung des Arbeitslebens.

Ich kann das hier jetzt nicht weiter ausführen, möchte aber an Sie
alle appellieren, berufliche Ausbildung auch als das Erlernen der Fähigkeit zu begreifen, die Technik als Mittel zum Zweck zu begreifen
und dadurch das Schimpfwort von den Technokraten Lügen zu strafen.

Schließlich noch eine letzte Bemerkung: Die ständige Erneuerung unserer
wirtschaftlichen Leistungsfähigkeit hängt auch davon ab, daß neue Ideen
immer wieder auch in neuen Unternehmen durchgesetzt werden. Ich halte
technologieorientierte Unternehmensgründungen für eine wichtige Sache,
die unterstützt werden sollte, wo immer es geht. Leider haben wir bei
uns die Tradition, daß Techniker sich in ihrer Ausbildung viel zu wenig mit betriebswirtschaftlichen Fragestellungen konfrontiert sehen.
Ich meine, hier muß mehr getan werden. Gerade im Informations- und
Kommunikationssektor gibt es eine Fülle von Chancen für die Gründung
neuer Unternehmen. Wir sollten den jungen Leuten Mut machen, diese
Chance zu nutzen, ihnen aber bereits in ihrer Ausbildung einige Voraussetzungen dazu mitgeben.

Lassen Sie mich zum Schluß noch einmal in sechs Punkten die wichtigsten
Aspekte zusammenfassen.

1. Die Risiken für die Wettbewerbsfähigkeit und die Sicherheit der
   Arbeitsplätze im Bereich der Telekommunikation in den 80er Jahren
   nehmen zu. Wir müssen uns gemeinsam klar darüber werden, wie diese
   Risiken bewältigt werden können. Forschung kann und muß dazu einen
   Beitrag leisten, aber nur wenn sie in enger Zusammenarbeit mit der
   öffentlichen Beschaffung und den Marktstrategien der Industrie organisiert wird.

2. Speziell im Bereich des Fernmeldewesens können aus der Digitalisierung der Netze entscheidende Chancen für die Endgeräte- und Bauelementeindustrie abgeleitet werden.

3. Die Pilotprojekte für ein bundesweites Glasfaser-Breitbandnetz im
   Sinne der BIGFON-Projekte der Deutschen Bundespost sind langfristig
   von großer Bedeutung für die Wettbewerbsfähigkeit unserer nachrichtentechnischen Industrie.

4. Wir brauchen eine gemeinsame Anstrengung von Post, Industrie, Wissenschaft und Regierung, um die Eckdaten eines langfristigen Programms
   zur Entwicklung der Telekommunikation in der Bundesrepublik zu erarbeiten, damit die Optionen im Hinblick auf Digitalisierung, optische Nachrichtentechnik und Satelliten deutlicher erkennbar werden und ein optimales Zusammenspiel aller Beteiligten möglich wird.

5. Wir sollten uns nicht scheuen, medienpolitische Konflikte öffentlich
   auszudiskutieren, wir sollten diese Konflikte nicht mit taktischen
   Argumenten verschleiern.

6. Unser Bildungswesen muß weiterentwickelt werden, wenn wir mit den
   technischen Herausforderungen wirklich fertig werden wollen.

Ich glaube, wenn wir uns den sehr komplizierten und sehr wesentlichen
Fragen, die mit einer Neuorientierung des Telekommunikationssektors
verbunden sind, heute mit Mut und Kraft stellen und dabei Konflikte
ausdiskutieren, werden wir auch den Menschen, die sich heute für einen
Berufsweg in der Telekommunikation entscheiden, die beste Perspektive
gegeben haben. Ich wünsche Ihrer Tagung dazu viel Erfolg.

Zur Situation der Hochschulen in den 80er Jahren

George Turner
Bonn und Stuttgart-Hohenheim

1. Die Entwicklung des Bildungswesens

Im Jahr 1930 lebten im Deutschen Reich 7,4 Millionen Menschen im Alter von 19 bis unter 25 Jahren, darunter 125.000 Studenten. Dies entspricht einem Anteil von etwa 1,7 %. Eine akademische Laufbahn war zu dieser Zeit einer kleinen Gruppe vorbehalten, eine führende berufliche Stellung für Akademiker gesichert.

Diese Aussage trifft auch noch für die frühe Nachkriegsentwicklung zu. 1955 wurden unter 4,3 Millionen jungen Menschen im Alter von 19 bis unter 25 Jahren ebenfalls 125.000 Studenten gezählt, dies entsprach einem Anteil von knapp 3 %.

Wie verändert dagegen die Situation heute: Im WS 1981/82 waren an bundesdeutschen Hochschulen 1.120.878 Studenten immatrikuliert. Bei ca. 5,5 Millionen Menschen im Alter von 19 bis unter 25 Jahren beträgt der Anteil der Studenten an der gleichalterigen Bevölkerung knapp 19%, d.h. jeder 5. aus diesem Altersbereich ist an einer Hochschule eingeschrieben.

Der Beginn dieser dramatischen Verschiebungen in der Bildungspyramide fällt in die frühen 60er Jahre. Die "Öffnung der Hochschulen" beruhte auf zwei unterschiedlichen Ansätzen, nämlich dem Nachfrageansatz und dem Bedarfsansatz. Der erste besagt, daß jedem, der eine wissenschaftliche Ausbildung wünscht und dazu befähigt ist, eine solche Ausbildung auch geboten werden sollte. Der zweite geht davon aus, daß die wirtschaftlich-technologische Entwicklung und der Bildungsstand des Arbeitskräftepotentials in engem Zusammenhang stehen. Aus Daten über das wirtschaftliche Wachstum wurde der Bedarf an wissenschaftlich Ausgebildeten abgeleitet. Entsprechend diesen Überlegungen wurde die Quote der Schulabsolventen mit einer Hochschulzugangsberechtigung kräftig angehoben.

Die Entwicklung der Quote der Schulabsolventen mit einer Studienberechtigung an der gleichalterigen Bevölkerung der 19 - 21-jährigen beweist es:

1960	5,5 %
1965	7,5 %
1970	10,8 %
1975	20,1 %
1980	22,8 %

Die damaligen bildungspolitischen Ansätze müssen als Versuch gewertet werden, unter dem Eindruck eines drohenden wirtschaftlichen und kulturellen Einbruchs, den G. PICHT in seinem Buch "Die deutsche Bildungskatastrophe" beschrieb, alle Anstrengungen zu unternehmen, um den künftigen gesellschaftlichen und ökonomischen Anforderungen gerecht zu werden. Es deutet aber vieles darauf hin, daß Schule, Hochschule und Gesellschaft die durch den offenkundigen Nachholbedarf in den ersten Nachkriegsjahrzehnten, durch die beschworene Bildungskatastrophe, die sie abwehrende Bildungswerbung und die geburtenstarken Jahrgänge erforderliche explosive Entwicklung des Bildungswesens noch nicht verkraftet haben. Es ist vielmehr ein Zwang zum schnellen Handeln entstanden, der den Zuständigen wohl nicht die Zeit gelassen hat, bildungs- und gesellschaftspolitische, wirtschaftliche und finanzielle Auswirkungen und Nebenfolgen, Konsequenzen und Ansprüche zu überdenken:

- Können 20 % eines Jahrgangs so ausgebildet werden wie früher 3 % ?

- Soll die Schule nur auf das Studium orientieren oder auch auf den Beruf ?

- Wie wird der Arbeitsmarkt mit der veränderten Ausbildungsstruktur fertig ?

- Wie wird die Wirtschaft die finanziellen Aufwendungen für die Ausweitung des Bildungswesens verkraften ?

Angesichts solcher Fragen wird der Vorwurf erhoben, man habe sich zu wenig um ein verändertes Bewußtsein, eine gewandelte Erwartungshaltung bei der jungen Generation gekümmert, man habe sich zu wenig um die Vermittlung von Einsichten in die veränderten Umstände und um

eine realistische und realisierbare Erwartungshaltung bei der jungen
Generation bemüht.

2. Merkmale der geistigen Haltung

Ein gewisser Egoismus, der allein danach fragt, wie der einzelne seine Position verbessern kann, ist nicht zu übersehen. Indem die Grundlagen des Gemeinwesens nur anerkannt werden, wenn sie nützlich sind,
ansonsten Regeln und Verbote weggewischt werden, wird ein bemerkens-
werter und nicht ohne Sorge zu beobachtender fehlender Respekt vor
dem geltenden Recht erkennbar. Die selbstverständliche Inanspruchnah-
me aller Möglichkeiten und Vorzüge unserer technisch-zivilisierten
Welt bei gleichzeitiger Forderung alternativer Lebensformen macht
durch das Außerachtlassen der ökonomischen Bedingungen eine Realitäts-
ferne deutlich. Das ist hoffentlich nicht kennzeichnend für die junge
Generation. Aber es entsteht doch der Eindruck, als dächte die Mehrheit so. Sicher ist, daß jene Gruppen, die durch spektakuläre Aktionen auffallen, so denken und so agieren. Wahrscheinlich ist, daß die
Mehrheit nicht als Sympathisanten solchen Tuns bezeichnet werden kann,
aber entsprechende Aktionen doch toleriert. Dabei mag der Gedanke
eine Rolle spielen, daß solches Tun vielleicht Wirkungen hat, die
sich für den einzelnen günstig und vorteilhaft auswirken.

Wenn beklagt wird, die "schweigende Mehrheit" beteilige sich nicht an
Wahlen und dabei unterstellt wird, eine höhere Wahlbeteiligung würde
andere Ergebnisse mit sich bringen, ist hier Vorsicht am Platze. Es
gibt Anzeichen dafür, daß auch höhere Wahlbeteiligungen nicht zu anderen Mehrheitsverhältnissen führen. Dies könnte dann erst recht zu
Aktivitäten führen, die in Konflikten enden. Die befürchteten Unruhen
werden sich nur vermeiden lassen, wenn es gelingt, auch die junge Generation davon zu überzeugen, daß gestellte Forderungen in einem aus-
gewogenen Verhältnis zu den tatsächlichen Gegebenheiten stehen müssen.
Andererseits darf ihr aber auch nicht zugemutet werden, daß sie un-
verhältnismäßige Lasten zu tragen hat. Nicht selten entsteht der Eindruck, man mache die Studenten von heute für manche Ereignisse, die
von den Studenten der späten 60er Jahre veranlaßt wurden, verantwortlich. Dabei wird vergessen, daß ein heute 20jähriger im Jahre 1968
sechs Jahre alt war. Auf diesem Hintergrund ist ein beachtliches
Spannungspotential zu vermuten, das auch für den mit höherer Priori-

tät behandelten Bereich der inneren Sicherheit unseres Gemeinwesens von hoher Bedeutung ist und das zu Konflikten führen kann, gegen die die Studentenunruhen der sechziger und siebziger Jahre vergleichsweise harmlos erscheinen könnten. Dabei ist ein wesentlicher Unterschied darin zu sehen, daß die Ziele der sogenannten APO politische, ideologische, idealistische waren, während es heute um persönliche Interessen und individuelle Vorteile geht. Die APO hatte im Gegensatz zur heutigen Bewegung "Köpfe". Angesichts der sich abzeichnenden gegensätzlichen Entwicklungen im Bildungsbereich - bei verminderten Studien- und Berufschancen, verminderter Studienförderung gibt es mehr Studienbewerber, mehr Absolventen, mehr Studienbewerber aus sozial schwachen Schichten -, die im Ergebnis eine Verschlechterung der Zukunftsperspektiven der jungen Generation ausmachen werden, muß eine Eskalation der Entwicklung vermieden werden. Eine hierfür adäquate Lösung kann aber nicht einfach in der Befriedigung aller gestellten Forderungen und Ansprüche bestehen. Zwar darf die Bereitschaft zum Dialog zwischen den Generationen nicht enden, aber es muß auch der Mut zum Nein bestehen. Aufklärung und damit ein Beitrag zur Bewußtseinsbildung im Sinne größerer Realitätsnähe ist eine wichtige Aufgabe.

3. Folgen

3.1. Der Widerspruch zwischen demographischer Entwicklung und Ausbau- und Stellenstopp

Im Jahr 1982 stehen die Hochschulen vor folgender Situation: Knapp 750.000 Studienplätzen und einer entsprechenden Personalausstattung steht mehr als eine Million Studenten gegenüber. Seit Jahren tritt die Forschung zugunsten von Lehre und Ausbildung in den Hintergrund. Mit Hilfe des Ausbaus und unter großen Anstrengungen der an den Hochschulen Lehrenden ist es gelungen, die Zulassungsbeschränkungen für die Aufnahme eines Hochschulstudiums nicht überhand nehmen zu lassen. Nun steht ein erneuter starker Anstieg der Studentenzahlen bevor. Dies hängt mit den geburtenstarken Jahrgängen in den sechziger Jahren zusammen.

Entwicklung der Anzahl der Geburten

1961	986.100		1965	1.045.000
1962	1.003.400		1966	1.032.700
1963	1.024.000		1967	1.014.700
1964	1.040.100		1968	980.100

Die Kultusministerkonferenz, die jährlich die Prognosen der Studien-
anfänger- und Studentenzahlen veröffentlicht, rechnet mit folgender
Bandbreite der Entwicklung:

Prognose der Studienanfänger

1982	210.000	-	216.000
1983	220.000	-	228.000
1984	226.000	-	236.000
1985	228.000	-	238.000
1986	231.000	-	242.000
1987	231.000	-	242.000
1988	228.000	-	239.000
1989	217.000	-	229.000
1990	206.000	-	218.000

Prognose der Studenten bis zum Jahre 1995

1982	1.104.000	-	1.115.000
1983	1.152.000	-	1.170.000
1984	1.196.000	-	1.217.000
1985	1.213.000	-	1.235.000
1986	1.232.000	-	1.255.000
1987	1.266.000	-	1.295.000
1988	1.288.000	-	1.321.000
1989	1.289.000	-	1.329.000
1990	1.281.000	-	1.318.000
1991	1.243.000	-	1.287.000
1992	1.128.000	-	1.190.000
1993	1.074.000	-	1.142.000
1994	1.019.000	-	1.093.000
1995	967.000	-	1.050.000

Seit 1974 ist nun in der Bundesrepublik Deutschland - nach Jahren ständigen Anstiegs - ein deutlicher Rückgang der Einwohnerzahl zu beobachten. Dies ist vor allem darauf zurückzuführen, daß seit 1972 die Zahl der Sterbefälle regelmäßig die der Geburten überstieg. Waren in den sechziger Jahren über einen langen Zeitraum über eine Million Geburten zu verzeichnen, so sank die Zahl in den späten siebziger Jahren auf etwa die Hälfte ab.

1974	626.373
1975	600.512
1976	602.851
1977	582.344
1978	576.468
1979	581.984
1980	621.000
1981	624.557

Diese Entwicklung macht sich heute bereits deutlich im Primar- und Sekundarbereich bemerkbar, sie wird jedoch erst in der zweiten Hälfte der neunziger Jahre auf den Hochschulbereich durchschlagen. Sie war aber bei allen Planungen im Bildungsbereich gegenwärtig und hat voreilig als Argument für eine Begrenzung des Ausbaus der Bildungseinrichtungen gedient. Dies ist heute angesichts knapp werdender finanzieller Ressourcen mehr denn je der Fall.

Denjenigen, die einen Stop des Hochschulausbaus begrüßen, muß entgegengehalten werden, daß erst ein Ausbau auf 850.000 Studienplätze - bei Inkaufnahme einer Überlast - die Bewältigung der großen Zahlen möglich erscheinen läßt. Im übrigen gibt es zur Zeit eine große Zahl hoffnungslos überlasteter Universitäten, bei denen erst die Reduzierung auf die Hälfte der jetzt vorhandenen Studentenzahl einen regulären Betrieb möglich machen würde. Auch wer meint, es wäre gut, wenn es nicht soviele Studenten gäbe, wird die Ernsthaftigkeit dieses Wunsches erfahren, wenn es um die individuelle Entscheidung bei den eigenen Kindern geht. Jahrelange Bildungswerbung, ein unbewegliches Laufbahnsystem, fehlende Alternativen für Abiturienten machen es schwer, solchen Wünschen Aussicht auf Erfolg zu attestieren.

Auch wenn die Geburten seit Ende der sechziger Jahre zurückgegangen sind, gilt für die Hochschulen doch folgendes:

Die geburtenstarken Jahrgänge erlangen in den nächsten Jahren die
Hochschulreife. Während es früher nahezu geschlossene Abiturjahrgänge
waren, die auf die Hochschule wechselten, so sind es heute zwar nur
noch 70 %; die großen Zahlen aber führen zu einem Anstieg der absoluten Zahlen. Bis etwa 1980 noch galt der sich abzeichnende Studentenberg als das Hauptproblem der Hochschulen und es spielten Fragen, ob
und wie es möglich sein wird,

- die Qualität der Ausbildung zu wahren

- einen zeitlichen Freiraum für die
  Forschung zu sichern und

- die Zulassungsbeschränkungen nicht
  erneut ausufern zu lassen

eine entscheidende Rolle. Es herrschte allgemeine Zuversicht, daß das
Ausbauziel von 850.000 Studienplätzen, das einen Kompromiß zwischen
Studentenberg und langfristig absinkenden Studentenzahlen darstellte,
und die zugesagten Überlastmaßnahmen im Personalbereich eine Bewältigung des Problems der "großen Zahl" erlaubten.

An die Stelle von vorsichtigem Optimismus ist aber allgemeine Bestür-
zung über eine völlige Kehrtwendung in der Hochschulpolitik getreten
und Ratlosigkeit, wie die Ausbildung der an die Hochschule drängenden
Jahrgänge gewährleistet werden kann. Mit dem Finanzvorbehalt zum 10.
Rahmenplan für den Hochschulausbau hatte sich bereits ein einschnei-
dender Kurswechsel in der Hochschulpolitik angedeutet, der in den
folgenden Etatverhandlungen und den Zahlen der mittelfristigen Fi-
nanzplanung voll durchschlug und die Erfüllung des Ausbauziels un-
möglich macht. Die Hochschulpolitik hat anderen Verpflichtungen Tri-
but zollen müssen und wurde von der gesellschaftlichen Prioritäten-
liste gestrichen.

Der Wissenschaftsrat hat auf die Konsequenzen dieser Politik hingewiesen:

- Bei ausbleibenden Ersatzinvestitionen im Großgerätebereich drohen
  der Abbruch von Forschungsprojekten und Defizite in der Kranken-
  versorgung.

- Einige Neugründungen würden in ihrer Funktionsfähigkeit beein-
  trächtigte Rumpfhochschulen bleiben.

- Älteren Hochschulen droht bei Nichterfüllung von Auflagen
  sicherheitstechnischer Art in einigen Bereichen die Stille-
  gung des Betriebes.

- Verschärfung der Zulassungsbeschränkungen, insbesondere auch
  in den medizinischen Fächern, wären unausweichlich.

- Darüberhinaus würden die baulichen Voraussetzungen für
  bedeutende Forschungsvorhaben und der Ausbau von Fachhochschulen in Regionen und Fächern mit großer Nachfrage
  zurückgestellt werden müssen.

Die Bedingungen für Forschung und Lehre haben sich im Laufe des Jahres 1981 noch dadurch verschlechtert, daß neben dem beengten Raumange-
bot zusätzliche Engpässe im Personal- und Sachmittelbereich wirksam
geworden sind. Die im Jahre 1977 von Bund und Ländern gegebene Zusage,
den Hochschulen in der Zeit des Studentenbergs zusätzliche Mittel zur
Verfügung zu stellen, wurde nicht eingehalten. Stattdessen müssen die
Hochschulen nun mit weniger statt mehr Sach- und Personalmittel auskommen. In fast allen Bundesländern gilt für freie oder freiwerdende
Planstellen eine vorübergehende (3-8 monatige) Wiederbesetzungssperre.
Aushilfs- oder Ersatzkräfte dürfen nicht beschäftigt werden. Darüber
hinaus sind für die nächsten Jahre feste Quoten für die Kürzung der
Stellenpläne vorgegeben. Die Sachmittelkürzungen werden im Bereich
der sächlichen Verwaltungsausgaben, der Zuweisungen und Zuschüsse und
der Investitionen wirksam. Sie belaufen sich auf 10 - 20 %. Mit besonderer Härte wurden die Hochschulen von Mittelkürzungen in Bereichen getroffen, in denen vertragliche Abmachungen bestehen (z.B. Bezug von Strom, Gas und Wasser) und kein Einfluß auf die Höhe der Ver-
pflichtung gegeben ist. Die Kürzungen gehen dann letztendlich zu Lasten der Lehr- und Forschungsetats.

3.2. Die Auswirkungen der Überlast auf die Qualität
     von Forschung und Lehre

Da sich die Aufnahmekapazität eines Faches nach seiner Personalausstattung und den Lehrdeputaten bemißt, deuten sich zwei mögliche in
ihrer Auswirkung höchst unerwünschte Konsequenzen an:

- Die Studentenzahlen werden auf dem heutigen Niveau eingefroren.
  Bis zu 300.000 Hochschulzugangsberechtigte werden durch Zulassungsbeschränkungen, die sich bald auf das komplette Fächeran-
  gebot ausweiten werden, vom Studium zurückgehalten. Das Abitur
  wird seinen Charakter als Prüfung der Hochschulreife vollends
  verlieren. Ein Viertel der Hochschulzugangsberechtigten wird sich
  in seiner Erwartung, eine der Schulbildung entsprechende Hoch-
  schulausbildung aufnehmen zu können, getäuscht sehen.

- Wahrscheinlicher aber ist, daß die Zulassungsrestriktionen nicht
  in dem beschriebenen Maße wirksam werden und der Ansturm der Studenten durch eine Mehrbelastung des wissenschaftlichen Personals,
  vor allem der Professoren, aufgefangen wird. Diese Belastung wiegt
  umso schwerer, als nicht nur ein Mehr an Vorlesungen, Übungen und
  Prüfungen - deren Umfang heute bereits Kollisionen mit dem normalen Lehrbetrieb verursacht - zu verkraften sein wird, sondern zudem der erwartete Kenntnisstand der Absolventen bisweilen nicht
  gegeben ist und die Studierfähigkeit eines Jahrgangsfünftels im
  Durchschnitt auch niedriger zu bewerten ist als die des Jahrgangs-
  dreißigstels früherer Jahre. Die Qualität der Ausbildung wird mit
  Sicherheit unter einer Verschlechterung der Zahlenrelation wissenschaftliches Personal/Studenten leiden, die hinter die Verhältnisse von 1960 zurückfallen wird. Die Kleingruppenbetreuung muß in
  ihrem Umfang beschnitten und das Angebot an Veranstaltungen, die
  nicht zum obligatorischen Grundprogramm gehören, weiter eingeschränkt werden. Die erweiterte Belastung ist aber auch vor dem
  Hintergrund zu sehen, daß es eine der Grundaufgaben der Hochschulen ist, Forschung zu treiben. Die Hochschulen haben damit Verantwortung für die Zukunftssicherung. Dieser kann aber nur entspro-
  chen werden, wenn die Wissenschaftler auch dazu in der Lage sind,
  zu forschen und Impulse für die technisch-wissenschaftliche Entwicklung zu setzen, denn nur so können Standard und Position der
  Bundesrepublik als Industrienation gehalten werden. In der Langzeitperspektive genügt aber nicht die Forschung allein; auf ihrer
  Grundlage müssen auch Studenten ausgebildet werden, die ihr Wissen in der späteren Praxis konkret umsetzen können. Dies muß allen Politikern deutlich gemacht werden, die einerseits immer
  von Zukunftssicherung und Langzeitperspektive sprechen, auf der
  anderen Seite aber den Hochschulbereich angesichts knapper werdender Mittel am stärksten schröpfen wollen.

3.3. Die Berufschancen der Hochschulabsolventen

In den letzten Jahren wurde immer deutlicher, daß eine breite Bildungsbeteiligung aller sozialen Schichten zwar den Einbezogenen die Chance zur Weiterentwicklung und Persönlichkeitsentfaltung bietet, die Auffassung aber, daß ein höherer Akademisierungsgrad zwangsläufig einen positiven Einfluß auf die Entwicklung eines Landes ausübt, uneingeschränkt nicht zu halten ist.

In einer Fülle von Fachrichtungen wird es für die Absolventen immer schwieriger, einen geeigneten Arbeitsplatz zu finden; die Arbeitslosigkeit von Akademikern nimmt seit einigen Jahren zu. In anderen Bereichen, die für die wirtschaftliche Weiterentwicklung von großer Wichtigkeit sind, wurden zeitweise Defizite angenommen: in den natur- und ingenieurwissenschaftlichen Fächern fehlte es an Studienanfängern und Absolventen. Eine massive Werbekampagne in der jüngeren Vergangenheit verspricht aber ein verstärktes Interesse der Studienanfänger für diese Studiengebiete.

Das Hauptbeschäftigungsproblem des akademischen Nachwuchses liegt in der Sättigung des öffentlichen Dienstes. Im höheren Dienst stieg die Beschäftigungszahl von 156.000 im Jahre 1960 auf 372.000 im Jahre 1974. Gegenwärtig sind mehr als 60 % aller erwerbstätigen Hochschulabsolventen im öffentlichen Dienst tätig. In Zukunft können nur noch ca. 15 % der Hochschulabsolventen aufgenommen werden; dies sind bei den gegenwärtigen Absolventenzahlen etwa 15.000 jährlich. Möglicherweise wird die Finanzkrise des Staates so drastische Einsparungen im öffentlichen Bereich mit sich bringen, daß die 15-Prozent-Quote noch unterschritten wird.

In der Wirtschaft können zur Zeit jährlich etwa 20.000 Hochschulabsolventen eine ihrer Ausbildung entsprechende Beschäftigung finden. Schätzungen gehen dahin, daß die Absorptionsquote der privaten Wirtschaft von heute 20 auf 14 % absinken wird. Gleichzeitig wird die Zahl der Absolventen von derzeitig 110.000 pro Jahr nach Prognosen der KMK auf das Doppelte ansteigen. Der Zugang zu Spitzenpositionen und damit auch zu entsprechenden Einkommen wird vermutlich vom Erwerb von Zusatzqualifikationen abhängen, wie von

- während des Studiums erworbenen praktischen Erfahrungen
- im Ausland erworbenen Fremdsprachenkenntnissen

- der Promotion im Bereich der Naturwissenschaften
- Kenntnissen in der Datenverarbeitung .

Das Gros der Hochschulabsolventen sog. Massenfächer wird nur dann beschäftigt werden können, wenn es bereit ist, nicht-ausbildungsadäqua-
te Tätigkeiten anzunehmen, die früher von Nicht-Akademikern wahrgenommen wurden und Abstriche bei den Einkommenserwartungen zu machen.
Gesamtwirtschaftlich gesehen kann sich das Arbeitsmarktproblem damit
auf weniger Qualifizierte, auf diejenigen mit berufspraktischer Ausbildung und die an- und ungelernten Arbeitskräfte verlagern. Noch
sind nicht alle Haupt- und Realschulabgänger der geburtenstarken Jahrgänge auf dem Arbeitsmarkt, schon treten aber studienunwillige Abiturienten der geburtenstarken Jahrgänge in Konkurrenz zu ihnen um die
knappen Ausbildungsplätze.

4. Lösungsansätze

Will man im Interesse der jungen Generation handeln, so müssen ihre
Zukunftsperspektiven realistisch und ohne Beschönigungen aufgezeigt
werden. Dies heißt aber auch, daß deutlich gemacht werden muß, daß
wir an einem Punkt angekommen sind, von dem an sich die Chancen der
jungen Generation verschlechtern könnten, wo sich Nebenwirkungen
einer raschen Expansion des Bildungswesens zeigen und diese Probleme
durch die demographische Entwicklung und die depressive ökonomische
Situation verschärft werden.

Hier darf aber nicht verschwiegen werden, daß diese Jugendlichen, die
heute Problemen bei der Ausbildungsstellensuche, bei der Studienplatz-
bewerbung und beim Eintritt in das Berufsleben gegenüberstehen, bereits eine große Chance wahrgenommen haben. Jeder vierte von ihnen
hat eine dreizehnjährige Schulausbildung hinter sich, hat eine breite
Allgemeinbildung und Persönlichkeitsförderung erhalten wie früher nur
jeder dreißigste. Er hat ein gutes Fundament, auf dem er aufbauen
kann.

Auch viele Jugendliche aus sozialen Schichten, die früher kaum Zugang
zur höheren Bildung fanden, haben von der Expansion des Bildungswesens
profitiert und wesentlich bessere Ausgangsvoraussetzungen als ihre
Vorgänger. Doch die Bemühungen um diese Generation, die mit ihrem
großen Arbeitspotential und ihrer Ausbildung den Wohlstand dieser Gesellschaft erheblich mehren kann, dürfen dennoch nicht abreißen. Es

müssen eine Reihe von Maßnahmen erwogen werden, um die aufgetretenen Schwierigkeiten zu meistern und der jungen Generation ein Wechselbad zwischen nachhaltiger Förderung und Fallenlassen zu ersparen.

Ohne auf konkrete Maßnahmen im einzelnen einzugehen, scheinen mir zwei Bemerkungen unerläßlich: der Hinweis auf den entscheidenden Fehler bzw. das Hauptversäumnis der Bildungspolitik der letzten zwanzig Jahre und die Darstellung der Voraussetzungen, die gegeben sein müssen, damit zukünftige Anstrengungen nicht von vornherein zum Mißerfolg verurteilt sind.

4.1. Gestuftes System der Ausbildung

Parallel zum Ausbau der Bildungseinrichtungen hätte eine umfassende Reform des Studiums einhergehen müssen. Aus der voraussehbaren Erkenntnis, daß zuviele Studenten zu lange und damit zu teuer ausgebildet werden, wurde als Lösung die entsprechende Übernahme des angloamerikanischen Bildungssystems empfohlen: alle Schulabsolventen (nach 12-jähriger Schulzeit) mit einer Studienberechtigung werden zunächst ohne Zulassungsbeschränkung zu einem dreijährigen (Kurz-)Studium mit berufsqualifizierendem Abschluß zugelassen. Für die entsprechend Fähigen gäbe es die Möglichkeit, im Anschluß daran ein forschungsorientiertes Aufbaustudium zu absolvieren. Hier wäre aber eine Auswahl zu treffen: nur 25 % der Absolventen der ersten Stufe würden zugelassen. Ein solches System würde den qualifikationsspezifischen Anforderungen am ehesten gerecht.

Mit einer solchen Neuregelung des tertiären Systems wäre ein Weg gefunden, statt zuviele Studienberechtigte im traditionellen Sinne auszubilden, alle mit einer kürzeren und zugegebenermaßen weniger anspruchsvollen Ausbildung zu versorgen und danach einer kleineren Zahl die Möglichkeiten zu fachspezifischer Weiterqualifizierung zu bieten. So wäre garantiert, daß alle Berechtigten eine breite Ausbildung erhielten, die besonders Geeigneten aber auch im Sinne einer "Elite" gefördert würden. Die Absolventen der ersten Stufe würden in solchen Bereichen eine Beschäftigungsmöglichkeit finden, für die eine Ausbildung nach der bisherigen Art nicht erforderlich ist, also auf solchen Stellen, auf denen auch heute schon traditionell ausgebildete Akademiker sitzen. Es wäre damit auch das Problem der zu langen Studienzeiten gelöst, das u.a. deshalb gegeben ist, weil viele Studenten

sich "arbeitnehmer-ähnlich" verhalten: Meßgröße ihres Arbeitseinsatzes
ist die 40-Stunden-Woche. Den Absolventen einer solchen verkürzten
Ausbildung wäre leichter zu erklären, daß sie nicht die Erwartungen
an den Einsatz im Berufsleben haben dürfen, die der Absolvent der herkömmlichen Ausbildung noch immer hegt. - Allerdings sind die Durch-
setzungschancen für einen entsprechenden Vorschlag nach wie vor
schlecht, auch wenn das Festhalten am überkommenen Ausbildungssystem
als Fehler erkannt ist.

4.2. Veränderung des Bewußtseins

Will man die Unruhen, für die es Anzeichen gibt, in Grenzen halten,
so kann dies nur gelingen, wenn bestimmte Voraussetzungen erfüllt werden. Die Beseitigung der Ursachen, die zu den besorgniserregenden Anzeichen führen, wird nicht in der Weise geschehen können, daß jeder
das bekommt, was er haben möchte. Staat, Wirtschaft und Gesellschaft
verteilen nicht automatisch höhere Einkommen aufgrund besserer Bildung, sondern bessere Bildung und Ausbildung bedeutet für viele eine
Veränderung der Chancen. Chancen für viele bedeutet aber zugleich
eine Verringerung der Möglichkeiten weniger. Die Rede von der ver-
sperrten Zukunft verkennt die Alternative: bessere Chancen für wenige,
d.h. Auswahl zu einem früheren Zeitpunkt. Eine bessere Chance hätten
künftige Hochschulabsolventen also nur, wenn es weniger gäbe, d.h. zu
einem früheren Zeitpunkt eine Auswahl erfolgte. Die Verwirklichung
von Zukunftschancen der jungen Generation setzt voraus, daß auch die
Betroffenen die Randbedingungen realistisch sehen und akzeptieren.
Auf der anderen Seite wird von politischer Seite immer wieder ver-
kannt, welchen Erfahrungs- und Erkenntnishorizont die junge Generation hat und auch nur haben kann.

Wir müssen uns daran erinnern, daß die Eltern der heutigen Studenten-
generation über Jahre hinweg öffentlich aufgefordert worden sind, das
Bildungspotential ihrer Kinder nicht brachliegen zu lassen. Im Jahre
1977 haben der Bundeskanzler und die Ministerpräsidenten der Länder
den Grundsatzbeschluß zur Öffnung der Hochschulen gefaßt. Heute wird
zwar über die Einführung von Studiengebühren oder die Umstellung der
Ausbildungsförderung auf Darlehen gesprochen. Es wird aber nicht
ernsthaft erwogen, ob und inwieweit diejenigen, die in der jüngeren

Vergangenheit Nutznießer nicht nur der Expansion des Bildungsbereichs, sondern auch einer sehr günstigen Stellenentwicklung gewesen sind, dies nachträglich auszugleichen haben. Der geistige Salto mortale bei der Kürzung der Bezüge der Angehörigen des öffentlichen Dienstes ist einer der Widersprüche, der nicht nur für junge Leute nicht erklärbar ist. Widersprüche sind es, welche die Situation an den Hochschulen bestimmen. So ist die Situation der Universitäten u.a. gekennzeichnet durch ein Mißverhältnis von Zahlen und Ausstattung, durch ein Spannungsverhältnis aufgrund von Erwartungen einerseits und Möglichkeiten bzw. Gegebenheiten andererseits. Wichtigste Aufgabe ist, bei den Betroffenen und bei vielen Verantwortlichen eine Veränderung des Bewußtseins im Sinne von mehr Realitätssinn zu entwickeln. Sollte dies nicht gelingen, ist die derzeitig zum Teil noch nicht offen erkennbare explosive Situation nicht befriedigend auflösbar.

The Situation of the Universities in the 80's

George Turner
Bonn und Stuttgart-Hohenheim

In 1982, the existing 75o.ooo university places are all but sufficient for the more
than 1 million students; together with the serious constraints in the staff
development the universities have reached, if not transcended, the limits of their
capacities. In addition to that, we will have to face a further increase in the
number of students due to the baby-boom years. But neither the schools and the
universities nor the society as a whole have so far been able to cope with the
problems arising from this explosive development within our educational system.
The necessity for immediate action did not allow the responsible politicians
enough time to calculate the educational, social, economic and financial
implications of their decisions.For years, research has been clearly disadvantaged
in favor of teaching and training functions. An initial moderate optimism has by
now turned into a general confusion over the complete change of policies in the
field of higher education. While this change was already indicated by the course of
budgetary debates, the following budgetary negotiations made the cancellation of all
goals of educational development a certainty - the politics of higher education
has been removed from the list of social priorities. Instead of getting adequate
funding for solving the problem of increasing student numbers, the universities
have now to operate with further cuts in their already scarce financial resources.
The quality of education will no doubt suffer from the increasing disproportion in
the staff/student ratio, which can be anticipated to become even worse than in

the 6o's. This burden also affects research, which is after all a main function of the universities and one of the major bases for providing security for the future of our society. Only if it were possible to reduce the existing number of students by one half, the majority of universities would be able to fulfil their regular tasks adequately. Such a drastic limitation is, however, neither conceivable nor can it be realized after years of "campaigning" for education and given the present lack of alternatives for graduates. The chances of those who have finished their studies to get a permanent job are decreasing continually. More than 6o % of all university graduates find their employment in the civil service. In the future, access to this sector will only be possible for about 15 %. The economy absorbes approximately 2o % of the graduates in each year; this level will most probably be reduced to 14 %. Most of the university graduates who have chosen one of the favorite disciplines will only get a job if they are willing to accept work which does not necessarily correspond to their education and which was formerly done by non-academic labour force. Such prospects have to be pointed out clearly and realistically, and without any euphemism. At the same time it must be made equally clear that high-school graduates have already been given a great chance. They have enjoyed an education and were able to develop their personality in such ways which in former times was a privilege of a minority. All this constitutes an extremely well-founded basis for their future.

The current development can be traced back to a major neglect in the educational policies pursued over the last twenty years. The expansion of the educational institutions should have been accompanied by a basic reorganization of the tertiary sector of the educational system. The main target should have been a shorter and, admittedly, less pretentious education for the majority and possibilities for a specialized further qualification for a more limited number of students. Vis-à-vis these antagonistic developments, - viz. decreasing possibilities for study and employment, less financial support for students on the one hand; more applicants for university study, more university graduates and consequently bad prospects for the younger generation in general on the other hand - the primary task is to prevent an escalation of this development. It has to be pointed out, though, that the improvement of chances for all means at the same time decreasing chances for a few of them. Thus, a main task will be to make those who are concerned and responsible to change their attitudes and to become more realistic. Otherwise, the existing tensions might lead to an explosive situation in our society.

Rundfunkjournalismus im Wandel

Richard Becker
Köln

I.

Der Rundfunk war ständig im Wandel. Er wird es auch bleiben, und mit
ihm der Rundfunkjournalismus, der sich technologischen Orientierungen
heute weniger denn je entziehen kann. Programm, Technik und Ökonomie
waren seit jeher ineinander verzahnt. Die langanhaltende, stark ideologisch gefärbte Diskussion über "neue Medien" hat diese Verflochten-
heit aber erst ins allgemeine Bewusstsein gerückt.

Die Entwicklung der Rundfunktechnik, der Fernsehtechnik vor allem,
geht derart schnell vonstatten, daß es schwierig ist, sich auf dem
laufenden zu halten. Wer ausser denen, die damit umgehen müssen,
weiß etwas von den verschiedenen Formen der Magnetischen Aufzeich-
nung, der automatischen Sendeablaufsteuerung, den Tricks und Misch-
techniken, den elektronischen Speicher- und Verteilsystemen für
die Bearbeitung von Nachrichten? Diese und andere Verbesserungen
hatten und haben gewichtige Folgen für das Programm.

Nicht anders wird es sein, wenn neue Satelliten am Himmel kreisen
und die Nation verkabelt ist. Der direkt empfangbare Satellit bringt
die Welt live ins Wohnzimmer. Der Kabelrundfunk vergrößert die Live-
Dimension im lokalen Bereich, zumal dafür immer mehr miniaturisierte
Aufnahme- und Sendegeräte zur Verfügung stehen. "News is now" gilt
für die Wort- und Bildinformation über Ereignisse im kleinen Ort
wie in der großen weiten Welt.

Der Wandel, der sich im Rundfunkjournalismus in den letzten Jahrzehnten vollzogen hat und künftig vor sich gehen wird, sei an einigen
Beispielen belegt. Sie lassen die Kontinuität dieses Wandels deutlich
erkennen.

II.

Aus dem einen (dem "einschienigen") Radioprogramm ist eine Vielfalt
von teilweise stereofonen UKW-Programmen geworden. Nachdem das Fernsehen - zuerst schwarzweiss, dann in Farbe - das attraktivste Massen-
medium geworden war, reagierte der Hörfunk mit neuen Sendeformen. Die
Zeit, in der hauptsächlich Radio gehört wird, verlagerte sich vom
Abend auf den Tag. Als Mischung aus Information und Unterhaltung entstanden Magazin-Programme unterschiedlicher Provenienz. Sie eroberten
sich schnell die Gunst des Publikums und halten bis heute den ersten
Platz in der Beliebtheitsskala informativer Sendungen. Autofahrer-
und Servicewellen erfreuen sich hoher Einschaltquoten. In einer vor
dreissig Jahren kaum vorstellbaren Weise wurde die Aktualität gesteigert. Das Radio ist noch schneller geworden. Stündliche Nachrichten,
in hörerdichten Zeiten sogar halbstündliche, bleiben den Ereignissen
dicht auf den Fersen und begleiten den Hörer durch den ganzen Tag.
Das Musikangebot, das zwischen 55 und 60 Prozent des Radioprogramms
ausmacht, wurde zielgruppengerechter gestaltet. Es wird allen künstlerischen Richtungen gerecht.

Signifikant für den Hörfunk ist der Wandel vom "Vorlesefunk" zum live
gesprochenen und Kontakt zum Hörer suchenden "Dialogfunk". Das Publikum selbst kommt immer öfter zu Wort. Charakteristisch dafür ist die
Sendung "Hallo Ü-Wagen" des Westdeutschen Rundfunks. Auch das Telefon-
Interview, das der Deutschlandfunk besonders pflegt, ist eine Kategorie
des "Dialogfunks".

III.

Die Forderung nach Zentralisierung und Zusammenlegung ganzer Rundfunkanstalten ist abgelöst worden durch den Wunsch nach Regionalisierung
und den Drang zur Subregionalisierung.

Regionalprogramme gibt es schon lange. Die sogenannten Vorabendpro-
gramme des Fernsehens der ARD-Anstalten firmieren so. Der Hörfunk
war ohnehin überall dabei.Jetzt soll die Regionalberichterstattung
mit neuen Inhalten versehen und intensiviert werden. Während der
Hörfunk des Bayerischen Rundfunks, des Süddeutschen Rundfunks und des
Südwestfunks schon seit Jahren zu bestimmten Zeiten getrennte Programme für einzelne Regionen ihres Sendegebiets ausstrahlten, begann

der Norddeutsche Rundfunk am 1. Januar 1981 mit auseinandergeschalteten Landesprogrammen im Hörfunk und im Fernsehen für Schleswig-Holstein, Hamburg und Niedersachsen.Der Westdeutsche Rundfunk hat im März 1982 beschlossen, die regionalen Schwerpunkte investiv und personell zu verstärken und die Verantwortung der Landesstudios zu verbreitern. Im Hörfunk und im Fernsehen sollen Fensterprogramme eingeführt werden.

Auch in der Subregionalisierung tut sich einiges. Als Ziel eines subregionalen Radioprogramms hat der Leiter des SDR-Studios Heidelberg einmal Informationen bezeichnet, "die sich nicht auf Verlautbarungen beschränken, die alles Wichtige und Wissenswerte aus der Nahwelt vermitteln: die alltäglichen Ereignisse, wirtschaftliche und kulturelle Vorgänge, Verkehrssituationen, Arbeitsmarktlage, Verbraucher- und Schulprobleme, Treffpunkte und Freizeitmöglichkeiten, individuelle und soziale Fakten". Das "Kurpfalz-Radio" mit seinem "Frühmagazin" und seiner "Nahaufnahme" sowie "Radio Stuttgart" feiern im Bereich des Süddeutschen Rundfunks ebensolche Erfolge wie die "City-Welle München" des Bayrischen Rundfunks. Programm-Macher, Programm-Verantwortliche und Gremien scheinen ebenso zufrieden zu sein wie die Hörer, denen es offenbar Spaß macht, ihr subregionales Radio nicht nur zu hören, sondern aktiv an ihm mitzuwirken.

Ob und wann es zu lokalem Radio und Fernsehen kommt, das sich auf relativ geschlossene Orte, auf einzelne Städte oder Stadtteile und Gemeinden konzentriert, ist schwer abzuschätzen. Die direkte Beteiligung von Bürgern und Gruppen bei der Programmplanung und Programmgestaltung, auch der Programmkontrolle, ließe sich beim Ausbau des Kommunikationssystems, vor allem bei der Verkabelung, sicherlich bewerkstelligen. Die Erfahrungen in anderen Ländern sind allerdings zwiespältig. Auf jeden Fall würden Konsequenzen für den professionellen Rundfunkjournalismus nicht ausbleiben. Sei es, daß die Programmveranstalter ganz bewußt Amateure mit der Programmgestaltung betrauen wollen und professionelle Journalisten in die Rolle der sachverständigen Berater und Kommunikationshelfer drängen; oder sei es, daß sich dem professionellen Rundfunkjournalismus ein Tätigkeitsfeld erschließt, für das er bisher nicht zuständig und deshalb auch nicht ausgebildet ist. In beiden Fällen würde sich der Rundfunkjournalismus wieder ein Stück wandeln.

Genaueren Aufschluß über diese Fragen sollen die vier Kabelpilot-
projekte geben, die in Berlin, Dortmund, Ludwigshafen und München
geplant sind. Neben lokalen Hörfunk- und Fernsehprogrammen wird
z.T. daran gedacht, auch Sparten und Zielgruppenprogramme sowie
ganz neuartige interaktive Informationsdienste zu erproben. Technisch wäre es möglich, dem Zuschauer eine Auswahl unter mehreren
Dutzend von Fernsehprogrammen und einer weit größeren Zahl von
Hörfunkprogrammen anzubieten.Inwieweit jedoch auch tatsächlich
eine ausreichende Nachfrage nach einer solchen Programmfülle
und vor allem die erforderliche Zahlungsbereitschaft besteht, steht
auf einem anderen Blatt.

IV.

Das Fernsehprogramm von heute ist nicht nur in sich strukturiert,
es strukturiert auch das Leben seines Publikums. Jeden Tag zur
gleichen Zeit,so daß man die Uhr danach stellen kann, erscheinen
"Tagesschau" und "heute" auf dem Bildschirm, zu späterer Stunde
das "heute-journal" und die "Tagesthemen". Jeder Tag der Woche hat
sein spezifisches Angebot: die Serie, die Aussenpolitik, das Magazin,
das Fernsehspiel, die große Unterhaltungs-Show, den Spielfilm, den
Krimi. Das Ganze ist eingebettet in eine Absprache zwischen ARD und
ZDF, die darauf abzielt, Sendungen des gleichen Genres möglichst
nicht zur gleichen Zeit anzubieten. Die dritten Programme bemühen
sich, mit interessanten, oft anspruchsvollen Angeboten verbliebene
Lücken zu füllen. Sie wenden sich in erster Linie an bestimmte Ziel-
gruppen.

Etwa 1975 hat das Fernsehen seine Form gefunden, bei der es im Prinzip
bis jetzt geblieben ist. Der Stil der Berichterstattung ist anders als
vor zehn oder fünfzehn Jahren. "Eine neue Technik, die Elektronik und
Satelliten ermöglichen seit Mitte der siebziger Jahre, daß kaum ein
Ereignis und schon gar keine politische Entwicklung von einiger Bedeutung, wo immer sie stattfinden mögen, dem deutschen Zuschauer vor-
enthalten bleiben." So beschreibt Heinz Werner Hübner, Fernsehdirektor
des Westdeutschen Rundfunks, die Lage. Die Live-Berichterstattung aus
allen Gegenden der Welt macht das Zeitgeschehen für das Publikum nicht
mehr zu einem "zeitversetzten" Ereignis. Der Zuschauer erlebt es unmittelbar mit.

Zwischen 1970 und 1980 haben die Rundfunkanstalten ihr Programmangebot im Hörfunk um 23 Prozent erweitert. Im Sendegebiet jeder Landesrundfunkanstalt kann der Hörer aus mindestens drei, oft genug vier
unterschiedlichen Programmen wählen. Hinzu kommen das Programm des
Deutschlandfunks und einige Programme benachbarter Sender. Im Fernsehen umfaßt das Angebot wie schon gesagt ebenfalls mindestens drei
Programme. Allein die Sendezeit der dritten Programme ist im letzten
Jahrzehnt um 107 Prozent gestiegen. Das erste Programm wurde um 16
Prozent und das ZDF-Programm um 24 Prozent erweitert.

Alles dies erhält der Radiohörer und Fernsehzuschauer in der Bundesrepublik Deutschland zu einem lächerlich geringen Preis. Die "Media-
Perspektiven", von denen die eben genannten Zahlen stammen, haben
ausgerechnet, daß der rechnerische Stundenpreis für eine Stunde Rund-
funknutzung sage und schreibe zehn Pfennig beträgt. Und dieser Preis
bleibt gleich, auch wenn mehrere Personen vor dem Fernsehen oder dem
Radiogerät sitzen. Der amtlich verordnete Null-Tarif bei Gebühren-
befreiungen sei nur der Vollständigkeit halber erwähnt. Er entspricht
mit rund 245 Millionen DM ungefähr den Gebühreneinnahmen des Süddeutschen Rundfunk (239 Millionen DM beim Stand 1. Januar 1981).

V.

Ich habe auf die Steigerung des Live-Anteils in der TV-Berichterstat-
tung bereits hingewiesen und in diesem Zusammenhang die Satellitentechnik erwähnt. Live-Elemente werden die Programme noch stärker bestimmen, wenn direkt empfangbare Satelliten zur Verfügung stehen.
ARD und ZDF haben den Bundesländern, bei denen die Zuständigkeit für
die Satellitennutzung liegt, schon erste Programmvorstellungen unter-
breitet.

Auf zwei Kanälen wollen beide in einer präoperationellen Phase ihre
auch terrestrisch verbreiteten Programme senden. Für das ZDF ist das
kein Problem. Die ARD muß sich für die Zeit zwischen 18.00 Uhr und
20.00 Uhr, während der sie ihre Regionalprogramme ausstrahlt, etwas
Neues einfallen lassen. Sie denkt an ein unterhaltsames Familienpro-
gramm mit ausgeprägten Live-Bestandteilen, das der regionalen Vielfalt der Bundesrepublik Deutschland gerecht wird.

Die Programmüberlegungen des Hörfunks orientieren sich an der Absicht, je ein Programm jeder Landesrundfunkanstalt und des Deutschlandfunks zu verbreiten und darüber hinaus testweise zwei oder mehr Spartenprogramme anzubieten.

Für die zweite, die operationelle Phase, erwägen die Fernsehleute der ARD ein "Weltprogramm", das dem deutschen Zuschauer das Aktuellste, Beste und Interessanteste aus der Vielfalt des internationalen Programmangebots vermitteln soll. Auch dazu gehört wieder die erweiterte Nutzung von Live-Übertragungen. Zu einem solchen "Weltprogramm" soll auch das Angebot der großen außereuropäischen Fernsehländer im Sinne eines "Viewer's Digest" gehören.

Das ZDF plant für die operationelle Phase ein Vollprogramm europäischen Zuschnitts. Ein paar Stichworte mögen die Richtung anzeigen, in die sich die Gedanken in Mainz bewegen:
Weltnachrichten, ergänzt durch eine News Show, ein Europa-Magazin, Features, Reportagen und historische Dokumentationen, die das Verständnis für die innere Entwicklung europäischer Länder und für europäische Interdependenzen vertiefen könnten, Live-Sendungen aus dem Europa-Parlament, Sprachunterricht, Sendungen für Gastarbeiterkinder, Unterhaltung mit europäischer Orientierung, Übertragungen aus Opern, Konzertsälen und Theatern Europas, vermehrte Live-Berichte über Sportereignisse.

Beim ZDF wie bei der ARD gelten solche Pläne als Diskussionsgrundlagen, als erste tastende Schritte. Aber sie lassen erkennen, daß Fernsehen und Hörfunk in eine eigenständige Programmidentität des Satellitenrundfunks hineinwachsen würden, wenn man ihnen freien Lauf liesse. Neue Personen bekämen neue Aufgaben. Der Prozess des rundfunkjournalistischen Wandels würde fortgesetzt.

VI.

Nicht nur am Himmel, auch auf der Erde geht die Entwicklung der Technik, geht die Elektronisierung rasch weiter und beeinflußt rundfunkjournalistische Arbeitsweisen.

Mit Hilfe tragbarer elektronischer Kameras, die vom Netzstrom unabhängig sind, verbunden mit ebenfalls tragbaren Aufzeichnungsgeräten
für die Magnetaufzeichnung auf einem Band, das nicht entwickelt zu
werden braucht, ist die Aktualität beträchtlich gesteigert worden.
Ton und Bild sind synchron auf einem Material. Die Bearbeitungs-
zeiten sind kurz.Seit die Elektronische Berichterstattung vor rund
drei Jahren eingeführt wurde, sind die Geräte kleiner und handlicher
geworden. Eine EB-Kamera mit integriertem MAZ-Band wird die Handhabung weiter erleichtern und die Wirtschaftlichkeit erhöhen. Unter
bestimmten Bedingungen können Video-Aufnahmen vor Ort über Richtfunk-
verbindungen direkt auf den Sender gegeben werden.

Die Elektronische Berichterstattung macht eine Umstellung der bisherigen Arbeitsweisen von Fernseh-Journalisten, Kameraleuten und
Technikern notwendig. Der Reporter zum Beispiel muß, wenn er an
den Drehort kommt, bereits genau wissen, was er wie haben will,
und der Kameramann muß sich schon am Anfang darüber im klaren sein,
wie das Endprodukt aussehen soll. Denn der Videobericht ist fertig,
sobald er gedreht ist. Er wird nicht erst nachträglich wie beim Film
am Schneidetisch zusammengestellt.

Die Grenzen zwischen Redaktion und Produktion werden allmählich ver-
schwimmen. Einige Berufsbilder werden sich ändern. Sicherlich gilt
das für Kameramänner, für Kamera-Assistenten, für Tonmänner und für
Cutterinnen. Der Zwang zu Höherqualifizierung ist unausweichlich.
Aus- und Fortbildung erhalten einen neuen Stellenwert.

Obwohl die Elektronische Berichterstattung mittlerweile zum Tagesge-
schäft von Fernseh-Reportern gehört, sind die Sorgen um die Arbeitsplätze nicht verschwunden. Ein Kennzeichen dafür ist die anhaltende
Diskussion über die Frage, ob für EB nun Teams von zwei oder drei
Mann erforderlich sind. Die Rundfunk-, Fernseh-Film-Union (RFFU)
fordert, daß die Dreierteams mit der bewährten Arbeitsteilung von
Bild und Ton beibehalten werden. Die Produktionsplaner und die unmittelbaren Nutzer der neuen Technik sehen die Dinge pragmatisch. Sie
machen es vom konkreten Einzelfall abhängig, ob ein Zwei- oder ein
Drei-Mann-Team losgeschickt wird.

In der WDR-Hauszeitschrift "WDR-Print" wurde mitgeteilt, daß die
Zahl der EB-Einsätze in den letzten Monaten kräftig gestiegen sei.
Auch für die Elektronische Berichterstattung gelte der Satz: Ist
die Technik erst einmal da, wird sie auch genutzt.

VII.

Im Informationsangebot des Rundfunks, des Hörfunks zumal, nehmen die
Nachrichten den ersten Platz und den breitesten Raum ein. Die Nachrichten sind die Basis aller anderen Informationen. Und bei jeder
Programmreform haben die Nachrichtensendungen ihre Position behauptet,
ja ausgebaut.

Die Nachrichtenflut, die sich tagaus tagein in die Nachrichtenredak-
tionen der Rundfunkanstalten ergießt, wird immer breiter und ist mit
herkömmlichen Instrumenten kaum mehr zu bewältigen. So ist es kein
Wunder, daß die Übermittlung, Selektierung, Speicherung und Verarbeitung der einlaufenden Informationen demnächst auch in den Rundfunkanstalten elektronisch erfolgt.

In die Nachrichtenredaktion des Deutschlandfunks gelangen, wie der
Chef dieser Abteilung errechnet hat, in 24 Stunden insgesamt
250 000 bis 300 000 Worte über Agenturen, andere Nachrichtenquellen
und eigene Korrespondenten. Rund 17 000 Worte werden als Nachrichten
über die Sender weitergegeben. Alle Agenturen, mit Ausnahme von afp
und upi, arbeiten heute mit einer Sendegeschwindigkeit von 200 Baud.
(Ein Baud bedeutet die Übertragung eines Zeichenelements pro Sekunde).
Eine Meldung von 25 Zeilen erscheint bei dieser Geschwindigkeit in
eineinhalb Minuten auf dem Blattschreiber des Empfängers. Vor ein
paar Jahren brauchte man für die gleiche Meldung bei einer Geschwindigkeit von 50 Baud noch vier Minuten.

Mit Hilfe der Elektronik kommen die Nachrichtenredakteure sehr viel
schneller und sehr viel früher an diese Informationen heran. Die
Arbeit am Bildschirm erleichtert die Sichtung, die Ordnung, die
Bewertung und die redaktionelle Bearbeitung des Nachrichtenstoffes.
Die elektronische Speicherung, Verteilung und Verarbeitung kann dazu
beitragen, daß die Nachrichten weiter objektiviert, klarer strukturiert und sprachlich noch präziser formuliert werden.

Die Elektronik wird ohne Zweifel die Arbeitsplätze und die Arbeitsweise der Redakteure beeinflussen. Das gilt erst recht, wenn eines Tages auch das Redigieren am Bildschirm erfolgt. Kein Wunder also, daß ähnlich wie bei der Einführung der Elektronischen Berichterstattung im Fernsehen auch beim Übergang zur Arbeit am Bildschirm bei den Betroffenen ungute Gefühle um sich greifen. Widerstände und Schwierigkeiten werden sich, glaube ich, in Grenzen halten lassen, wenn die Geräte ergonomisch richtig konstruiert sind und eine ausreichend lange Zeit zur Einarbeitung vorgesehen wird. Aufhalten läßt sich diese neue Technik sicherlich nicht. Die Erfahrungen in Nachrichtenagenturen und Tageszeitungen lassen jedoch hoffen, daß auch der Rundfunk zu positiven Ergebnissen gelangt.

VIII.

Seit dem 1. Juni 1980 strahlt der Rundfunk bundesweit Videotext aus. Sitz einer Gemeinschaftsredaktion von ARD und ZDF ist der SFB in Berlin. Mit dieser neuen Technik, genauer mit der Nutzung der Austastlücke des normalen Fernsehsignals, bietet Videotext auf 150 bis 200 Texttafeln täglich jeweils ab 15.00 Uhr programmbezogene, programmbegleitende und programmergänzende Informationen, aber auch Verbrauchertips und seit Januar 1982 täglich ein Kochrezept. Fünf überregionale Tageszeitungen senden täglich Presseschauen.

Die Untertitelung von Fernsehsendungen aller Art für Hörgeschädigte soll zu einem Schwerpunkt des künftigen Videotext-Angebots ausgebaut werden. Seit dem 11. Januar 1982 wird von 10.00 Uhr an eine Digest-Fassung mit ausgewählten Informationen aus dem gesamten Videotext-Angebot gesendet. Sobald wie möglich soll eine solche Digest-Fassung als normales Fernsehprogramm, also nicht über die Austastlücke, ausgestrahlt, durch Ton erklärt und mit Musik untermalt werden.

Das Redigieren, die grafische Aufbereitung und die Eingabe von Text und Grafik in Keyboards stellt Aufgaben, an die vor ein paar Jahren noch kein Rundfunkjournalist auch nur im Traum gedacht hat. Videotext eröffnet ein neues Tätigkeitsfeld für Journalisten.

IX.

Neben den hochleistungsfähigen integrativen Netzen für die Nachrichtenübertragung, neben Kabel und Satellit, werden sich Videorecorder und Bildplatte immer mehr durchsetzen. Man rechnet, daß Ende der 80er Jahre jeder zweite Haushalt in der Bundesrepublik Deutschland einen Videorecorder, jeder dritte einen Bildplattenspieler haben wird. Die Experten der Wissenschaft und die Männer und Frauen vor Ort sagen voraus, daß diese beiden neuen Kommunikationstechniken den Konkurrenzkampf bei Spielfilmen und Unterhaltungsangeboten massiv verschärfen werden.

Ein beträchtlicher Teil des Angebots von Hörfunk und Fernsehen kommt jetzt schon aus dem Ausland. Internationale Großfirmen beherrschen den Markt. In der Bundesrepublik stammt das größere Stück des U-Musik-Programms im Hörfunk aus ausländischen Produktionen. Bei den vom Fernsehen ausgestrahlten Filmen ist es nicht viel anders. Wobei es private Anbieter sind, von denen der öffentlich-rechtliche Rundfunk seine Unterhaltungsware bezieht. Private Firmen haben als Verkäufer, Auftragnehmer oder Koproduzenten jetzt bereits bemerkenswerte Chancen im Rundfunk unseres Landes.

Wenn der öffentlich-rechtliche Rundfunk tatsächlich die Konkurrenz erhält, die ihm einige Medienpolitiker verordnen wollen, wenn insbesondere Videorecorder und Bildplatte in Massen verbreitet werden, dann bekommt das Publikum nicht nur mehr vom Gleichen, es wird auch teurer. Prof. Dieter Stolte, der Intendant des ZDF, sprach kürzlich von einem Dschungel von internationalen Software-Interessen, der sich ankündigt. Und Günther Rohrbach, Direktor der Bavaria-Produktionsgesellschaft in München, meinte in der ZEIT: "Weltweit wird es einen Run auf Entertainer, auf Show- und Gesangstars, auf große Sportereignisse und vor allem auf Spielfilme geben. Für letztere hat der Wettbewerb jetzt schon in voller Härte begonnen." Rohrbach nennt horrende Summen, die in Großbritannien die BBC für attraktive Spielfilme bezahlen mußte, um im Wettbewerb mit ITV bestehen zu können, was zur Folge hatte, daß die Eigenproduktionen drastisch zurückgeschraubt werden mussten.

Für den Rundfunkjournalismus ergibt sich aus dieser absehbaren Entwicklung die Notwendigkeit, nicht zu resignieren, sondern in die Offensive zu gehen. Er muß versuchen, die Attraktivität, insbesondere der politischen Informationsprogramme, zu steigern.

Je mehr die Zuschauer sich als ihre eigenen Unterhaltungs-Programmdirektoren betätigen, umso größer wird die Bedeutung der aktuellen Berichterstattung, auch der Hintergrundberichterstattung, weltweit und regional für den öffentlich-rechtlichen Rundfunk. Hier ist, wie schon gesagt, die Live-Berichterstattung am Zuge. Die Konserve hat keine Chance.

X.

Die Ausweitung und Differenzierung des Kommunikationssystems kann zu einer weiteren Differenzierung und Spezialisierung des Informationsangebots führen. Eine zunehmende Spezialisierung der Medienberufe wäre die Folge mit allen Chancen und Risiken einer solchen Entwicklung. Chancen böten sich auf dem Arbeitsmarkt, wo die übergroße Nachfrage wahrscheinlich auf ein weniger enges Angebot an Medien-Arbeitsplätzen stossen würde. Risiken sehe ich darin, daß die Kluft, die zwischen Rundfunkjournalismus und Publikum jetzt schon besteht, hervorgerufen durch die "Akademisierung" des Berufs, noch tiefer würde.

Seine Vermittler- und Integrationsfunktion kann der Rundfunkjournalismus aber nur dann erfüllen, wenn er die Sprache seines Publikums spricht und seinen durch die Technik erweiterten Informationsvorsprung nicht nur für sich, sondern extensiv für seine Hörer und Zuschauer nutzt. Rundfunkjournalisten haben für ihr Publikum da zu sein, nicht umgekehrt. Und dieses Publikum sind Städter und Leute aus dem Dorf, sehr viel mehr Hauptschüler als Absolventen von Universitäten, viele Alte, es sind Menschen, die abends vor dem Bildschirm sitzen, nachdem sie tagsüber hart gearbeitet haben. Sie alle haben Anspruch darauf, daß ihnen Informationen und Meinungen verständlich geboten werden - von der Befriedigung ihres Unterhaltungs- und Entspannungsbedürfnisses einmal abgesehen.

Intensiver als jemals zuvor müssen sich die Rundfunkjournalisten
mit diesen und den technischen Voraussetzungen ihrer Arbeit vertraut
machen. Das erfordert Lernfähigkeit, Lernbereitschaft und ein steigen-
des Maß an Flexibilität. In den letzten Jahren hat der Rundfunk sein
Augenmerk deshalb verstärkt auf die Aus- und Fortbildung gelenkt, die
in den Rundfunkanstalten selbst und in zwei rundfunkeigenen Instituten geleistet wird: Für die Techniker in der Schule für Rundfunktechnik (SRT) in Nürnberg, für die Programm-Mitarbeiter in der Zentralstelle Fortbildung Programm (ZFP) in Frankfurt am Main. Die ZFP erreicht jährlich rund 1000 Programm-Mitarbeiter, die SRT fast eben-
soviele Mitarbeiter aus den verschiedensten Bereichen der Technik.
Bei der Fortbildung fürs Programm steht das Training zur Verbesserung der handwerklichen journalistischen Kenntnisse eindeutig im
Vordergrund.

Auch in der Ausbildung haben die Rundfunkanstalten einen neuen Anlauf
genommen. Zur Zeit stellen sie rund 100 Plätze für Volontäre und etwa
500 Plätze für Hospitanten und Praktikanten zur Verfügung. Die Ausbildung erfolgt nach einem einheitlichen "Rahmenkonzept", das den
Bedürfnissen, Besonderheiten und Möglichkeiten der einzelnen Rundfunkanstalten angepasst werden kann. Angesichts der Tatsache, daß
an deutschen Universitäten rund 12 000 Studenten im Haupt- oder
Nebenfach journalistische und kommunikationswissenschaftliche oder
verwandte Studiengänge absolvieren und eine unbekannte, aber vermutlich große Zahl von Studenten klassischer Fächer mit einem journalistischen Beruf liebäugelt, ist das Angebot an Ausbildungsplätzen
überaus gering. Die Rundfunkanstalten können jedoch derzeit nicht
mehr verkraften.

XI.

Lassen Sie mich zum Schluß noch eine allgemeine Bemerkung zum Rundfunkjournalismus in unserem Lande machen: Tragende Pfeiler des Hörfunks und Fernsehens sind Sendungen, die informieren, nicht missio-
nieren und indoktrinieren. Neben die Nachricht, die Reportage, die
Dokumentation, die sich auf sorgfältige Recherchen gründen, haben
Analyse und Meinung ihren gleichrangigen, nicht jedoch einen privi-
legierten Platz. Ich stimme Dietrich Schwarzkopf zu, der kürzlich
vor dem Programmbeirat des Deutschen Fernsehens sagte:

"Der Journalist beim öffentlich-rechtlichen Rundfunk steht, vom
journalistischen Selbstverständnis her gesehen, in keinem anderen
Dienste als in dem der Informations- und Meinungsfreiheit des
Publikums. Ein solches Engagement muß Abwehrrechte einschliessen,
zum Beispiel das Recht der Abwehr von Versuchen, umfassende Information aus irgendeinem Gruppen- oder Eigeninteresse zu verhindern."

Journalismus im öffentlich-rechtlichen Rundfunk kann nicht die Fortsetzung der Politik, schon gar nicht der Partei- oder Verbandspolitik
mit journalistischen Mitteln sein. Der Rundfunkjournalist hat auch
keine erzieherischen Funktionen. Und schliesslich: Rundfunkjournalisten sind keine Beamten, Rundfunkanstalten keine Behörden. Der
Rundfunkjournalismus ist in der Bundesrepublik Deutschland den Geboten der Pluralität und der Überparteilichkeit verpflichtet. Er hat
eine Vermittlerrolle. Das Bewusstsein von dieser Vermittlerrolle gewinnt wieder deutlich an Boden.

Dieser Wandel wird jedoch versanden, wenn ihm nicht die mit guten
Taten verbundene Einsicht auf dem Fuße folgt, daß Proporzdenken
der Feind des professionellen Journalismus ist. Wo parteipolitische
Zurechenbarkeit von wem auch immer höher gestellt wird als journalistische Qualifikation und unbequemer Sachverstand, ist unabhängiger
und leistungsfähiger Rundfunkjournalismus schon im gedanklichen Ansatz gefährdet.

Ich fasse zusammen: Der Rundfunk und seine Journalisten müssen
- der modernsten Technik sich bedienend - Staat, Wirtschaft und
Gesellschaft unabhängig gegenübertreten. Der Kritik haben sie sich
zu stellen. Aber jedweder Pression haben sie zu widerstehen. Tun sie
das nicht, geht die Rundfunkfreiheit und damit ein wesentliches Stück
unserer Demokratie verloren. Solchen Wandel des Rundfunkjournalismus
gilt es mit aller Kraft abzuwehren.

Radio and TV Journalism in Change

Richard Becker
Köln

Radio broadcasting exists in a state of constant change. The continuing development of technology has far-reaching effects on programme
operations. With the help of satellites, listeners can receive live
transmissions from all parts of the world. In local radio, the live
situation is broadened by means of cable radio. The catch-phrase
"News is Now" can today be applied to the spoken word and the visual
side, in the context of events both locally and worldwide.

The listener who used to listen normally to one station on his radio
set now has the choice of several VHF programmes, some of them in
stereo. When television became the most attractive of the mass media,
at first black and white and then in colour, the radio broadcasting
industry reacted with new programme-types. Magazine programmes were
launched, wave-lengths for motorists were introduced, and there were
newscasts every hour. This led to a change-over from radio as a form
of 'lecturing' to live programmes planned so as to establish contact
and a 'dialogue'. The call for mergers in radio, in which several
stations were to be turned into single conglomerates, has given way
to an urgent call for regionalisation and sub-regionalisation. But
it is difficult to predict whether we shall see the introduction of
local radio and television, and if so, when.

An outstanding feature of television reporting today is that reports
from all parts of the world are broadcast live. Current events are
shown while they are actually taking place, without the time-lag of
earlier days in television.

The live transmission of programme elements will become even more
dominant when satellites offering direct reception are available.
With this prospect in mind, the two West German television channels,
ARD and ZDF, have already worked out programme concepts to deal with
the new facility.

Another innovation which is fast approaching is the application of
EDP in the newsroom, with electronic transmission of information,
selection, storage, and processing of incoming information. News
editors will have much faster access to a much greater selection of
information.

Another change has been the arrival of electronic cameras for camera-
man-reporters working independent of mains electricity. They have
speeded up and made cheaper the gathering and broadcasting of information, and are changing the nature of journalistic work. The bor-
derlines between editing and production are becoming blurred.

In addition to the high-capacity systems of news broadcasting, with
their integrating tendencies, video-recorders and video-discs will
become established. The competition between full-length feature
films and light entertainment programmes will increase. Even now,
private-sector produeers already have very good prospects in broadcasting in West Germany, either selling their own products, working
under contract, or acting as co-producers.

The extention of broadcast communication may lead to a further increase in the number of specialist jobs in the media. To some extent
there is already a gap between radio journalism and the public, due
to academic influences in and on the broadcasting profession. But
the information-and integrational-functions can only be carried out
by radio journalism if it speaks the same language as its public.

More intensively than ever before, radio journalists must make themselves familiar with the technical preconditions for their work.
This requires the ability to learn, the willingness to learn, and a
growing degree of flexibility. In recent years, attention has been
turned more directly towards training and further trainirg in the
broadcasting profession.

Wege zum Beruf des Journalisten: Dokumentation einer Misere

Wolfgang R. Langenbucher
München

1. Ungeregelter Berufszugang

"Redakteure und Redakteurinnen von einer großen oberfränkischen Tageszeitung für die Lokal- und Provinzredaktionen, den Nachrichtenteil und den allgemeinen Teil gesucht. Berufsfremde, die eine entsprechende Allgemeinbildung nachweisen können, werden bei vollen Bezügen umgeschult und eingearbeitet. Angebote mit kurzem Lebenslauf und Lichtbild"

Vor zehn Jahren fand sich diese Stellenanzeige in der "Süddeutschen Zeitung". Könnte sie, von der veränderten Arbeitsmarktsituation einmal abgesehen, auch heute so erscheinen? Ich denke: ja. Trotz einer in diesem Zeitraum teilweise intensiven kommunikations- und hochschulpolitischen Diskussion über die Reform der Ausbildung zum Journalismus, trotz vieler anders lautender Memoranden, Rahmenpläne und partei- und verbandspolitischer Programme ist der Journalismus auch 1982 ein Beruf, den jeder ohne rechtliche oder sonstige formelle Voraussetzungen ergreifen kann, der sich dazu berufen fühlt.

Wer der 'Kommunikation' als gesellschaftlichem Wert eine ähnliche Bedeutung beimißt, wie vielleicht der 'Gesundheit', der 'Gerechtigkeit' oder der 'Bildung', wird diesen Sachverhalt <u>zumindest irritierend</u> finden müssen, da solche Bereiche in modernen Gesellschaften typischerweise professionalisierte Berufssysteme entsprechen. Der ehemalige Journalist und jetzige Generalsekretär der FDP, Günter Verheugen, sagte zu dieser Situation Anfang April 1982: "Wenn man den Zustand der Journalistenausbildung in der Bundesrepublik betrachtet, muß man sich ernstlich wundern, wieviel gute Journalisten es trotzdem gibt." Begründet wird dieser - wie nachzuweisen sein wird - nur scheinbar 'freie' Berufszugang verfassungsrechtlich. So steht im "Medienbericht" 1974 der Bundesregierung: "Den Fragen der Aus- und Fortbildung der Journalisten mißt die Bundesregierung besondere Bedeutung zu. Befriedigende Aus- und Fortbildungsmöglichkeiten sind nach ihrer Meinung von grundsätzlicher Bedeutung für die Bewahrung der Pressefreiheit und die

Erfüllung der Aufgaben von Presse und Rundfunk im Rahmen der demokratischen Willensbildung." Weiter heißt es dann: "Die Bundesregierung meint, daß die Aus- und Fortbildungsvoraussetzungen für Journalisten verbessert werden müssen. Dies gilt für die betrieblichen und schulischen Bildungsstätten wie für die Hochschulen." Und ihre politischen Zielvorstellungen formulierte die Bundesregierung dann so: "Der Beruf des Journalisten sollte allerdings auch weiterhin ein 'offener Begabungsberuf' bleiben. Mit dem Anspruch auf "freien Zugang zu den Presseberufen" (BVerfGE 2o, 162) wäre es grundsätzlich bereits unvereinbar, objektive Zulassungsvoraussetzungen für den Zugang zu diesem Beruf aufzustellen. Aus den gleichen Gründen kann aber auch eine einheitliche Ausbildung als Zulassungsvoraussetzung für den Journalistenberuf nicht verbindlich vorgeschrieben werden. Auch der Zugang zu dem Beruf hinsichtlich der subjektiven Zulassungsvoraussetzungen darf - unbeschadet der möglichen Regelung eines Minimums an Zulassungsvoraussetzungen - nicht durch unverhältnismäßig hohe Anforderungen an Vorbildungsvoraussetzungen erschwert werden." /1/

Auch in den "Medienbericht" 1978 wurde diese Position übernommen. Was als "Regelung eines Minimums an Zulassungsvoraussetzungen" anzusehen wäre, bleibt offen. Allerdings hat der Bund durch seine Forschungspolitik, durch die Finanzierung von Modellversuchen und durch Zuschüsse für Einrichtungen der journalistischen Aus- und Fortbildung einiges zu deren Verbesserung beigetragen. Weitreichende Möglichkeiten aber fehlen ihm aufgrund der verfassungsrechtlichen Kompetenzlage - abgesehen davon, daß dazu offensichtlich auch der politische Wille fehlt. Dies zeigt die Tatsache, daß trotz wiederholter Ankündigungen in Regierungserklärungen der sozial-liberalen Koalition bis heute kein Presserechtsrahmengesetz vorgelegt wurde.

Kaum anders stellt sich, wenn man die Einrichtung einiger weniger einschlägiger Studiengänge mit vergleichsweise geringen Kapazitäten in den siebziger Jahren einmal als normale Folge der allgemeinen Studienreform ansieht, die Seite der Bundesländer dar, die die Kompetenz für umfassende Landesmediengesetze haben. So kennt etwa der vom Ministerrat Baden-Württemberg im März 1982 beschlossene "Entwurf für ein Gesetz über die neuen Medien", das kaum irgendeinen infrage kommenden Sachverhalt ungeregelt läßt, in seinen immerhin 74 Paragraphen keinerlei Hinweis auf Regelungen für den Beruf des Journalisten. Die in § 66 eingeführte, aus den Landespressegesetzen schon bekannte Figur "Verantwortlicher Redakteur" wird auch hier nicht an berufsspezifische Qualifikationen gebunden.

Ich möchte diesen Schlaglichtern zur kommunikationspolitischen Situation schon an dieser Stelle meine persönliche Einschätzung anschliessen, obgleich einige der sie untermauernden Daten erst im folgenden dargestellt werden. Die Rechtfertigung des bestehenden Zustandes liefern vor allem die Thesen vom Journalismus als einem 'offenen Begabungsberuf' und als einem 'freien Beruf'. Im Selbstverständnis der Journalisten spielten diese beiden Elemente eine wichtige Rolle. So wird historisch darauf verwiesen, daß dieser Tätigkeitsbereich schon immer von vielen Menschen gewählt wurde, die vorher andere Berufe erlernt und ausgeübt haben und gerade solche 'Spätberufene' journalistische Spitzenpositionen erreicht hätten. Auch die Nähe zur Tätigkeit des Politikers, die ebenfalls im Prinzip jedem ohne besondere Vorbildung offen steht, wird häufig als Argument herangezogen.

Die seit einigen Jahren erhobenen Daten zur Soziologie des journalistischen Berufes, zur sozialen Herkunft, zum Einkommen, zur arbeitsrechtlichen Stellung und zahlreichen anderen Fragen, erlauben erstmals auf breiter und in vielen Fällen repräsentativer Basis kritisch zu fragen, was mit solchen Thesen von der Begabung als Zugangskriterium und der Freiheit des Berufes empirisch gemeint sein kann. So wird es angesichts dieser empirischen Untersuchungen bezweifelbar, daß z.B. Thesen von der Freiheit des Berufszuganges überhaupt haltbar sind, da sozial und kulturell höchst selektive Verfahren bei der Rekrutierung der journalistischen Berufe vorherrschen.

Es wird zu einer interessanten Frage der 8oer Jahre werden, ob es im Zuge der nun angelaufenen Reformversuche zur Ausbildung des Journalisten auf Hochschulebene auch zu einer darüber hinausreichenden Ordnung des journalistischen Berufes kommen kann. Denn kommunikationspolitisch stellt sich die Frage, inwieweit auch für die journalistischen Berufe wünschenswert, notwendig und politisch realisierbar ist, was bei vergleichbar gesellschaftsrelevanten Tätigkeitsfeldern seit Jahrzehnten zur Selbstverständlichkeit gehört: die soziale Kontrolle dieser Berufe durch eine Regelung der Vor- und Ausbildung. Da in der Bundesrepublik Deutschland - ob aus guten Gründen, sei dahingestellt - auch in den nächsten Jahren Berufszugangsregelung für Journalismus politisch kaum realisierbar sein dürfte, kommt der geregelten Ausbildung ein besonderer gesamtgesellschaftlicher Stellenwert zu, eben weil die Gesellschaft "außer dieser Art von Vorbeugung durch Ausbildung faktisch keine öffentlichen Kontrollmöglichkeiten über die Qualifikationen derer besitzt, die diese Gesellschaft mit publizistischen Informationen versorgen". /2/

Allerdings dürften Reformen der Ausbildung nur schwer wirksam werden,
solange die berufliche Tätigkeit im Journalismus nicht an gewisse
Mindestqualifikationen gebunden ist. Dabei gilt es allerdings zwischen
den verschiedenen Kategorien journalistischer Tätigkeit zu unterscheiden. Unnötig und systemwidrig erscheint eine derartige Zugangsregelung
für nicht- oder halbberufliche journalistische Arbeit (Mitarbeit bei
den Medien). Objektivierte Berufsanforderungen und Zugangsvorausset-
zungen müssen sich vor allem auf die hauptberuflichen, insbesondere
redaktionellen Tätigkeiten bei den universellen, aktuellen Massenmedien beziehen.

Welche Kriterien sich hierfür im einzelnen entwickeln lassen, muß vorläufig offen bleiben. Ebenso ist bislang nicht absehbar, welche konkrete rechtliche Form eine entsprechende Ordnung der journalistischen
Berufe angesichts der herrschenden, kontroversen Verfassungsinterpre-
tation und der gegebenen machtpolitischen Situation finden kann. Die
Kommunikationspolitik hat hier jedenfalls einen breiten, wenn auch
wohl erst langfristig nutzbaren Spielraum. "Die Stufenordnung der Be-
rufsgesetze reicht vom bloßen Schutz einer Berufsbezeichnung bis hin
zu Kammerverfassung und besonderer Berufsgerichtbarkeit und läßt daher
differenzierte Lösungen zu." /3/

2. Statistik

Die rechtliche Unverbindlichkeit der Berufsbezeichnung Journalist
macht auch eine statistische Abgrenzung schwierig. Allerdings wird
seit einem Klärungsversuch von A.J. Wiesand, ausgehend von den "Volks-
und Berufszählungen des Statistischen Bundesamtes (VBZ)" allgemein
eine Zählung und Einteilung akzeptiert, die zumindest den Medienjour-
nalismus wohl zureichend erfaßt. /4/
(Tabelle 1 siehe nächste Seite)

In der amtlichen Statistik hat die Kategorie "Publizisten" fünf Be-
rufsklassen: (1) Schriftsteller, (2) Dramaturgen/Lektoren, (3) Journalisten, (4) Rundfunk-, Fernsehsprecher, (5) andere Publizisten. Nach
der Zählung von 1970 umfaßt die Berufsklasse Journalisten 23.723 Personen, davon 82 % (19.141) Abhängige und 18 % (4.312) Selbständige.
Etwa 11.000 sind bei der Presse und bei Agenturen, etwa 3.000 beim
Hörfunk und Fernsehen, etwa 5.000 bei Pressestellen tätig. Neben diesen angestellten Redakteuren gibt es noch etwa 5.000 freie Journalisten.

Tabelle 1:   ZAHL DER JOURNALISTEN NACH MEDIENBEREICHEN /Stand Ende 1974

1.	Tages- und Wochenzeitungen	6.4oo	-	6.5oo
2.	Zeitschriften und Pressedienste (ohne 6.)	3.8oo	-	3.9oo
3.	Presse- und Nachrichtenagenturen		ca.	5oo
4.	Rundfunk und Fernsehen (ARD, ZDF, RIAS und sonstige)	2.7oo	-	2.8oo
5.	Wochenschau, AV-Produktionsfirmen		ca.	3oo
6.	Pressestellen und Publikationen von Firmen, Verbänden, Behörden (ohne 2.)	4.5oo	-	5.000
I.	ANGESTELLTE JOURNALISTEN insgesamt	18.2oo	-	19.000
II.	FREIE JOURNALISTEN (einschließlich Bildjournalisten)	4.5oo	-	4.7oo
III.	JOURNALISTEN IN PRAKT. AUSBILDUNG (Volontäre, Praktikanten)	1.5oo	-	1.7oo
	JOURNALISTEN (Ende 1974)	24.2oo	-	25.4oo

Im thematischen Kontext unseres Kongresses müßten diese Zahlen allerdings grundlegend ergänzt werden, weil bezogen auf die Breite des durch Telekommunikation konstituierten Berufsfeldes der Journalismus hier lediglich einen Teilbereich darstellt. Darauf hat ebenfalls A.J. Wiesand in einem kritischen Diskussionsbeitrag zur Arbeit der Enquete-Kommission des Bundestages "Neue Informations- und Kommunikationstechniken" hingewiesen. /5/ Journalisten gestalten ja in der Tat nur den kleineren Teil audiovisueller Medien. Künsterlisch-technische Realisatoren aller Art, Autoren, Regisseure, Komponisten, Filmproduzenten, Musiker, Kameraleute - ein schon älteres "Lexikon der publizistischen Berufe" /6/ zählt über 12o Berufsbilder auf - dürften bei der Entwicklung künftiger Berufschancen eine große Rolle spielen, wenn nicht, was manche befürchten, die 'Neuen Medien' ihre Programme aus der ständigen Wiederholung vergangener Erfolge bestreiten. Ein langjähriger Fernsehspielredakteur schrieb dazu vor kurzem: "Es wird in letzter Zeit viel von Programmausweitung, von Satellitenfernsehen, von Kabelfernsehen etc. gesprochen, und über das Für und Wider diskutiert. Ungestellt aber bleibt die Frage nach dem vorhandenen kreativen Potential. Woher sollen die vielen für eine Programmausweitung notwendigen neuen Autoren plötzlich kommen, die guten - nicht die gut gemeinten - Manuskripte? Ich glaube nicht, daß in irgendwelchen Schubladen noch unentdeckte Manuskripte vermodern, und ich glaube nicht, daß man Autoren wie Industrieprodukte fabrizieren kann. Es dauert lange, und es gehört nicht nur Geld (das auch!) sondern viel Einfühlungsvermögen, Geduld und Mut zum risikoreichen Experiment dazu, um neue

Talente zu entwickeln.

Wird ein privates Fernsehen so viel kostspieliges Risiko eingehen?
Die Produktion eines Fernsehspiels oder eines Films ist ja erheblich
teurer als die eines Buches oder eines Zeitungsartikels und bemißt
sich nach Millionen. Betrachtet man das amerikanische Fernsehen, so
wird man skeptisch, wenn man an die Qualität und nicht nur an die
Quantität denkt. Hoffen wir, daß wir uns im Jahre 2ooo, wenn wir
dreißig Programme und mehr empfangen können, nicht nach den "nur" drei
Fernsehprogrammen des Jahres 1982 zurücksehen werden, so wie es manchen Zuschauern heute schon mit dem einen oder den zwei Programmen der
sechziger Jahre geht." /7/

Ähnliches gilt für andere Programmacher, deren Wege zu ihrem Beruf
hier nicht dargestellt werden können, obwohl sie ebenso wie der Journalismus zum Berufsfeld Telekommunikation gehören. Vielleicht darf ich
an dieser Stelle daran erinnern, daß die "Deutsche Gesellschaft für
Publizistik- und Kommunikationswissenschaft" schon 1976, aber ohne
Erfolg, die Einsetzung einer entsprechenden Kommission gefordert hat. /8/

Abb. 1

Entschließung der »Deutschen Gesellschaft für Publizistik- und Kommunikationswissenschaft« vom 20. November 1976 zur Untersuchung der Struktur- und Arbeitsmarktprobleme aller publizistischen Berufsfelder

Die Deutsche Gesellschaft für Publizistik- und Kommunikationswissenschaft fordert die Bundesregierung auf, nach dem Modell der »Kommission für den Ausbau des technischen Kommunikationssystems« (KtK) eine Kommission einzusetzen. Sie soll alle Struktur- und Arbeitsmarktprobleme der in den Massenmedien Tätigen zukunftsorientiert aufarbeiten und Empfehlungen zu folgenden Fragen entwickeln:

O Welche Ausbildungserfordernisse stellen sich dem Journalistenberuf angesichts gegenwärtiger und zukünftiger Tendenzen auf dem publizistischen Arbeitsmarkt? (Vgl. dazu den Beschluß der Ständigen Konferenz der Kultusminister vom 13. September 1974, mit dem eine einschlägige Untersuchung empfohlen wird.)

O Wie und in welchem Umfang müssen für die Wahrung der Meinungs- und Informationsfreiheit gesetzgeberische Maßnahmen entwickelt werden, um die berufliche Unabhängigkeit der publizistisch Tätigen langfristig zu sichern?

O Durch welche Schritte kann Entwicklungen, die zu Einschränkungen des journalistischen Arbeitsmarktes führen, entgegengesteuert werden?

O Durch welche Maßnahmen ist eine höhere Mobilität von Journalisten zwischen den einzelnen Medien bzw. Berufsfeldern zu erreichen?

Die vorgeschlagene Kommission sollte aus Experten der verschiedenen publizistischen Berufsorganisationen, der Presse, des Rundfunks, der Wirtschaft, der Gewerkschaften, der Wissenschaft und der Politik bestehen.

*

Diese Resolution wurde von den Mitgliedern der Deutschen Gesellschaft für Publizistik- und Kommunikationswissenschaft auf ihrer 18. Arbeitstagung in Salzburg am 20. November 1976 einstimmig beschlossen.

Vielleicht wäre ein solcher Untersuchungsauftrag ergiebiger und dring-
licher gewesen als der, den die Enquete-Kommission jetzt verfolgt!
Aber eigentlich wären hier ja Aktivitäten der Bundesländer gefordert.

3. Die Vor- und Ausbildung von Journalisten

In den siebziger Jahren wurden eine große Zahl von Studien zur Soziologie des Journalisten durchgeführt, zusammengefaßt 1977 in einem Gut-
achten für die Bundesregierung mit dem Titel "Synopse Journalismus als
Beruf". /9/ Aus diesen Daten läßt sich jenseits anekdotischer Einzel-
geschichten, die Journalisten gerne über ihren Weg in den Beruf zu er-
zählen pflegen, darstellen, daß sich trotz des freien Berufszuganges
typische Strukturen herausgebildet haben. Dabei existieren erwartungs-
gemäß sehr viel verschiedenartigere Zugangswege nebeneinander, als
dies in einem streng geregelten Berufsfeld wie etwa der Medizin der
Fall ist. Sie unterscheiden sich insbesondere nach der jeweiligen
Vor- und Ausbildung - in der Reihenfolge der Häufigkeit: (1) 4/5 der
Journalisten haben das Abitur, 2/3 haben ein Studium zumindest begonnen, 1/4 hat ein Studium abgeschlossen. (2) Im Durchschnitt haben 8o %
eine praktische Ausbildung in einer Redaktion, insbesondere durch ein
Volontariat bei einer Zeitung, durchlaufen. (3) Fast die Hälfte der
Journalisten hat vor diesem Beruf einen anderen erlernt (meist auch
ausgeübt) und ist durch Zufall und nach einer kurzen 'Anlernzeit'
oder vorheriger nebenberuflicher und teilberuflicher journalistischer
Tätigkeit in die Medien gekommen. (4) Etwa 1/1o der Journalisten hat
Kommunikationswissenschaft (Publizistik, Zeitungswissenschaft) im
Hauptfach, ein größerer, aber nicht quantifizierbarer Teil, im Nebenfach studiert. (5) Weniger als 5 % hat eine berufsspezifische praktische Ausbildung an einer Journalistenschule oder Film- und Fernsehaka-
demie erhalten.

Diese Daten lassen sich, wie die Tabelle zur vorberuflichen Ausbildung
zeigt, beispielsweise nach Medien differenzieren. Andere Unterschiede
zeigen sich nach Ressort, nach Position oder nach Geschlecht. Auf eine
genaue Darstellung kann hier verzichtet werden, da das wichtigste Ergebnis davon unberührt bleibt: Die typischen Wege zum Beruf des Journalisten führen nicht über eine wissenschaftliche Berufsausbildung,
wie sie für vergleichbare Berufe, soziologisch gerne Professionen genannt, charakteristisch ist. Deshalb verwundert es auch nicht, wenn
von einem Drittel der in diesen Untersuchungen befragten Journalisten
angegeben wird, "zufällig in den journalistischen Beruf gekommen zu
sein". /9/ In einer neueren Studie über die "Situation von Frauen im
Journalismus" sind wir explorativ auch der Frage nachgegangen, was
dies eigentlich bedeutet: durch 'Zufall'. Es scheint, "daß den Journalisten selbst als Zufall erscheint, was tatsächlich weitgehend dem
offenen, ungeregelten, scheinbar unstrukturierten Zugang zu dem Beruf
entspricht. Möglicherweise sind die Zufälle und Irrwege, die geschil-

Tabelle 2: MEDIENSPEZIFISCHE VERGLEICHSDATEN ZUR VORBERUFLICHEN AUSBILDUNG VON JOURNALISTEN (in Prozent)

	Rundfunk-journ. N = 388	Zeitungs-journ. N = 189	Lokaljourn. an Tagesztgn. N = 322	Agentur-journ. N = 11o	Wochenztgs.-journ. N = 1o4	Unterhaltungs-journ. N = 516
Schulbildung						
kein Abitur	12	18	5o	24	19	49
Abitur	87	82	49	76	81	51
Praktische Ausbildung						
ja	78	87	8o	88	73	58
nein	22	13	2o	12	27	42
Hochschulbildung						
nicht studiert	23	37	68	41	31	61
Studium abge-brochen	38	35	24	4o	31	27
Studium abge-schlossen	38	29	8	19	39	11
	N = 297	N = 12o	N = 1o2	N = 65	N = 72	N = 199
Studienabbruch, wenn studiert	5o	55	75	68	44	71

dert werden, nur der subjektive Eindruck, den der Mangel an offiziellen, formellen, legitimierten Berufseintrittswegen hinterläßt. Der Berufseintritt wird unter diesem Aspekt als eine Bewährungsprobe erlebt, die durchaus bestimmte feststehende Strukturen oder Rituale umfaßt. Das Vorhandensein von bestimmten, typischen Stadien spricht dafür: die Mitarbeit bei einer Schülerzeitung; die Mitarbeit im Lokalblatt des Wohnortes; das probeweise "jobben" nach Schulabschluß bzw. während des Studiums oder auch neben dem eigentlichen Beruf; das Angebot von betrieblicher Seite zu regelmäßiger Mitarbeit; der Übergang in die hauptberufliche journalistische Tätigkeit.

Zusammenfassend läßt sich sagen, daß die stufenweise Berufsentscheidung und der gleitende allmähliche Berufseintritt eine Phase der Orientierung und Erprobung der eigenen Fähigkeiten und der beruflichen Bedingungen ermöglicht, also einen weichen Berufseintritt. Allgemein wird dieser Entwicklungsprozeß von den Betroffenen selbst als "zufällig" bezeichnet, entspricht aber tatsächlich dem Strukturmoment des offenen Berufszugangs und ungeregelter Ausbildungswege. Zugleich wird die Betonung der Zufälligkeit Ausweis für die Leichtigkeit, mit der man in den Beruf gekommen ist und ihn ausübt." /1o/

4. Der Mythos vom 'freien' Berufszugang

Wie schon diese Zahlen zur Vor- und Ausbildung zeigen, sind die Wege zum Beruf des Journalisten keineswegs so offen für Jedermann und Jederfrau, wie es das allseits fraglos akzeptierte Postulat vom 'freien Begabungsberuf' unterstellt. Er ist nur scheinbar frei. Die Journalistenforschung der letzten Jahre hat eine ganze Reihe von Barrieren identifiziert, die zwingen, hier eher von einem Mythos als von einer wirksamen Praxis zu sprechen. Ich sehe für diese These vor allem drei Begründungen.

(1) Soziale Barrieren: Die faktischen Rekrutierungsverfahren haben zu einer sozial sehr einseitigen Selektion und 'Verzerrung' geführt. Personen aus 'unteren' sozialen Schichten haben praktisch kaum eine Chance zum 'Aufstieg' in dieses Berufsfeld. Das "Fehlen objektivierter Berufsanforderungen und entsprechender Qualifikationsmöglichkeiten" (Wiesand) /11/ hat also den behaupteten Wirkungen genau entgegengesetzte Folgen gehabt und statt Offenheit fast unüberwindbare Barrieren für den Zugang zu den Medienberufen geschaffen.

Diese Barrieren bestehen schon in einer sozialen, psychologischen und bildungsmäßigen Vorselektion derer, die überhaupt als Bewerber bei der journalistischen Nachwuchsrekrutierung auftauchen. Als fast 'verbind-

liches' Einstiegskriterium hat sich dabei seit langem quasi natur-
wüchsig das Abitur durchgesetzt. Dies könnte in Zukunft - parallel
zur Steigerung der Abiturienten- und Studentenzahlen - auch zu einer
Veränderung der sozialen Herkunft der Journalisten führen. Die Vorselektion wird aber nicht nur durch die schulische Vorbildung gesteuert, sondern auch durch das sozialpsychologische Milieu und die
nur in bestimmten (Mittel- und Oberschicht-)Elternhäusern vermittelte
Sprachgewandtheit für und Motivation zu einem 'geistigen' Beruf. Deshalb kann von der Steigerung der Abiturquoten allein keine Änderung
erwartet werden. Erst die Objektivierung der Berufsanforderungen und
die Schaffung entsprechender Qualifikationsmöglichkeiten könnte hier
eine Wirkung im Sinn einer formalen Chancengleichheit haben und so
langfristig zu einer 'sozialen' Öffnung der journalistischen Nachwuchsrekrutierung führen.

(2) Wissens- und Wissenschaftsdefizite: Journalisten rekrutieren sich,
soweit sie überhaupt studiert haben, aus einem schmalen, einseitigen
Kanon von Disziplinen. (Siehe Tabelle 3) Es dominieren die Geistes-
und - bei der jüngeren Generation - die Sozialwissenschaften. /12/
Charakteristischerweise handelte es sich dabei - zumindest in der Vergangenheit - um Studienabbrecher. Vielleicht erklärt diese Unterreprä-
sentanz von Absolventen naturwissenschaftlicher und technischer Disziplinen die oft als defizitär und inkompetent beklagte Berichterstattung der Massenmedien über die Kernprobleme unserer technisch-wissen-
schaftlichen Zivilisation? Die damit verbundenen Konsequenzen für die
öffentliche Meinungsbildung sind gewiß kaum zu überschätzen. H.M. Kepplinger erinnert in diesem Zusammenhang an eine schon ältere Diskussion: "Der Schriftsteller und Physiker C.P. Snow hat Naturwissenschaftler und Geisteswissenschaftler deshalb als Angehörige von "zwei Kulturen" (Die zwei Kulturen, 1959, Stuttgart 1967) bezeichnet, die sich
keineswegs in ihrer politischen Progressivität, sondern in ihrem spezifischen Problemlösungsverhalten unterscheiden. Legt man diese Klas-
sifikation zugrunde, dann repräsentieren Journalisten - soweit sie
studiert haben - in ihrer überwältigenden Mehrheit nur eine dieser beiden Kulturen, die in ihrem Denkstil, historisch gesehen, eher traditionellen Geisteswissenschaften. Diese im Kern konservative Mentalität
vieler Journalisten zeigt sich nicht zuletzt in der weitverbreiteten
Skepsis gegenüber dem Einsatz technisch-wissenschaftlicher Verfahren
zur Lösung sozialer Probleme." /13/

K. Tetzner, der seit zehn Jahren als Techniker in Berlin am Institut
für Publizistik Vorlesungen hält, hat in einem Erfahrungsbericht für

Tabelle 3: MEDIENSPEZIFISCHE DATEN ZUM STUDIUM VON JOURNALISTEN (in Prozent)

	Rundfunk-journ. N = 388	Tageszeitungs-journ. N = 189	Lokaljourn. an Tagesztg. N = 322	Agentur-journ. N = 110	Wochenzeitungs-journ. N = 104	Chefredakteure v. Tagesztg. N = 75
davon Studium	77 (N=297)	63 (N=120	32 (N=102)	59 (N=65)	69 (N=72)	82 (N=61)
Studienhauptfach						
Naturwissenschaft, Medizin, Technische Fächer	5	5	7	6	3	10
VWL, BWL, Jura	19	23	28	26	33	21
Publizistikwissenschaft	13	18	20	15	14	8
Geistes- und Sozialwissenschaften	63	54	45	53	50	57
Studienabschluß	50	45	25	32	56	(sonstige: 8)
Studienabbruch	50	50	75	68	44	

diesen Kongreß ähnliche Beobachtungen notiert: die Mehrzahl seiner
Studenten "verhalten sich gegenüber den rapiden Fortschritten der Me-
dientechnologie ablehnend". /14/ Eine Änderung dieses vergeistes- und
sozialwissenschaftlichten Hintergrundes des Journalismus könnte vielleicht durch Journalistik-Aufbaustudiengänge speziell für Absolventen
naturwissenschaftlicher und technischer Fächer herbeigeführt werden.

(3) <u>Journalismus - ein Männerberuf</u>: Daß die Wege zum Beruf des Journalisten nicht "geschlechtsneutral" offen sind, ist in den siebziger
Jahren von Journalistinnen und Wissenschaftlerinnen zum Diskussions-
thema gemacht worden und war für mich der Anlaß, ein Anfang 1982 unter
der Leitung von Irene Neverla abgeschlossenes DFG-Projekt zu dieser
Frage durchzuführen. Seine Ergebnisse sind eindeutig:

" 1) Wenn man Männerberuf definiert als einen Beruf, in dem Männer die
überwiegende Mehrheit der Berufsangehörigen stellen, in dem sie die
wichtigsten Positionen innehaben, die mit dem höheren Einkommen, dem
höheren Prestige und insgesamt den größeren Machtkompetenzen verbunden
sind, - dann läßt sich Journalismus zu Recht als ein Männerberuf bezeichnen. Frauen stellen im Journalismus eine Minderheit dar. Im Ge-
samtbereich von Tageszeitungen, Wochenzeitungen, Zeitschriften, Hörfunk und Fernsehen sind 17 % der Redakteure Frauen. Bei den tagesak-
tuellen Medien Zeitung, Hörfunk und Fernsehen sind sogar nur etwa 13 %
der Redakteure Frauen.

Mit einem Durchschnitt von 1o bis 2o % je nach Medium ist der Anteil
von berufstätigen Journalistinnen wesentlich geringer als der Anteil
von Frauen z.B. in den geistes- und sozialwissenschaftlichen Ausbildungsgängen oder auch in den speziell qualifizierenden Ausbildungsgängen für Journalismus an den Universitäten bzw. Journalistenschulen.
Vor und/oder in dem Beruf findet offenbar eine Selektion zugunsten
männlicher Journalisten statt, die in dieser Stärke allenfalls partiell von den Bildungsinstitutionen vorgegeben ist.

2) Die unterschiedlichen Anteile von Männern und Frauen in den Medien
verweisen auf das Problem der geschlechtsspezifischen horizontalen
Segregation: Sie ist nicht nur feststellbar zwischen den Medien, sondern auch zwischen den Ressorts. Die Daten hierzu aus den Rundfunkanstalten zeigen typische Häufungen von Frauen in bestimmten Bereichen,
nämlich in Kultur, Erziehung und Gesellschaft. Sowohl für die Tageszeitung als auch für Funk und Fernsehen zeigt sich, daß Nachrichten,
Politik, Wirtschaft und Sport Domänen der Männer sind. In manchen anderen Ressorts haben Frauen eher Chancen tätig zu sein, bei der Zeitung
scheint dafür insbesondere das Lokalressort von Bedeutung zu sein. Am

Rande gibt es kleinste Ressorts, z.B. das Familienressort, die Frauen
vorbehalten sind. Mit anderen Worten: in den klassischen Ressorts,
insbesondere in den politiknahen und aktuellen Bereichen, gewissermaßen in den Zentren des Berufs, arbeiten Männer, während Frauen in
den weniger aktuellen, weniger politiknahen Bereichen, gewissermaßen
an den Rändern des Berufs, tätig sind.

Die Tatsache der Trennung in männliche und weibliche Tätigkeitsberei-
che erhält zusätzlich dadurch an Gewicht, daß die frauenspezifischen
Ressorts durch geringeres Prestige und schlechteres Image gekennzeichnet sind.

3) Nun zum Problem der geschlechtsspezifischen hierarchischen Segregation: Darunter ist zu verstehen: Der Anteil der Frauen wird um so
geringer, je höher die hierarchische Position ist. Unter leitenden Redakteuren gibt es kaum noch Frauen und die wenigen sind in typisch
"weiblichen" Bereichen tätig. In den Beispielen der von uns befragten
Betriebe gibt es bei der Tageszeitung überhaupt keine, in der Rundfunkanstalt zwei leitende Redakteurinnen, beide im Bereich des Familien-
programms. Sie sind Vorgesetzte von nur einer Redakteurin bzw. einer
Redakteurin und einem Redakteur.

Die Verteilung in der Hierarchie erfolgt eindeutig zugunsten der männ-
lichen Journalisten, d.h. unter den Redaktionsleitern und höheren Positionen ist der Anteil der Frauen noch geringer als unter den Redakteuren insgesamt. Als häufige Begründung für diese ungleiche hierarchische Verteilung wird angegeben, sie sei eine Folge der geringeren
Berufsdauer von Frauen. Trotz einer gewissen Plausibilität verliert
dieses Argument an Bedeutung, sobald man sich Einzelfälle näher ansieht. Denn es bleiben viele Frauen trotz langer Berufsdauer in hierar-
chisch niedrigeren Positionen - vor allem in solchen Bereichen, in
denen ein Aufstieg strukturell nicht mehr möglich ist. So sind z.B. im
Lokalressort der Tageszeitung viele ältere Frauen tätig, und angesichts der Einstiegsfunktion dieses Ressorts muß ihr Verbleiben darin
als Sackgasse für ihre Karriere betrachtet werden." /15/

Zu diesen rigiden Selektionsmechanismen beim Zugang zum Beruf kommt
noch ein anderer, höchst verwunderlicher Sachverhalt hinzu: die Immo-
bilität der Journalisten - zumindest ihrer Eliten. U. Hoffmann-Lange
und K. Schönbach haben deshalb ihre auf die Medien-Elite bezogene Aus-
wertung der Mannheimer Studie von 1972 über die "Westdeutsche Füh-
rungsschicht" mit dem Titel "Geschlossene Gesellschaft" überschrieben.
Im Vergleich mit dem Führungspersonal der Politik, der Verwaltung,
der Wirtschaft und den Gewerkschaften ist festzustellen, daß "keine

andere Teilelite so immobil im Wechsel ihrer Tätigkeitsfelder zu
sein scheint wie die Führungspersonen aus den Massenmedien". /16/

Tabelle 4: DEMOGRAPHISCHE MERKMALE VON ELITEN IN DER BUNDESREPUBLIK
DEUTSCHLAND (in Prozent)

	Gewerk-schaften N=62	Rund-funk N=1oo	Presse N=114	Politik N=353	Verwal-tung N=549	Wirt-schaft N=392
Anteil der Männer	95	99	99	94	1oo	1oo
Durchschnittsal-ter (in Jahren)	52	5o	47	49	54	54
Anteil der Abitu-rienten	29	91	85	73	94	87
Studium (Basis: Abiturienten)						
Phil.Fakultät	33	42	45	14	5	3
Jur. Fakultät	22	11	12	44	73	38
Wirtsch.-u.sozial-wiss. Fakultät	22	14	22	18	11	28
Naturwiss.-techn. Fächer (einschl. Medizin)	11	11	4	8	9	18
Kein Studienabschluß	1	47	45	11	2	6
Start der Karriere im gleichen Funk-tionsbereich wie zum Zeitpunkt der Befragung	15	72	74	15	35	59
Bisher nur in einem Funktionsbereich tä-tig gewesen	5	49	62	7	3o	52

Der Journalist Wilhelm Bittorf hat diesen Immobilismus in seinem Be-
kanntenkreis beobachtet und meint, daß dies die "Qualität der journalistischen Arbeit in allen Medien mindestens ebenso beeinträchtigt
wie die vielberufene Selbstzensur". "Die Organisationsstruktur nicht
nur der öffentlich-rechtlichen Medien ist so verbetoniert, daß selbst
der diplomatische Dienst unserer Republik im Vergleich dazu abwechs-
lungsreich und abenteuerlich erscheint.
Nichts gegen langjährige Erfahrungen mit einem Land und seinen Menschen oder mit einem Sachgebiet. Nichts gegen einen soliden Rückhalt
aus professioneller Routine. Doch für eine Branche, die vom Geist lebt,
haben wir in unserer beruflichen Existenz erschreckend viel geisttö-
tende Monotonie zugelassen und viel zu viel Fachidiotie...
Mit der größten Dringlichkeit müßten wir uns darum bemühen, die orga-

nisatorischen Rahmenbedingungen unserer Tätigkeit so zu verändern,
daß sie mehr Beweglichkeit, mehr Wechsel und Vielfalt auf dem journalistischen Berufsweg ermöglichen... Lebenslängliche Betriebstreue mag
einem biederen Kruppianer nicht weiter schaden. Auf das journalistische Metier dagegen legt sie sich wie Mehltau." /17/

5. Umstrittenes Volontariat

Das Volontariat ist die quantitativ bedeutendste Ausbildungsinstitution
für Journalisten - meist in einer regionalen Tageszeitung absolviert,
aber auch für viele Rundfunkjournalisten der typische Einstieg in den
Beruf. So erbrachten vor allem die Tageszeitungen hier seit vielen
Jahren eine Vorbildungsleistung für die anderen Medien und das weitere Berufsfeld.

Dieser Ausbildungsinstitution liegt ein "Vertrag über Ausbildungs-
richtlinien für Redaktions-Volontäre an Tageszeitungen" vom 1. September 1969 zugrunde, den der "Bundesverband deutscher Zeitungsverleger
e.V." einerseits und der "Deutsche Journalistenverband", die "Indu-
striegewerkschaft Druck und Papier" (dju) und die "Deutsche Angestellten-Gewerkschaft" andererseits abgeschlossen haben. Diese Richtlinien
galten allerdings bei den Journalisten schon bald als unzureichend
und begegneten, nicht zuletzt unter den Betroffenen selbst, zunehmend
der Kritik. Studien wiesen nach, daß diese vertraglichen Vereinbarungen,
obwohl sie nur Minimalstandards festhalten, in den Verlagen und Redaktionen sehr häufig verletzt werden. Ende 1973 brachten DJV und dju
einen "Tarifvertrag über die Ausbildung von Redaktions-Volontären an
Tageszeitungen" in die Verhandlungen mit dem BDVZ ein. Sie haben in
1o Jahren zu keinem Erfolg geführt.

Aus gegebenem Anlaß gingen die Volontäre 1981 mit der Devise auf die
Straße: "Für Volontäre tun sie nix - mit Satelliten sind sie fix."
Auf einem gemeinsamen "Ausbildungskongreß" demonstrieren in diesen
Tagen die drei Organisationen der Journalisten (dju, RFFU, DJV) wieder
einmal für ihr "Recht auf Ausbildung".

(Siehe Abb. 2 nächste Seite)

Von "Ausbildungsmisere", von "unverbindlichen Richtlinien", mit denen
man abgespeist werde, vom "Herr-im-Hause-Standpunkt" der deutschen
Verleger und dem "ähnlichen" Verhalten der Rundfunkanstalten ist im
Einladungsprogramm die Rede. Und in der Tat: Angehörigen anderer Be-
rufsbranchen mag es geradezu exotisch und anachronistisch vorkommen,
welche bescheidenen Ansprüche einer qualifizierteren Ausbildung zu

Abb. 2

ihrem Beruf die Journalisten bis heute nicht durchsetzen konnten:
"Ein Verlag darf Volontäre nicht als billige Arbeitskräfte mißbrauchen
und deswegen höchstens so viele Volontäre einstellen, daß das Zahlen-
verhältnis von Volontären und Redakteuren 1:4 beträgt. Er muß einen
oder mehrere Redakteure für die fachliche Anleitung der Volontäre frei-
stellen. Er muß durch schriftlichen Ausbildungsplan garantieren, daß
jeder Volontär verschiedene Ressorts durchlaufen und umfassende Kenntnisse der journalistischen Praxis erlangen kann. Und er muß auch die
Möglichkeit zur Teilnahme an überbetrieblichen Ausbildungsveranstal-
tungen einräumen." /18/

Eine Änderung zeichnet sich nicht ab, aber auch nicht, daß dieser Be-
rufsstand um solche Ziele mit den üblichen Mitteln des Arbeitskampfes
kämpfen will, weshalb die Larmoyanz über das Verhalten der Arbeitge-
berseite wohl unangebracht scheint!

Marginale Änderungen dieser alles in allem desolaten Ausbildungssitua-
tion, die die Wege zum Beruf des Journalisten kennzeichnet, hat in den
siebziger Jahren die Tatsache gebracht, daß an einigen wenigen Uni-

versitäten Diplomstudiengänge (Dortmund, München) und Aufbaustudiengänge (Hohenheim, Mainz) 'Journalistik' eingerichtet wurden. Ihre Kapazität ist gering und dürfte sich bei eingeschwungenem Zustand in
den achtziger Jahren kaum auf mehr als 1oo bis 15o Absolventen pro
Jahr belaufen. Stärker hat sich das allgemeine kommunikationswissenschaftliche Studienangebot ausgedehnt, so daß prognostiziert werden
kann, daß mit der weiter zunehmenden Akademisierung des Berufes auch
Kommunikationswissenschaftler dort häufiger vertreten sein werden, obgleich auch in der Vergangenheit schon ein großer Teil der Publizistik-
und Zeitungswissenschaftler den Weg in einen journalistischen Beruf
fand. /19/

Die um 197o - wie schon mehrmals in den vergangenen 1oo Jahren - wieder intensiver begonnene Diskussion über die notwendige Reform der
Journalistenausbildung wird angesichts dieser Gesamtsituation weiter
gehen (müssen!). Die ausbildungsbedingten Mängel an professioneller
Kompetenz wurden und werden von den Journalisten selbst kritisch in
beachtlicher Offenheit immer wieder aufgewiesen. /2o/ Die Forderungen
nach einer Reform der Fortbildung (als Kompensation mangelnder Ausbildung) und einer spezifischen, wissenschaftlichen Journalistenausbildung werden nicht zuletzt angesichts der kommunikationstechnischen
Entwicklung aktuell bleiben. /21/ Wie die schon mehrfach herangezo-
genen Journalistenstudien zeigen, müssen zumindest die jüngeren Kommu-
nikationsberufler davon nicht mehr erst überzeugt werden.

Als Ernst Müller-Meiningen jr. - ein großer Journalist der 'alten'
Schule - sich 198o von diesem Beruf in den Ruhestand verabschiedete,
schrieb er in einem Leitartikel: "Wie steht es um die Qualität des
deutschen Journalismus? Wer ist ein guter Journalist? Journalistik ist
ein Begabungsberuf, der Lebensneugier, Aktivität, Beweglichkeit, Ent-
schlußfähigkeit und vor allem Passioniertheit fürs Metier voraussetzt.
Doch aus nichts wird nichts. Und wo nicht ein ziemlich hoch anzusetzen-
des Mindestmaß von Ausbildung und Kenntnissen vorhanden ist, wird Journalistik zur Hochstapelei, zum öffentlichen Ärgernis, zur Gemeinge-
fahr. "/22/

Noch können die gängigen Wege zum Beruf des Journalisten dies nicht
verhindern!

Schrifttum

1. Bericht der Bundesregierung zur Lage von Presse und Rundfunk in der Bundesrepublik Deutschland (1974), S. 79/8o

2. Rühl, M.: Journalistische Ausbildung heute. In: Aus Politik und Zeitgeschichte B 13/72. Beilage zu "Das Parlament" vom 25.3.1972, S. 44

3. Lahusen, A.: Berufsordnung für Journalisten. In: Zeitschrift für Rechtspolitik, Heft 5/1976, S. 113

4. Wiesand, A.J.: Journalisten-Bericht, Berlin 1977, S. 8o

5. Wiesand, A.J.: Neue Medien ohne Inhalte? In: epd: Kirche und Rundfunk, S. 5-7

6. Kaesbach, K.H./Wortig, K.: Lexikon der publizistischen Berufe. Berufsbild, Ausbildung und Chancen bei Fernsehen, Film, Funk, Presse, Theater, Werbung, Verlag und Schallplatte. München-Wien 1967

7. Müller-Freienfels, R.: Vom Umgang mit Autoren. In: ARD (Hg.): ARD Fernsehspiel April, Mai, Juni 1982, Köln 1982, S. 23

8. In: "Publizistik", 21. Jg./1976, S. 474

9. Arbeitsgemeinschaft für Kommunikationsforschung e.V.: Synopse Journalismus als Beruf (Projektleitung: H.J. Weiß; Mitarbeiter u.a.: W. Frantz, G. Räder, H. Uekermann, W.R. Langenbucher u.a.), München 1977 (unveröffentlichter Forschungsbericht), S. 356, 365

1o. Schlußbericht an die Deutsche Forschungsgemeinschaft: Die Situation von Frauen im Journalismus. Arbeitsbedingungen, Berufswege und berufliche Orientierungen von Journalistinnen (Antragsteller und Sachmittelbezieher: Wolfgang R. Langenbucher; Projektdurchführung: Irene Neverla/Gerda Kanzleiter), München 1982, S. 126

11. Wiesand, A.J.: Journalisten-Bericht, S. 142

12. Zusammengestellt nach Synopse..., a.a.O., S. 337ff.

13. Kepplinger, H.M. (Hg.): Angepaßte Außenseiter. Was Journalisten denken und wie sie arbeiten, Freiburg/München 1979, S. 24

14. Tetzner, K.: Ein Erfahrungsbericht, Schreiben vom 22.12.1981

15. Die Situation von Frauen im Journalismus, a.a.O., S. 1oo-1o7

16. Hoffmann-Lange, U./Schönbach, K.: Geschlossene Gesellschaft. Berufliche Mobilität und politisches Bewußtsein der Medienelite. In: Kepplinger, H.M. (Hg.): a.a.O., S. 53/54

17. Bittorf, W.: Bemerkungen wider den Immobilismus von Journalisten. In: Rundfunk und Fernsehen, Heft 2-3/1981, S. 24o/41

18. Spoo, E.: Arbeitsbedingungen im Journalismus. Journalistische Aufgabe und journalistische Arbeitswelt. In: Rundfunk und Fernsehen, Heft 2-3/1981, S. 245

19. Donsbach, W.: Kommunikationswissenschaftler ante portas. Journalisten-Einstellung und Journalisten-Ausbildung. In: H.M. Kepplinger (Hg.): a.a.O., S. 21o-222

2o. Vgl. beispielsweise zuletzt das Themenheft der Zeitschrift "Rundfunk und Fernsehen", Heft 2-3/1981

21. Weischenberg, S.: Zwischen Taylorisierung und professioneller Orientierung. Perspektiven künftigen Kommunikatorhandelns. In: "Rundfunk und Fernsehen", Heft 2-3/1981, S. 151-167

22. Müller-Meiningen, jr. E.: Journalisten - Medienpolitik in Moll. In: Rundfunk und Fernsehen, Heft 2-3/1981, S. 229. Zuerst unter dem Titel "Die Journalisten", in: Süddeutsche Zeitung v.29./3o.12. 198o, S. 4

Ways to Become a Journalist

Wolfgang R. Langenbucher
München

1. The profession of a journalist has always been regarded as an open
one, accessible to everybody according to his <u>natural ability or talent</u>.
In the Federal Republic of Germany there are no legal or other obligatory restrictions regarding the access to this profession. Therefore
its statistical registration is difficult to do.

2. The census and the numeration of professions done by the Federal
Office of Statistics (Statistisches Bundesamt) show five categories of
"<u>publicists</u>": (1) authors, (2) dramaturgists/lecturers, (3) journalists,
(4) broadcasting speakers, and (5) other publicists. According to the
countings of 1970 there are 23,723 "<u>journalists</u>". 82 per cent of them
(19,141) are employees and 18 per cent (4,312) work free lance.

About 11,ooo of these journalists work with newspapers and news agencies, about 3,ooo with radio and television stations, and another
5,ooo with public relations' departments. Besides those, there are
another 5,ooo journalists working free lance.

3. As a result of the free access to the journalistic profession there
is a <u>variety of possible ways</u> to be gone in order to become a journalist. They differ in particular in their <u>background and training</u>: (1)
4/5 of the journalists passed a high school exam, 2/3 at least started
to study, 1/4 finished. (2) On an average 8o per cent had some practical training in the media, particularly during a junior journalist's
course with a newspaper. (3) Almost half of the journalists had been
educated in another profession before - most of them had also worked
in it. They became a journalist only by chance and only received a
brief training - if they had not already been working part-time in
journalism before. (4) About 1o per cent of journalists studied communication science as a main subject at university, a larger part that
cannot be named studied it as a second or third subject. (5) Less than
five per cent of journalists have received an adequate training at a
journalists' school or a television or film academy.

Therefore the typical way of becoming a journalist is not the same as it is with comparable professions which ask for a scientific education.

4. As these figures show the access to the journalists job only seems to be open. For most people the way to it includes a high school exam and many also study. By this all of the criteria of social selection also affect the <u>recruitment of junior journalists</u>.

5. The most important and also most frequent education for journalists, their <u>training as junior journalists</u>, has been criticized for a long time. A basic reform asked for by journalists had to fail because of the resistence of editors and the missing interet of broadcasting stations.

6. About 197o the discussion on the necessary <u>reform of journalistic education</u> intensified - as it had done several times before during the last 1oo years. As a result some few universities installed education facilities for journalistic diploma or continuating studies. The more general subjects of communication science expanded to a higher degree. It may be assumed (by this trend of the journalistic profession to become more and more academic) that you will find more and more communication scientists working in this job, too.

7. In spite of and also because of this situation there still remains a <u>lack of professionalization</u>. So, for the future, we have to keep on asking for more training for (up to now badly instructed) journalists and, above all, a specific scientific journalistic education.

Programmarbeit im Rundfunk – Ausbildung und Fortbildung

Franz Wördemann
Frankfurt

1. Schwierigkeiten der Problemstellung.

1.1   Die Kongreßleitung hatte mich in einem ersten Brief aufgefordert,
über die journalistische Aus- und Fortbildung im Rundfunk zu sprechen.
Ich habe darum gebeten, dem Bericht den Titel zu geben, den er jetzt
trägt: "Programmarbeit im Rundfunk - Ausbildung und Fortbildung". Unter
"Rundfunk" verstehe ich hier den Hörfunk und das Fernsehen, obwohl die
Tendenzen zum Auseinanderleben in beiden Tätigkeitsfeldern nach wie vor
stark sind; zu stark, wie ich meine.

Um die Titeländerung habe ich nicht aus protokollarischer Genauigkeits-
manie gebeten, sondern aus einem, wie wir meinen, wichtigen Grund. Er
lautet: Ausbildung und Fortbildung im Programmbereich der Rundfunkanstalten wird außerhalb der Funkhäuser, selbst in der interessierten Fach-
öffentlichkeit wie auch an Universitäten vornehmlich, oft ausschließlich
als Bildungsarbeit im journalistischen Sektor verstanden. Das ist nach
unserer Ansicht eine unzulässige Einengung des Problems und der Notwendigkeiten. Eine solche Einengung wird den tatsächlichen täglichen Anforderungen des Gesamtprogramms nicht gerecht - und es geht bei unserer
Aus- und Fortbildung zunächst und vor allem um das Programm.

1.2   Die täglichen Hörfunk- und Fernsehprogramme in der Bundesrepublik bestehen zu einem hohen, ja überwiegenden Teil aus nicht-journalistischen
Programmleistungen. Ich nenne aus Zeitgründen nur einige Grobstichworte
wie Musik, Unterhaltung, Spiel in all seinen Formen, Serviceleistungen
aller Art einschließlich der Bildungssendungen. Von den in diesen Bereichen tätigen Mitarbeitern wird ein eben solches Maß an Einsatz und
Professionalität erwartet wie von den Journalisten; folglich haben sie
ein ebenso hohes Maß des Anspruchs auf Fortbildungs- und Trainingsmöglichkeiten wie die Journalisten.

1.2.1   Ferner: Programme und Programmteile sind keine statischen Elemente. Im Gegenteil, auffallend ist die zunehmende Beschleunigung der Änderungs- und Wandlungstendenzen in allen Sparten. Eine Reihe von Faktoren verstärkt diese Akzeleration. Ich nenne nur einige: Die deutlichen Wechsel in den Publikumspräferenzen und -reaktionen; die zunehmenden Unterschiede im Rezeptionsverhalten der Generationen; die starke gegenseitige Beeinflußung der früher schärfer getrennten Darbietungsformen der einzelnen Sendesparten (z.B.: weite Teile der Unterhaltung bedienen sich zunehmend der sogenannten "journalistischen" Formen, der Informationsbereich entdeckt immer mehr und oft unzulässig das Unterhaltungselement). Unter die Beschleunigungsfaktoren rechnet natürlich vor allem die neuere medientechnologische Entwicklung samt ihren Konsequenzen für Programmentschlüsse und Programmrealisierungen. Diese Liste ist nicht annähernd vollständig.

"Programme" im Hörfunk wie im Fernsehen wurden immer schon in einem organisationsinternen Verbundsystem geschaffen. Enges zeitliches Nacheinander erzeugt beim Publikum offenbar schneller und nachhaltiger den Eindruck inneren Zusammenhangs als das räumliche Nebeneinander (wie in den Print-Medien). Im Hörfunk z.B. schieben sich heute die Fragen eines akustischen "Programm-Layouts" in den Vordergrund - ein Begriff, den es vor wenigen Jahren noch nicht gab, der auch jetzt noch unklar ist und ohne Test und Experiment kaum anwendungsreif zu klären sein wird. Kurz: Die Notwendigkeit programmtechnisch aus dem Verbund-Denken heraus zu operieren, wird deutlich stärker.

Eine Ausbildung und Fortbildung, die darauf keine Rücksicht nimmt, sondern sich selber auf den "journalistischen Sektor" mit seinen Spezialproblemen einengt, ist für die Gesamtorganisation Rundfunk nur von begrenztem Wert.

1.2.2   Im Zusammenhang mit der Notwendigkeit, das Verbund-Denken im Programm zu stärken, wird eine bereits angedeutete Möglichkeit und Aufgabe der Fortbildung immer gewichtiger. Ausbildung und Fortbildung schaffen nicht lediglich Exerzier- und Drillplätze für das Einüben bloßer programmtechnischer Fähigkeiten; sie bieten Möglichkeiten des Nach- und Neudenkens, vor allem des Ausprobierens ohne Sendezwang. Sendezwang bedeutet Bewährung vor einer Massenöffentlichkeit, folglich verleitet Sendezwang zum Festklammern an erprobten, tragfähigen Sendegerüsten. Wenn tatsächlich die vorhin erwähnten Akzelerationsfaktoren

der Programmwandlungstendenzen von solcher Bedeutung sind, wie wir
glauben, dann sind Labors und Testgelände für die Innovation von äußer-
ster Wichtigkeit.

1.3   Ich schließe diese ersten Bemerkungen mit einem sehr kurzen Hinweis auf ein Problemfeld, das mir immer wichtiger zu werden scheint.
Die Frage lautet: Welchen präzisen Aussagewert hat der Begriff des
"Journalisten", so wie er umgangssprachlich verwendet wird, angesichts
der rapiden Differenzierung der Funktionen im Programm oder angesichts
der Niederlegung von Grenzen aufgrund der hocharbeitsteiligen Programm-
herstellungsweisen (vor allem im Fernsehen)? Im Fernsehen z.B. können
Regisseur, Kameramann, Cutter mindestens so produktbestimmend sein wie
der Autor oder Reporter und bei einer komplexen Außenübertragung ist
der Journalist als Kommentator oft mehr von den Entscheidungen des technischen Realisierungsteams abhängig als vom tatsächlichen Verlauf des
Geschehens.

1.3.1   Ausbildung und Fortbildung im Rundfunk stehen nicht selten vor
der Schwierigkeit, daß sich Berufs- und Funktionsverständnis der in den
elektronischen Medien tätigen Journalisten nicht mit den tatsächlichen
Funktionsschemata decken - ganz zu schweigen von den Vorstellungen außerhalb dieser sich immer mehr differenzierenden Berufswelt. Ein reali-
tätsnaher Katalog spezifischer journalistischer Funktionen im elektronischen Bereich und der wechselseitigen Einflüsse von journalistischen
Spezialisierungen, technischen Herstellungsbedingungen und organisatorischen Rahmenbedingungen ist dringend erforderlich.

1.3.2   Allein die technologischen Entwicklungen - von der Geräteent-
wicklung bis zu den neuen Träger- und Verteilernetzen - werden viel
schneller als früher zu einer permanenten Fortschreibung eines solchen
Funktionskatalogs des Journalisten im elektronischen Bereich zwingen.

2. Personalbedarf im Programm.

2.1   Von der Kongreßleitung bin ich aufgefordert worden, Angaben zum
künftigen Personalbedarf in den Programmbereichen des Rundfunks vorzu-
tragen. Dazu bin ich nicht in der Lage. Ich kann lediglich die Schwierigkeiten umreissen, die einer verwertbaren Prognose entgegenstehen.

Die Rundfunkanstalten könnten sicher eine Hochrechnung vorlegen, wenn
es lediglich um den Bedarf ginge, der durch den sich beschleunigenden
Generationswechsel, durch natürlichen Wechsel usw. entsteht.

2.2   Mindestens so wichtig ist aber jener Bedarf, der durch Aufgaben-
verlagerungen, durch mögliche Aufgabenerweiterungen und durch eventuel-
le neue Aufgaben entstehen dürfte.

2.2.1 Das ist freilich nicht ein bloß quantitatives Problem. Berech-
nungen und Planungen solcher Art, insbesondere unter dem Aspekt der
Ausbildung und des Trainings, werden dadurch erschwert, daß die Funk-
tionsbestimmungen wenigstens in erkennbaren Umrissen bekannt sein müssen.
Die Einschätzung des Programm-Personalbedarfs ist also ebenso sehr ein
qualitatives wie ein quantitatives Problem.

2.2.2 Ich möchte das an einem - auswechselbaren - Beispiel verdeutlichen. Programmplaner der öffentlich-rechtlichen Systeme haben sich
pflichtgemäß mit den eventuellen Möglichkeiten und Notwendigkeiten von
Programmen über Satellit befaßt und eine Reihe von Vorstellungen entwickelt. In diesen ersten Rahmenvorstellungen tauchen mehrere entscheidende Programmerkmale auf; ich greife nur zwei heraus. Sie heißen:
Live-Berichterstattung unter besonderen Bedingungen und Ereignis-Be-
richterstattung aus europäischen Nachbarländern. Funktional (Live-Berichte) und inhaltlich (weitreichende Kenntnisse zahlreicher Nachbar-
länder) zeichnen sich zwei besonders schwierige Vermittlungskategorien
ab, die in den Vordergrund geschoben werden. Dabei dürfte das Quanti-
tätsproblem beträchtlich sein, wie schon eine erste Analyse gezeigt hat.

Natürlich kann Ausbildung und Fortbildung hier eine sehr zielgerichtete Unterstützung bieten. Sie braucht dafür aber Zeit. Angemessene Zeiträume sind ein erstes und unabdingbares Erfordernis jeder vernünftigen
Aus- und Fortbildung.

Entsprechende Überlegungen gelten für andere Aufgabenmöglichkeiten,
z.B. fortschreitende Regionalisierung und, im Hörfunk, Subregionalisierung.

2.3   Präzise, zielgerichtete und zeitgenaue Aus- und Fortbildung mit
Blick auf künftigen Bedarf ist nur dann in wünschenswertem Maß möglich,
wenn die erforderlichen medienpolitischen Entscheidungen fallen.

2.4   In der jetzigen Phase der Unentschiedenheiten heißt die Konsequenz für die Aus- und Fortbildung: Konzeptionelle Vorbereitung auf
mehrere Möglichkeiten, Wahrscheinlichkeiten oder Notwendigkeiten mit
jeweils unterschiedlichen inhaltlichen, wahrscheinlich auch programmtechnischen Schwerpunkten. Kann sie das leisten?

3. Das bestehende Ausbildungs- und Fortbildungsnetz.

3.1   Die Antwort ist ein begrenztes Ja. Ich werde zunächst das "Ja"
begründen, dann die Begrenzung skizzieren.

3.2   Die öffentlich-rechtlichen Systeme haben über die Jahre, ohne
große öffentliche Ankündigungen, ein ausgedehntes, miteinander verknüpf-
tes Netz von Ausbildungs- und Fortbildungsinstitutionen geschaffen.
(Über die SRT, Schule für Rundfunktechnik in Nürnberg, wird Dr. Springer
berichten).

Im Programmbereich entstanden zunächst anstaltseigene Fortbildungs-
Einrichtungen; ihre Aufgaben reichten im Lauf der Zeit allerdings weit
über das Programm hinaus in die übrigen Betriebsbereiche hinein. Zu
ihrer Entlastung, zur Konzentration auf die eigentlichen Programmauf-
gaben, zur Entwicklung neuer Trainingsformen und zur Erschließung bislang unbearbeiteter Gebiete wurde 1977 die ZFP (Zentralstelle Fortbildung Programm ARD/ZDF) gemeinsam für die Programmitarbeiter des Hörfunks und Fernsehens geschaffen.

3.2.1 Die Gründung der ZFP war ein Experiment; es ist geglückt. Nach
anderthalb Anlaufjahren mit genauen Bedarfsanalysen und ausgedehnten
Versuchen ist ein sehr weitgreifendes Programm entwickelt worden. Seither werden jährlich mehr als 100 Fortbildungs-Veranstaltungen von durch-
schnittlich einwöchiger Dauer durchgeführt. Jährlich nehmen daran frei-
willig weit über 1.000 Mitarbeiter teil; die Nutzung der angebotenen
Plätze hat 1981 die 100%-Grenze erreicht.

Noch fünf Hinweise in Stichworten:

1. Der Begriff "Programmitarbeiter" wird wegen des Verbunddenkens möglichst weit interpretiert - auch Mitarbeiter der Produktion und der Technik mit entsprechenden Aufgaben haben Teilnahmemöglichkeit.

2. Das Trainingsprogramm reicht erheblich über das sogenannte "Handwerkliche" hinaus und umfaßt Sachwissen ebenso wie Programmanalysen, Einführung in programmrelevante technische Neuerungen und organisatorische Verfahrensweisen.

3. Neue Trainingsformen und Übungsmöglichkeiten werden laufend entwickelt.

4. Die Tätigkeit der ZFP wird von 12 festangestellten Mitarbeitern, einschließlich Sekretärinnen, geplant, gesteuert und zum Teil durchgeführt.

5. Die Grenze der Kapazität ist erreicht.

3.3.   Damit habe ich den Punkt erreicht, an dem die Einschränkung des "Ja" zu erläutern ist; die Formel des begrenzten Ja bezog sich auf die Möglichkeiten der bestehenden Ausbildung und Fortbildung im Blick auf künftigen Bedarf.

3.3.1 Die Summe der bisherigen Erfahrungen der ZFP in der Entwicklung jeweils neuer oder angepaßter Trainingsformen für ein bestimmtes, klarumrissenes Ziel erlaubt schon heute die Feststellung: Die Entwicklung entsprechend "maßgeschneiderter" Trainingsverfahren für deutlich definierte künftige Programmvorhaben ist möglich. Dazu gehört Erfahrung und dazu gehört - noch einmal kräftig unterstrichen - angemessene Zeit.

3.3.2 Die eben genannten Leistungszahlen machen offenkundig, daß unter gleichbleibenden organisatorischen und finanziellen Voraussetzungen weitere zusätzliche Leistungen nicht erwartet werden können. Das Problem ließe sich lösen, zumindest wäre der Problemdruck zu mindern, wenn sich das derzeitige zu 100% genutzte Angebot einschränken ließe.

Das wäre eine sehr harte Entscheidung; sie bedürfte einer klaren Prioritätenfeststellung.

3.4   Die wirklich schwerwiegende Entscheidung aber liegt noch jenseits des gerade genannten Prioritätsproblems.

Die sehr eingehenden Erfahrungen der letzten Jahre, die an zentraler Stelle der verzweigten Organisationen ARD und ZDF gesammelt wurden, haben eine Reihe anderer Überlegungen in den Vordergrund geschoben. Sie sind nicht von der wichtigen Frage künftiger Programmvorhaben abhängig; sie sind eigenständige Probleme. Nach meiner Auffassung sind sie von hoher Dringlichkeit. Mit einer kurzen Benennung dieser Probleme werde ich meinen Bericht beenden.

Aber schon jetzt läßt sich die Folgerung ziehen: Das Programm-Training - darunter fasse ich die Begriffe Ausbildung und Fortbildung zusammen - nähert sich schnell dem Dilemma konkurrierender Prioritäten.

4. Künftige Entwicklungslinien.

4.1   Die Probleme, die ich jetzt zu benennen habe, berühren weniger die Fragen des "Handwerks", das heißt der einzelnen programmlichen Vermittlungstechniken; der Trainingskatalog dieser handwerklichen Techniken ist bereits so weit entwickelt. Diese Probleme betreffen, mit einer Ausnahme, eher einige Konsequenzen aus der organisatorischen Entwicklung der Rundfunkanstalten. Entscheidend war dabei der verhältnismäßig schnelle Übergang von einer eher bescheidenen zur beträchtlichen Größenordnung.

4.2   Das davon abgelöste Problem - soeben die "Ausnahme" genannt - erwähne ich vorab. Es handelt sich um die programmrelevante Vermittlung von "Sachwissen" (im Gegensatz zum programmtechnischen Verfahrenswissen für die einzelnen Sparten).

Der Druck entsteht u.a. aus steigenden Informationsansprüchen wachsender Sektoren der Zuschauerschaft, mehr noch der Hörerschaft; ferner aus der sprunghaft steigenden Informationszufuhr an die Programmeinheiten;

darüber hinaus aus der Beschleunigung der Wissenserweiterung und des Wissensumschlags. Dem entgegen steht die tägliche Zeitbelastung des programmverwaltenden oder programmschaffenden Mitarbeiters. Das heißt: Nicht nur die notwendige Spezialisierung leidet; es leidet auch das Spezialwissen des Spezialisten, z.B. durch schnelle Veralterung.

Ich glaube, daß wir dieser Mangellage mit der Entwicklung eines Kolleg-Systems begegnen könnten (im Sinn eines jeweils zeitlich und thematisch begrenzten "post-graduate"-Studiums). Die Vorarbeiten haben begonnen.

4.3   Vorhin habe ich die heute noch scharf getrennten Begriffe Ausbildung und Fortbildung in dem gemeinsamen Begriff "Programm-Training" zusammengefaßt. Vom Standpunkt der Programmentwicklung ist die schematische Trennung nachteilig. In der ARD ist in den letzten Jahren ein sehr vernünftiger Rahmenplan für die Volontariate entwickelt worden, der durchweg Anwendung findet. Das Ende des Volontariats kann aber bei weitem nicht das Ende des Programm-Trainings sein; eine Verknüpfung mit weiterführenden Maßnahmen wird zwingend.

Darin eingebettet ist ein ganz besonderes und besonders schwieriges Problem: Programm braucht - nicht nur, aber auch - herausragendes Talent.

Ich behaupte, daß sich unter dem Nachwuchs erkennbare Talente befinden, jeweils in unterschiedlicher innerlicher oder programmtechnischer Hinsicht.

Ich befürchte, daß die redaktionellen Großorganisationen, die wir heute haben, weniger Chancen des Erkanntwerdens und der Heraushebung bieten können als die kleineren Einheiten früherer Jahre.

Ich frage daher, ob es nicht dringlich sein könnte oder müßte, eine gezielte, spezifizierte individuelle Betreuung besonderer Begabungen einzurichten.

Daß dies ein delikates Problem ist, verkenne ich nicht. Aber das ist kein Grund, es zu vergessen. Abgesehen von der Tatsache, daß Personalinvestitionen nicht nur die wichtigsten, sondern auch die teuersten Investitionen sind, die die Anstalten vorzunehmen haben.

4.4   Die sachdienliche Personaldisposition im Programm, verbunden mit
den entsprechenden Trainingsmöglichkeiten, rückt eine andere Aufgabe
in den Vordergrund: Die möglichst frühe und möglichst präzise Beschreibung neuer Berufseinzelbilder; ich könnte auch sagen: neuer Funktionen.
Diese Notwendigkeit gilt für sehr verschiedene Sparten des Programms.

Zur Verdeutlichung will ich nur ein Beispiel nennen: Die neue Organisation des Wissens, etwa im Verbund von Großdatenbanken und die damit
verbundene spezialisierte Such- und Zugangstechnik läßt es möglich oder
wahrscheinlich werden, daß der traditionelle Typ des recherchierenden
und präsentierenden Berichtes aufgespalten wird. Wie sieht der künftige
"Rechercheur" aus? Welche präzisen Pflichten und Rechte hat er? Wie
wird er dem vor Mikrophon oder Kamera präsentierenden Berichter zugeordnet? Für welche Programmbereiche gelten diese Überlegungen vordring-
lich?

Erst aus der genaueren Beschreibung, die mit den einzelnen Programm-
sparten und Ressorts zu erarbeiten ist, lassen sich Notwendigkeiten
des Trainings ableiten.

4.5   Die, wie ich glaube, wichtigste Forderung an ein zukunftsorien-
tiertes Programmtraining nenne ich zuletzt: Es ist die Forderung nach
einem spezifischen, organisationsorientierten Management-Training für
das Programm.

4.5.1 Hier ist das Größenwachstum der Rundfunksysteme zu einem gravierenden Problem geworden. Dazu will ich gleich feststellen, um den
üblichen Fehldeutungen vorzubeugen, daß dies kein spezifisch deutsches
Problem ist; es lastet auf allen Systemen vergleichbarer Größe und Ver-
fassung.

Hier ist die "Größe" nicht nur ein quantitativer Begriff, etwa der zah-
lenmäßigen Ausdehnung. Es ist gleichermaßen ein qualitativer Begriff:
Moderne Produktionsformen, vor allem des Fernsehens, haben zwangsläufig einen internen Apparat geschaffen, dessen Steuerung und sachgerech-
te Beherrschung einen großen Teil der Zeit und der Energie beansprucht,
die die Programm-Mitarbeiter auf den verschiedenen Leitungsebenen eigentlich den Programminhalten und Programmformen zuwenden sollten. Ich muß
es bei dieser Kürzestformulierung belassen; ich kann nicht auf die zu-

sätzliche Summe der Außenbelastungen eingehen, z.B. die organisationsinternen Formen der berühmten "Verrechtlichung" der gesellschaftlichen
Existenz.

Der "Apparat" führt zu hohen Reibungsverlusten, zu erheblichen Kommuni-
kationsschwierigkeiten, zu Entscheidungsschwierigkeiten, um nur einige
wenige Folgen zu nennen.

4.5.2   Der Grund liegt in der traditionellen einspurigen Ausbildung
des Programm-Mitarbeiters, sei er Journalist, Dramaturg, Musikexperte,
was auch immer. Er bringt seine spezifischen fachlichen Voraussetzungen
mit oder erwirbt sie im Programmbetrieb. Er bringt nicht mit: Organi-
sationswissen und Organisationserfahrung außerhalb seines jeweils begrenzten Programmfeldes; auch nicht: Kenntnis der Grundlagen der Men-
schenführung; ebenfalls nicht: Kenntnis und Übung inzwischen entwickel-
ter Management- und Leitungstechniken.

4.5.3   Auf diesem Feld wird heute viel Trainingsmöglichkeit angeboten,
insbesondere von der Wirtschaft. Die einzelnen Angebote sind partiell
verwendbar. Sie bleiben für uns aber ohne tiefgreifende Wirkung, solange sie nicht mit den spezifischen Organisationserfahrungen und -er-
fordernissen des Rundfunkbetriebs gekoppelt werden. D.h.: Wir brauchen
ein eigenes, rundfunkspezifisches Management-Training für die programm-
leitenden Mitarbeiter. Das gilt für alle Leitungsebenen.

Erste Vorbereitungen werden derzeit getroffen. Aber die Zeit drängt -
nicht nur wegen der vermutlichen Konkurrenzsituationen, wie immer sie
im einzelnen beschaffen sein mögen.

5. Zusammenfassung.

Die Ausbildungs- und Fortbildungsarbeit im Programmbereich, das Training
hat in den letzten Jahren erhebliche Fortschritte gemacht.

Die künftigen Aufgaben des Programm-Trainings werden mehr Zeit für die
Konzeption der Lösungsmöglichkeiten und die Anwendungstests verlangen.

Angesichts der begrenzten Kapazitäten sind im Interesse einer wirksamen
Arbeit die Prioritäten bald zu klären.

Program Work in Broadcasting – Education and Training

Franz Wördemann
Frankfurt

1. Undue restriction of the problem

"Education and Training" in the program area of the broadcasting institutions (radio and television) is within the profession mainly discussed as an educational task for the "journalistic" sector. This concentration on a single, though very important subject does not meet
the actual daily requirements of the program work of the broadcasting
institutions.

The public discussion of the problems of journalism still operates too
much with traditional terms and notions, which do no longer fully correspond with the professional reality: The very extensive split-up of
functions today is not sufficiently taken into account. This is especially valid for the permanently increasing differentiations in the
"electronic media".

2. The future demand for personnel in the program area

An approximate and useful prediction of the quantity of personnel
needed in the individual program sectors and operating departments is
not possible at this time. Exact calculations would require clear
media-political decisions.

For education and training as a consequence of this situation the
different possibilities have to be anticipated and considered - to
be conceptionally and organisationally prepared such that realizations
can be started within a short time.

3. The existing network of education and training

In recent years the broadcasting corporations ARD and ZDF have established an integrated system of education and training institutions,
which meanwhile exhibits a considerable volume of subjects and a no-
table reach. The most recent institution in this network is the ZFP
(Zentralstelle Fortbildung Programm ARD/ZDF).

After more than four years of work the ZFP has reached its limits of
capacity under the given circumstances. Further areas of activity are
recognized as absolutely necessary, but can be prepared only in a
limited form under the existing (financial and organizational) conditions.

4. Future lines of development

In the program area a target-oriented education and training, which
intend to get beyond the present limits, have in my opinion to concen-
trate on the following lines of development:

Increase of "professional competence", mainly under the consideration of the different possible situations of competition and a
special promotion of new talents.

New forms of knowledge transfer (introduction of a system of
lectures).

Precise definition - in close co-operation with the program area -
of forthcoming new functions (detailed description of professions),
which substantially, but not exclusively, depend on the technological developments.

Consequent education for a "management in the program area".

In doing this partly new steps have to be undertaken. The broadcasting
organisations of the neighbouring foreign countries, with which we are
co-operating closely, also have only limited experiences in these
fields.

Technik im Rundfunk – Auswirkungen neuer Technologien

Hans Springer
Nürnberg

1. Vorbemerkungen

Im Kongreß-Programm kann man die folgenden Sätze lesen:

* "Informationsvermittlung und Informationsverarbeitung wachsen
  immer stärker zur Informationstechnik zusammen, die die kommenden
  Jahrzehnte mitprägen wird. Gleichzeitig befindet sich die Kommunikationstechnik im Umbruch von der Analog- zur Digitaltechnik,
  von Kupfer- zu Glasfaserkabeln und von den separaten Nachrichtennetzen zu einem gemeinsamen Netz mit Integration der von den
  Teilnehmern gewünschten Dienste."

* "Es ist verständlich, daß diese Entwicklung nachhaltige Auswirkungen auf die Berufswelt der Telekommunikationsingenieure, aber
  auch auf die im Bereich der elektronischen Medien tätigen
  Journalisten und andere Medienberufe haben wird."

* Die Telekommunikation und im weiteren Sinne die Informationstechnik eröffnen nicht nur Möglichkeiten für wirtschaftliches
  Wachstum und neue Arbeitsplätze, sondern bedingen auch neue oder
  zumindest stark veränderte Berufsbilder."

Dies gilt für alle Medien, nicht nur für die elektronischen; es gilt
also auch für die Rundfunkanstalten.

Die Auswirkungen neuer Entwicklungen der Rundfunktechnik reichen aber
weit über die Rundfunkanstalten hinaus bis in den Lebensalltag der
Bürger als Rundfunkteilnehmer: Wer kennt nicht die Synchronisierung
des Abend-Ablaufs von Millionen durch den Beginn von "Heute" oder der
"Tagesschau"? Wer kennt nicht die leeren Straßen während spannender
Fußballspiele oder beliebter Krimis?

Die Entwicklung zuverlässiger und preiswerter Video-Aufzeichnungs-
geräte könnte hier auf längere Sicht ebenso zu einer zeitlichen Trennung zwischen Aussendung/Aufzeichnung und dem Anschauen zu einer individuell passenden Zeit schaffen - wie dies für den individuellen Musik-
Genuß sich längst eingespielt hat: Wer die ihm wertvolle Musik zu einer
ihm passenden Tageszeit hören will, nutzt individuelle Aufzeichnungen
- Schallplatte oder Tonband.

Gerade in diesem Jahr wird die Frage untersucht, ob nicht zusätzliche
Kennsignale zum Fernsehsignal als neuer Service der Rundfunkanstalten
das Ein- und Ausschalten von Heim-Videorecordern steuern könnten, wenn
die Teilnehmer ihre Recorder auf bestimmte Sendungen vorprogrammiert
haben. Dies würde in den Rundfunkanstalten zusätzliche Geräte und
zusätzliche Tätigkeiten und Verantwortung für die Mitarbeiter bringen:
wer könnte es auf sich nehmen, daß Millionen von Recordern den Anfang
oder das Ende eines Bundesliga-Spiels nicht aufgezeichnet haben, weil
der entsprechende Steuercode nicht zur rechten Zeit ausgesendet wurde?

Es gibt also Wechselwirkungen zwischen technischen Entwicklungen, die
von den Rundfunkanstalten aus "nach außen" wirken und denen, die mehr
"nach innen" wirken, die sich unmittelbarer auf die Mitarbeiter auswirken.

Ich möchte mich auf die "nach innen" wirkenden neuen Entwicklungen
beschränken und an einigen Beispielen zeigen,

    * welche Personenkreise von neuen Entwicklungen betroffen sind

    * welche Konsequenzen sich ergeben für

        + die hausinterne "Personalpolitik"

        + Maßnahmen der Fortbildung, Weiterbildung und der Umschulung

        + den Bedarf an Nachwuchskräften mit bestimmten Qualifikationen

    * welche neuen Berufe (für Tätigkeiten im Rundfunk und in der
      Industrie) geschaffen werden müssen - von der Analyse der Berufs-
      bilder bis zur Schaffung von Studiengängen

2. Die Auswirkungen neuer technischer Entwicklungen in den Rundfunkanstalten.

2.1 Mikroprozessoren und Mikrocomputer

Die Käfer sind unter uns!

Ich meine die Mikroprozessoren und Mikro- und Mini-Computer, die heute
als Bestandteile in zahlreichen Geräten und Anlagen eingebaut sind
um komplexe Bedienaufgaben oder Steuerungsprobleme einfach und ökonomisch zu lösen. Mikroprozessoren finden sich heute schon in zahlreichen
Geräten aller Bereiche der Rundfunktechnik; vom Studio bis zum Sender
und zum Heimempfänger.

Ist ein solches modernes Gerät gut entworfen, zuverlässig gefertigt
und getestet und vollständig dokumentiert, so muß dem Benutzer gar
nicht bewußt werden, daß er mit einem "Käfer" arbeitet.

So weit, so gut - aber was geschieht an dem Tag, an dem das Gerät nicht
mehr tut, was man erwartet? Was für ein Fehler liegt vor - Hardware-
oder Software-Fehler? Oder ist es nur ein fehlendes oder falsches
Steuersignal von außen? Problematisch werden Mikroprozessor-
gesteuerte Geräte meist erst dann, wenn sie Fehler zeigen. Dann gilt
es zunächst, den Betrieb wieder zum Laufen zu bringen und danach den
Fehler zu suchen und zu beseitigen.

* Ist das Personal hierfür ausreichend vorgebildet und erfahren?

* Stehen die notwendigen Diagnosegeräte und Wartungshandbücher
  bereit?

* Muß ein Austauschgerät in Betrieb genommen und das defekte zur
  Reparatur außer Haus gegeben werden?

Hinter diesen Fragen verbergen sich Notwendigkeiten für vorausschauende Management-Entscheidungen und Investitionen in Anlagegütern und
Personal:

* Wie wird sichergestellt, daß Betriebsunterbrechungen möglichst
  rasch beseitigt werden können?

* Welche Kenntnisse und Unterlagen braucht das Betriebspersonal,
  um mit Fehlersituationen rasch fertig zu werden und einen not-
  falls eingeschränkten Betrieb aufrecht zu erhalten?

* Wieviele und welche Reserve-Geräte müssen ggf. bereitgehalten
  werden, um bei einmaligen Aufzeichnungen oder teuren Produktionen
  das Risiko von Unterbrechungen möglichst auszuschließen?

* Welche Reparaturen defekter Geräte werden im Hause ausgeführt;
  welche Geräte oder Geräteteile werden zur Reparatur und anschlies-
  senden Überprüfung besser und preiswerter an ein Reparaturzentrum
  oder zum Hersteller geschickt? Für welche Geräte müssen daher
  Ersatzteile bereitgehalten werden?

* Sind die Mitarbeiter für die Reparaturen, die im Haus gemacht
  werden sollen, ausreichend trainiert? Bei modernen Geräten entwickelt sich kaum noch ein Erfahrungsschatz, wie ihn Reparateure
  früher entwickeln konnten, als häufig gleiche Bauelemente oder
  Schaltungen Anlaß zu Störungen gaben. Heute sagt man, ein Ingenieur würde den gleichen Fehler in einer bestimmten Geräte-Type
  nur einmal in seinem Berufsleben antreffen - so vielseitig, zuverlässig und komplex sind die Geräte. Das heißt aber auch: woher
  nimmt der Reparateur eine Strategie für die Fehlersuche in einem
  Gerät, das mit der klassischen Diagnosetechnik analoger Geräte
  nicht durchschaut werden kann?

  Es könnte sehr teuer werden, ließe man den Ingenieur mit dem de-
  fekten Gerät allein, wartete darauf, daß er schon die richtige
  Strategie der Fehlersuche anwenden und den Fehler rasch und sicher
  finden werde.

  Das Beseitigen des Fehlers ist dann meist der kleinste Teil des
  Problems, die nachfolgende vollständige Prüfung auf einwandfreies
  Funktionieren erfordert schon wieder mehr Kenntnisse und umfang-
  reichere Ausrüstung.

Die Kompliziertheit moderner Geräte bedingt, daß die Hersteller geeignete Unterlagen für die Fehlersuche mit den Geräten liefern müssen -
auf diese Frage werde ich nochmals zu sprechen kommen.

Die Technik der Mikroprozessoren und der Geräte, in denen sie

integriert sind, scheint also zunächst nur ein Problem der Erhaltung
der Betriebsbereitschaft zu sein, also ein Problem der Meß- und War-
tungstechnik.

Neue Technik kann rasch erhebliche Kostensteigerungen verursachen,
wenn bei der Planung nicht darauf geachtet wurde, welche Prozessor-
typen, welche Arten von Software, welche Programmiersprachen verwendet
werden und welche Diagnosegeräte notwendig sind. Typenvielfalt erhöht
die Kosten für Schulung und Diagnosemittel.

Also sind auch Planer und die für die Anschaffungen Verantwortlichen,
also das Management, gezwungen, sich zumindest so weit mit dieser neuen
Technik zu beschäftigen, daß sie fundierte eigene Entscheidungen treffen können, ohne von anderen abhängig zu sein.

Mikroprozessoren sind ein Musterbeispiel, an dem man analysieren kann,
wie unterschiedliche Kenntnisse verschiedene Berufsgruppen in Rundfunkanstalten über ein bestimmtes Themengebiet erwerben müssen, wenn sie
ihre Aufgaben kompetent lösen sollen:

* Betriebs- und Wartungspersonal muß

    + Fehlbedienungen und Störungen erkennen können

    + Testroutinen benutzen und die Ergebnisse deuten können

    + Fehler beschreiben können

    + gestörte Einheiten austauschen können

  Dazu braucht das Betriebs- und Wartungspersonal

    + arbeitsplatzbezogene Kenntnisse der Hardware und Software

    + Kenntnis der Diagnose- und Testverfahren

    + Kenntnis der Diagnose- und Testgeräte

    + Vorgaben über die Zuständigkeiten und Verantwortlichkeit,
      also Betriebs- und Wartungsrichtlinien.

* Programmierer, Systementwickler und Planer müssen

+ Probleme und Aufgaben auf technisch und wirtschaftlich angemessene Weise lösen können; ggf. unter Verwendung von Mikro-
computern

+ klare Anforderungen an Lieferanten formulieren und die Einhaltung kontrollieren können

+ die Betriebseinführung neuer Lösungen vorbereiten und erleichtern können

+ Hardware und Software dokumentieren können oder die geliefer-
te Dokumentation darauf überprüfen können, ob sie den Anforderungen von Betrieb und Wartung genügt

Dazu muß dieses Personal

+ bereit und fähig sein zur Teamarbeit. Alleingänger, Einzel-
kämpfer oder "Freistilprogrammierer" in solchen Positionen
kann sich auf Dauer kein Unternehmen leisten

+ fähig und angehalten sein, systematisch und ohne Tricks zu
programmieren. Die Lesbarkeit und Wartbarkeit eines Programms ist viel wichtiger als die Einsparung von etwas
Speicherplatz oder von einigen Programm-Zeilen

+ außer Hardware- und Software- Kenntnissen auch umfassende
Kenntnisse der Betriebsabläufe in Rundfunkanstalten besitzen

+ informiert und angehalten sein, eingeführte Standard-
Hardware und -Sofware zu nutzen, wo immer dies möglich und
vertretbar ist. Sonderlösungen, Programmiertricks und
"Exoten" dürfen nur in Sonderfällen eingesetzt werden

+ zu "kostenbewußtem Planen auf Zuwachs" verpflichtet sein;
Hardware und Software müssen einfach und preiswert zu ändern
und zu erweitern sein

+ verpflichtet sein zu vollständiger Dokumentation der Entwicklung und für Anwendung und Wartung

* Führungskräfte müssen

    + qualifizierte Mitarbeiter heranbilden und die Abhängigkeit
      von Einzelnen vermeiden

    + Entwicklungsziele und -Richtlinien festlegen für Hardware
      und Software

    + Projektziele setzen und das Erreichen der Ziele und die
      Leistungen der Mitabeiter beurteilen

    + Organisations- und Personalprobleme im Zusammenhang mit
      Neuerungen rechtzeitig erkennen und lösen können

    + über den tatsächlichen Einsatz entwickelter Lösungen geson-
      dert entscheiden

    + unterscheiden können zwischen der Anwendung von Mikro-
      prozessoren als
          fortschrittliche Funktionseinheit
          Modeerscheinung
          Statussymbol

Ich meine diese Aufstellung macht deutlich, wie wichtig es ist, sich
vor irgendwelchen Bildungsmaßnahmen darüber klar zu werden, welche
Kenntnisse für eine bestimmte Zielgruppe notwendig sind. Unterläßt
man eine solche Analyse, kommt man leicht zu einem unerfüllbaren
Bildungsaufwand - aus der Sicht der Betriebe und aus der Sicht der
Mitarbeiter, denn auch sie wollen nicht immer nur lernen!

2.2 Tragbare elektronische Fernseh-Aufzeichnungsgeräte

Die "bewegliche Elektronik" oder "mobile Elektronik", wie unsere österreichischen Nachbarn sie nennen, hat eine Reihe von Vorteilen:

  * Die beim Film notwendige Zeit für die chemische Behandlung ist
    nicht erforderlich; das Aufgezeichnte kann sofort kontrolliert
    werden, die Zeit für den Redaktionsschluß rückt näher an den
    Sendetermin heran

    * Das Aufzeichnungsmaterial kann mehrfach verwendet werden. Also
      kann mehr gedreht werden; das Drehverhältnis (der Filmverbrauch
      als Vielfaches der tatsächlichen Sendedauer eines Beitrages) ist
      kein Kostenargument mehr - das erlaubt längeres Beobachten mit
      der Kamera.

Aber: sollen die Vorteile der neuen Technik auch zum Tragen kommen,
dann müssen auch die Redakteure klare Vorstellungen von den Bearbeit-
ungsmöglichkeiten haben und sich schon vor der Aufnahme ein Konzept
zurechtlegen, damit nicht später der Zeitvorteil der Elektronik durch
umständliche Schnitte wieder aufgefressen wird.

Viele Redakteure denken primär an ihren "Beitrag", weniger an die Mittel, ihn herzustellen. Daher ist das Argument der Wirtschaftlichkeit
für sie kein Motiv, neues hinzuzulernen, solange man ihnen nicht auch
die Vorteile der neuen Technik für ihre Arbeit darlegen kann.

Die Einführung der "mobilen Elektronik" oder - wie wir in den deutschen
Rundfunkanstalten sagen "EB-Technik" - gab Gelegenheit zu sehen, wie
durch unzureichende Informationen oder unglückliches Argumentieren
("die Zeit der Jäger und Sammler ist vorbei") in einzelnen Anstalten
Vorbehalte eher auf- als abgebaut wurden.

    * Die Rollen in den Aufnahmeteams und die Aufgaben veränderten sich;
      die Teams sollten kleiner werden als Filmteams. Die Aufgaben des
      Kamera-Assistenten sollten mit denen des Tontechnikers zusammen-
      gelegt werden mit der neuen Bezeichnung "Aufzeichnungstechniker".
      Das Selbstverständnis des Kamera-Assistenten, der sich in den
      Startlöchern für die Position eines Kameramannes wähnte, wurde
      durch diese Entwicklung erheblich gestört.

    * In vielen Anstalten gehören die Kameramänner für elektronische
      Kameras zu einer anderen Hauptabteilung oder Direktion als die
      Film-Kameramänner. So ergab sich natürlich auch die Frage, welche
      Kameramänner denn nun mit der neuen beweglichen elektronischen
      Kamera arbeiten sollten.

    * Auch wurde die Frage diskutiert, ob man eigentlich bei elektro-
      nischer Außenaufnahme überhaupt noch einen Kamera-Assistenten
      brauche, der mehr können muß als das damals noch recht unhand-
      liche Gerät zu transportieren.

* Berufsängste und Unsicherheiten machten sich im Bereich der Film-
  Cutter breit, als immer mehr Teams auf Elektronik umgerüstet
  wurden. Waren die Cutter und Cutterinnen gewohnt, Filme zu bearbeiten, auf denen die Bilder zu erkennen waren, so sollten sie
  nun ein unansehnliches braunes Band bearbeiten, das sehr vorsich-
  tiges Handhaben verlangt; sie sollten sich an elektronische
  Schnittplätze, an Zeitcode und an neue Ausdrücke gewöhnen und
  dennoch möglichst genau so schnell arbeiten wie beim guten alten
  Film. Außerdem befürchteten die Cutter eine Konkurrenz von Seiten
  der Bildtechniker und Bildtechnikerinnen, die seit Jahren gewohnt
  sind, Magnetbänder mit Fernsehaufzeichnungen zu bearbeiten - aber
  den Bildtechnikern fehlte häufig die Erfahrung im Mitgestalten
  von Produktionen - hier hatten die Cutter ihre Vorteile.

In den letzten Jahren konnten viele dieser Probleme gelöst und tarif-
rechtliche Fragen geklärt werden. Die Geräte werden immer kleiner und
leichter und damit langsam wirklich "mobil", nicht nur "transportabel".
Die Teamgröße wird je nach der Aufgabe den Bedürfnissen angepaßt; die
Schnitt-Bearbeitungsplätze werden einfacher zu bedienen und die Erkenntnis setzt sich durch, daß es auch bei den deutschen Rundfunkanstalten
noch lange Jahre Filmteams und Filmbearbeitung geben wird - entgegen
früher geäußerten euphorischen Prognosen aus Amerika.

2.3 Fazit

* Die Einführung neuer Technologien beeinflußt alle Bereiche der
  Rundfunkanstalten; die Mitarbeiter aller Bereiche brauchen die
  für ihre Arbeit, ihre Einstellung und ihre Entscheidungen relevanten Kenntnisse und Informationen über neue Technologien.

* Bei der Einführung neuer Technologien spielen oft nicht nur technische Aspekte eine Rolle. Führungskräfte und Mitarbeiter sehen
  die Neuerungen aus unterschiedlichen Blickwinkeln

    + betriebliche Vorteile

    + mögliche persönliche Erschwernisse oder Nachteile

* Die Einführung neuer Technologien muß durch Fort- und Weiter-
  bildungskurse vorbereitet sein. Dabei müssen nicht nur die

technischen und betrieblichen Apekte berücksichtigt werden sondern
auch die Bedürfnisse, Probleme und Ängste der Mitarbeiter, die
vielleicht um ihre Aufstiegsmöglichkeiten oder ihren Arbeitsplatz
fürchten.

* Die während der (vorberuflichen) Ausbildung erworbenen Detail-
kenntnisse werden schon nach wenigen Jahren nur noch wenig hilf-
reich sein, sich in neue Technologien einzuarbeiten. Was hierfür
nötig ist?

+ Die Fähigkeit sich Informationen zu beschaffen, ihre praktische Bedeutung einzuschätzen, sie zu strukturieren und
anzuwenden; kurz: die Fähigkeit zu lernen.

+ Eine möglichst breite Allgemeinbildung und vertiefte Kenntnisse in den Nachbardisziplinen, die bei Ingenieuren vielleicht noch nicht immer in ihrer Bedeutung erkannt werden:
Wirtschafts-, Sozial- und Rechtswissenschaften zum Beispiel -
alles dies mit der Zielrichtung, die Ingenieurskenntnisse
in richtiger Relation zu sehen zur Gesellschaft, in der die
Arbeitsergebnisse Veränderungen hervorrufen.

+ Die Fähigkeit zu kommunizieren: anderen seine Gedanken und
Arbeitsergebnisse so darstellen zu können, daß sie sie vor
ihrem Bildungshintergrund und aus ihrer Sicht verstehen
können. Hierzu gehört auch die Fähigkeit, andere zu befragen
und die Antworten zu erfassen, zu werten und zu strukturieren
so, daß sie die eigenen Ansichten ergänzen oder modifizieren
können.

Eine Schlagzeile in CAPITAL lautete jüngst /1/ :

DIE ZEIT DER TECHNOKRATEN IST VORBEI -
PERSÖNLICHKEIT IST WIEDER GEFRAGT.

Inwieweit tragen Schulen, Hochschulen und betriebliche Bildungsstätten
dazu bei, diese Persönlichkeiten zu bilden?

3. Was ist zu tun?

Die finanzielle Sicherheit und Unabhängigkeit der Rundfunkanstalten
ist eine der Voraussetzungen für langfristige zukunftsweisende
Planungen; darüber kann es kaum Zweifel geben. Dies jedoch ist nicht
Thema dieses Kongresses.

Ist diese Voraussetzung erfüllt, dann sollte eine Projektion des
Wünschbaren und Realisierbaren an technischen Neuerungen aus dem
Rundfunkauftrag und den Bedürfnissen unserer Gesellschaft abgeleitet
werden. Dies muß die Grundlagen liefern, aus denen die Berufsbilder
und Qualifikationsprofile für die in den Medien Tätigen abgeleitet
werden können. Dies muß so frühzeitig geschehen, daß sich die Bildungsstätten rechtzeitig darauf einstellen können.

3.1 Betriebliche Fortbildung

Die Bildungsabteilungen der Rundfunkanstalten sind den betrieblichen
Problemen hautnah verbunden; die von den Rundfunkanstalten gemeinsam
getragenen Bildungseinrichtungen haben gute Kontakte zu den Anstalten und können daher auch bei der Analyse des Bildungsbedarfs beraten
und helfen. Eine solche Analyse ist immer angebracht, denn durchaus
nicht alles, was zunächst eine Bildungsmaßnahme notwendig erscheinen
läßt (also nicht jedes unbefriedigende Arbeitsergebnis oder Fehlverhalten), signalisiert tatsächlich ein Bildungsdefizit. Dies soll
am folgenden Fragenschema erläutert werden:

Das Problem: Mitarbeiter tun nicht, was sie sollen, oder sie tun
es nicht so, wie sie es tun sollen.

1. Frage: Dürfen sie es denn tun?
   Falls nicht, liegt ein Organisationsproblem vor.

2. Frage: Sind sie genügend ausgerüstet?
   Falls nicht, müßte die fehlende Ausrüstung beschafft werden;
   es liegt also ein Management-Problem vor.

3. Frage: Wollen sie denn überhaupt?
   Falls nicht, könnte das an der Einstellung zur Arbeit liegen
   (mangelnde Motivation), also liegt primär ein Management-

<u>problem</u> vor, das möglicherweise auch durch eine <u>Bildungs-</u>
<u>maßnahme</u> gelöst werden könnte (affektive Lernziele).

<u>4. Frage: Wissen sie, wie die Aufgabe zu lösen ist?</u>
Falls nicht, dann liegt ein <u>Bildungsproblem</u> vor (kognitive
Lernziele).

<u>5. Frage: Sind sie fähig, das Verlangte zu tun?</u>
Falls nicht, dann liegt ein <u>Trainingsproblem</u> vor (psycho-
motorische Lernziele).

Erst ein "Nein" auf eine der drei letzten Fragen in diesem sehr einfachen Schema zeigt einen tatsächlichen Bildungs- oder Trainingsbedarf.
In den anderen beiden Fällen - und sie sind gar nicht so selten, wie
man vielleicht annehmen möchte - wäre jede Bildungsmaßnahme sinnlos;
hier muß ganz anders abgeholfen werden.

Ist ein Informationsdefizit identifiziert, dann muß als nächstes geprüft
werden, ob denn alles gelernt werden muß, was man am Arbeitsplatz
(vielleicht nur sehr selten) an Informationen braucht. Das menschliche
Gehirn ist nämlich ein nicht sehr zuverlässiger, dabei aber teuer zu
"ladender" Speicher. Was man nicht ständig anwendet, versinkt unkontrol-
lierbar im Vergessen. Überholte Daten können nicht - wie in elektronischen Speichern - mit neuen Daten "überschrieben" werden; also
besteht das Risiko, auf falsche Daten zuzugreifen und etwas falsch
zu machen. Menschliches Fehlverhalten ist auch daher häufiger als
Fehlfunktionen sorgfältig getesteter Prozessorsteuerungen. Allerdings
erwartet man vom Menschen und seiner Intelligenz, die Fehlreaktion
rasch zu erkennen und möglichst rechtzeitig zu korrigieren.

Ich halte es für unnötig, unwirtschaftlich und riskant, gerätebezogene
oder verfahrensbezogene Detailinformationen bewußt zu lernen. Was
häufig zu tun ist, prägt sich ohnehin ein; was selten gebraucht wird,
wird schnell wieder "verlernt". In Tätigkeitsbereichen, in denen es
auf extreme Sicherheit ankommt, verwendet man längst "externe Speicher"
statt des Gehirns - oder zumindest zu seiner Unterstützung: ich meine
die Checklisten, Verfahrens-, Betriebs- und Wartungshandbücher.

Natürlich weiß ein Pilot, welche Prozeduren in einer bestimmten Flug-
phase nötig sind, z. B. vor einer Landung. Dennoch verliest bei jedem
Flug der Kopilot die Checkliste und der Pilot antwortet, was er
abgelesen oder eingestellt hat. Das gibt Sicherheit - nicht nur in

der täglichen Routine, sondern auch in Ausnahme-Situationen;
beispielsweise, wenn nicht alle Landeklappen richtig ausfahren. In
solchen Fällen garantiert das Verwenden einer "Checkliste für Notver-
fahren", daß die Piloten auch unter dem Streß einer Notsituation das
Rechte im rechten Zeitpunkt tun und nichts vergessen.

Auch in den Rundfunkanstalten werden zunehmend solche "externe
Speicher" eingesetzt, vor allem in den betriebs- und wartungstechni-
schen Bereichen: Störungszeiten sind teuer, die Personalkosten für
das Reparaturpersonal hoch. Dabei verlangen neue Geräte (scheinbar)
immer neue Kenntnisse. In Zukunft werden die Hersteller der Studio-
und Senderanlagen mehr als bisher Handbücher liefern müssen, die auf
die Bedürfnisse der Benutzer zugeschnitten sind. Dadurch sollen Fehlersuche und Reparatur zuverlässiger und schneller werden; überflüssiges
Lernen von Details kann vermieden werden. Und als wichtiger gesamt-
wirtschaftlicher Vorteil solcher Handbücher: Die Prüf- und Diagnose-
verfahren, die der Hersteller ohnehin für Fertigung, Prüfung und für
Reparaturen in seinem Hause entwickeln muß, stehen in den Handbüchern
allen Nutzern zur Verfügung. Es wird dann nicht mehr wie bisher nötig
sein, in den einzelnen Rundfunkanstalten Diagnose-Strategien selbst
zu entwickeln. Ähnliche Gedanken findet man natürlich auch außerhalb
des Rundfunks in Bereichen mit hohem Anteil an elektronischen Geräten
– natürlich auch bei den Streitkräften. Es gibt NATO-einheitliche
Normen für Handbücher.

Und für das, was schließlich nach sehr kritischer Analyse wirklich
gelernt werden muß, müssen die Lernziele für klar beschriebene Ziel-
gruppen formuliert und in geeigneter Form vermittelt werden. Häufig
sind dies dann Fortbildungskurse, gelegentlich auch "Lernpakete", die
am Arbeitsplatz bearbeitet werden können. Die Schule für Rundfunktechnik in Nürnberg entwickelt solches Material für die Nutzung in
den Rundfunkanstalten. An den Fortbildungskursen der SRT nehmen pro
Jahr etwa 800 bis 1 000 Rundfunkmitarbeiter teil; nur am Rande sei
hier vermerkt, daß "gemischte Kurse", an denen Mitarbeiter aus Technik
und aus den Programmbereichen teilnehmen, als besonders stimulierend
und für die Teilnehmer attraktiv eingeschätzt werden.

Solche Aktivitäten von Bildungszentren dürfen über eine wichtige Tatsache nicht hinwegtäuschen, die gelegentlich übersehen wird: Primär
ist jeder Vorgesetzte für die Fortbildung seiner Mitarbeiter verantwortlich – genau so wie für die Modernisierung seiner technischen

Produktionsmittel. Bildungsstätten können ihn dabei nur unterstützen - sie können ihm diese wichtige Personalverantwortung nicht abnehmen (Dieser Themenkreis gehört in den Bereich Führungskräfteschulung).

3.2 "Technischer Autor" - ein neuer Beruf für Ingenieure

Ich habe bereits darauf hingewiesen, daß benutzergerechte Handbücher eine Alternative zu Bildungsmaßnahmen sein können; sie sind in jedem Falle eine sehr kosteneffektive Art der Informationspräsentation; vor allem, weil sie die notwendigen Informationen in dem Moment bieten, in dem sie gebraucht werden. Viele der heutigen "Handbücher" taugen allerdings für diesen Zweck wenig; benutzergerechte Handbücher müssen die für jeden Vorgehensschritt notwendigen Informationen übersichtlich und vollständig enthalten. Ein solches Handbuch darf kein "Warum-Buch" (Why-Book) sein, das funktionierende Gerät beschreibt, es muß vielmehr ein "Wie-Buch" (How-Book) sein: Es muß den Bediener oder Reparateur systematisch leiten, wie er in logischer Folge vorzugehen hat /2/. In Kürze wird eine Richtlinie der Union Europäischer Rundfunkanstalten UER erscheinen, wie solche Handbücher für rundfunktechnische Geräte gestaltet sein sollen /3/.

Benutzergerechte Handbücher zu schreiben, ist eine Aufgabe für Spezialisten: Technische Autoren. Und die gibt es bisher in Deutschland kaum; schon gar nicht als anerkannter Beruf. Auf diesem Gebiet sind wir in Deutschland weit hinter der Entwicklung im anglo-amerikanischen Sprachraum und hinter den skandinavischen Ländern zurück. Dort gibt es den Beruf Technischer Autor, dort gibt es Studiengänge und Fachtagungen über Technische Kommunikation /4/. In Deutschland gibt es derzeit lediglich bescheidene Anfänge in einer Gesellschaft für Technische Kommunikation TEKOM, die bisher vor allem im Raum Stuttgart aktiv ist /5/.

Ich meine es ist dringend nötig, im Rahmen der Studiengänge für Ingenieure auch die Kommunikationsfähigkeit zu fördern und Technische Kommunikation auch als Studienfach, zumindest als Wahlfach anzubieten. Außerdem müßten ein Berufsbild und Ausbildungsmöglichkeiten für Technische Autoren geschaffen werden - die einschlägige Industrie braucht dringend solche Spezialisten und die Käufer ihrer Produkte brauchen dringend benutzergerechte Handbücher. Sie sind sogar bereit, dafür einen angemessenen Preis zu zahlen.

3.3 "Telekommunikationsingenieur" - ein neues Studienfach?

Ich verstehe jedes Studium, auch das Ingenieur-Studium, als Vorbereitung auf eine Berufslaufbahn. Neue Technologien verändern beständig das, was man "Ingenieurswissen" nennen könnte; man sollte sich davor hüten, diesen Wissenszuwachs als Anlaß für beständiges Ausweiten des vorgeschriebenen Lehr- und Prüfungsstoffs zu nehmen - viel wichtiger wäre es, sich immer wieder auf die lernenswerten Fakten zu besinnen. Ich vermute, die meisten Hochschulabsolventen sind mit viel mehr Faktenwissen vollgestopft, als sie je in der Zeitspanne anwenden können, in der dieses Faktenwissen noch relevant ist. Nach meiner Beobachtung müßten die Prüfungsanforderungen der Einzelfächer zugunsten einer breiteren technischen und gesellschaftspolitischen Allgemeinbildung eingeschränkt werden. Methoden-Lernen und Lernen-Lernen müßten stärker in den Vordergrund treten - ich zweifle allerdings, daß die klassischen Vorlesungen dies leisten können. Mehr Projekt- und Gruppenarbeiten, mehr Seminare (auch zur Steigerung der Kommunikationsfähigkeit!) und weniger Vorlesungen kämen den Vorstellungen eines praxis- und zukunftsorientierten Studiums näher. Sie würden den zukünftigen Ingenieur frühzeitig daran gewöhnen, sich notwendige Informationen selbst zu beschaffen, statt darauf zu warten, daß sie ihm methodisch aufbereitet präsentiert werden.

Ein solide ausgebildeter Ingenieur einer der einschlägigen Fachrichtungen müßte genau so in der Lage sein, sich in die meisten Tätigkeiten beim Rundfunk rasch und erfolgreich einzuarbeiten wie in einem Industrie-Unternehmen. Wer wüßte auch heute schon, welche Anforderungen die Rundfunkanstalten an ihre Ingenieure in 20 oder 30 Jahren stellen werden. Also sehe ich keine Notwendigkeit, etwa einen "Telekommunikationsingenieur für den Rundfunk" auszubilden. Eine betriebsspezifische Einarbeitungsphase ist in jedem Falle nötig. Sie könnte vielleicht verkürzt werden, falls sich in Deutschland einführen ließe, was in England so anschaulich "Sandwich-Studium" heißt: Studienabschnitte an einer Hochschule wechseln mit praktischen Abschnitten in Betrieben. Die "Berufsakademie Baden-Württemberg" ist ein deutscher Ansatz in dieser Richtung: ein "praxisorientierter Bildungsgang für Abiturienten". Jedes Studienhalbjahr enthält 9 - 12 Wochen Theorie an der Studienakademie und 12 - 15 Wochen Praxis im Betrieb. Nach dreijähriger Ausbildung verleiht das Land in der Fachrichtung Technik den Titel "Ingenieur (Berufsakademie)". Der Südwestfunk Baden-Baden hat sich diesem Modell angeschlossen und verspricht sich davon

Nachwuchskräfte, die die Rundfunkanstalt schon während der Ausbildung
kennengelernt haben.

Einem Interview in CAPITAL mit dem Präsidenten der Westdeutschen
Rektorenkonferenz, Prof. Dr. Turner, konnte man kürzlich entnehmen,
daß auch die deutschen Universitäten sich mit dem Gedanken befassen,
in die Studiengänge praktische Abschnitte einzufügen und dabei die
Studiendauer eher zu kürzen denn zu verlängern /6/.

Eine solche Entwicklung - Einführung von mehr Praxis, Straffung der
Studiengänge und Einschränkung des Prüfungsstoffs - würde wohl allen
nutzen, den Studenten, ihren späteren Arbeitgebern - auch den
Rundfunkanstalten - und nicht zuletzt den Hochschulen selbst.

Ich zitierte bereits zu Beginn aus dem Kongreß-Programm:

> "Die Telekommunikation und in weiterem Sinne die Informations-
> technik .....bedingen auch neue oder zumindest stark veränderte
> Berufsbilder."

Ich meine, dies muß man auch ausdehnen auf Lehrer und Hochschullehrer:
Vorlesungen sind ein Weg, Informationen zu verteilen; wahrscheinlich
heute nicht mehr der wirksamste. Angesichts der kurzen Nutzungsdauer
von Detailwissen und angesichts der Notwendigkeit, Methoden und
Verhalten zu lernen (auf das Lernen kommt es an, nicht primär auf das
Lehren!) müßten andere Lernformen größeres Gewicht erhalten neben den
Vorlesungen.

4. Zusammenfassung

Die neuen Technologien verlangen, daß auch in den Rundfunkanstalten
die Anforderungen an die Mitarbeiter beständig überprüft werden. Nur
durch kritische Analyse kann ein übermäßiges Anwachsen der Bildungsmaßnahmen vermieden werden. Die als notwendig erkannten Bildungsmaßnahmen müssen allerdings dann gründlich, rechtzeitig, zielgruppen-
gerecht und möglichst auch so durchgeführt werden, daß sie die Bedürfnisse von Arbeitgebern und Arbeitnehmern befriedigen. Auch im Rahmen
der Führungskräfteschulung muß ein rationales Fortbildungsbewußtsein
gefördert werden.

Die Rundfunkanstalten werden als Folge der technologischen Entwicklungen von den Herstellern der Geräte und Anlagen benutzergerechte
Handbücher fordern; auch andere Unternehmen, die moderne Technologie
einsetzen, werden in Zukunft nicht ohne solche Handbücher auskommen
können. Daher besteht zwingende Notwendigkeit, Technische Autoren
heranzubilden. Berufsbild und Studiengänge hierfür müssen rasch
geschaffen werden.

Schließlich sollten alle Unternehmen, die an gut ausgebildeten
Ingenieuren interessiert sind, die Hochschulen bestärken und unterstützen, die Studiengänge zu straffen und möglichst weitgehend auf
die spätere Praxis hin auszurichten. Unterstützung verdienen auch alle
neuen Bildungskonzepte, die Ingenieure für die Praxis heranbilden im
Verbund von Betrieben und Bildungsstätten; dies nicht zuletzt, weil
so auch Abiturienten ohne Hochschulplatz für den Ingenieursberuf
gewonnen werden können. Schließlich belebt auch eine Konkurrenz der
Bildungsstätten und Bildungswege das Streben, ein Optimum zu finden
für die bedarfsorientierte Ausbildung von Ingenieuren.

<u>Schrifttum</u>

1.   NN.: Die Zeit der Technokraten ist vorbei, Persönlichkeit ist
      wieder gefragt. CAPITAL 1981, Heft 7 S. 73 ff.

2.   Springer, H.: Benutzerorientierte Betriebs- und Wartungs-
      handbücher - notwendiger denn je. Rundfunktechn. Mitteilungen
      24 (1980), Heft 2 S. 53-62

      und

      Springer, H.: User-orientated maintenance documentation.
      EBU-Review (Technical) No. 180 (April 1980) S. 3-11

3.   NN.: The design of handbooks for broadcasting-equipment - A code
      of practice. EBU-document - Technical No. 3239 (in Vorbereitung)

4.   Springer, H.: Technical Documentation 1981 (Flamstead,
      13. - 15. März 1981). Rundfunktechn. Mitteilungen 25 (1981),
      Heft 3 S. 126 -127

      und

      NN.: TECHNICAL DOKUMENTATION - Convention Records 1974, 1975,
      1978 u. 1981. The Society of Electronics and Radio Technicians,
      Faraday-House, 8-10 Charing Cross Road, London

5.   NN.: TEKOM-Nachrichten. (Zu beziehen über TEKOM, Markelstr. 34,
      7000 Stuttgart-West)

6.   NN.: Interview mit Professor Turner über Kurzstudium.
      CAPITAL 1982, Heft 4

The Impact of New Technology on Broadcasters

Hans Springer
Nürnberg

New technology has an impact on the broacasters' staff and management,
it influences not only technical personnel. Therefore training and
retraining is needed for staff of all departments in a broadcasters'
organisation: technical, production, programme etc. But the different
categories of staff need different information on the same subjects,
tailored to their different jobs and responsibilities. It is very
important to carefully analize the training needs, otherwise a
tremendous amount of training would seem to be necessary.

Not all information needed to do a special technical job (e.g. maintenance) is necessary to be learnt in formal courses. All special detail
and procedures for certain types of equipment must be presented in
user-oriented handbooks; this reduces the amount of necessary learning
and is a cost-effective means to make fault-finding and readjustments
more reliable and quicker. But the design of user-oriented handbooks
is a specialists' job, and these specialists - Technical Authors -
are presently nearly unknown in Germany. So it is an urgent need to
prepare a job-description for Technical Authors and to design and
offer training-courses.

The education of engineers at universities - this is the authors'
feeling - need a reduction as regards the knowledge of technical
details for the benefit of learning methods and "learn to learn".
Engineer-students should be encouraged during their university-studies
to collect information on their own instead of getting it presented
during a series of lectures. And group-works, case-studies and seminars
seem to be more important to form the engineers'-in-future behaviour.
And the time within an engineer's education saved by careful analysis
of the real necessary objectives must be used to shorten the education
and to make it more condensed. But within this process of concentration
the educational basis must be broadened: it has to include social and
political science, maybe psychology too, and the ability to communicate.

Das Berufsbild des Telekommunikations-Ingenieurs in den 80er Jahren – Auftrag und Verantwortung

Helmut Lohr
Stuttgart

Wenn ich meine Ausführungen mit der Feststellung beginne, daß es den Telekommunikations-Ingenieur _offiziell_ gar nicht gibt, weil weder ein fest definiertes Berufsbild noch eine allgemein anerkannte Berufsbezeichnung existieren, so sollte daraus jedoch nicht der Schluß gezogen werden, daß mein Vortrag an dieser Stelle bereits wieder zu Ende sei. Ganz im Gegenteil und gerade deshalb halte ich es für außerordentlich wichtig und dringend, daß wir uns nicht nur über den technologischen Wandel und seine Auswirkungen auf unsere Gesellschaft Gedanken machen, sondern auch die damit verbundenen Anforderungen an unsere Ingenieure der Nachrichtentechnik überdenken und neu formulieren. Tatsächlich bildet sich mit dem technologischen Wandel in der Nachrichtentechnik ein neuer Typ Ingenieur im weiten Feld seiner Disziplin heraus. Es liegt nahe, ihn entsprechend seinem Tätigkeitsfeld - der Telekommunikation - Telekommunikations- oder einfacher Telecom-Ingenieur zu nennen.

Wandel der Nachrichtentechnik schafft neue Anforderungen

Es wäre aber voreilig, nun ein neues Berufsbild für diesen Telecom-Ingenieur festschreiben oder konstruieren zu wollen. Die heute bereits entstandenen Tätigkeitsmuster, die ich Ihnen im folgenden beschreiben möchte, beruhen _nicht_ auf vorhandenen Ausbildungsmustern und auch _nicht_ auf altbewährten Berufsstrukturen; sie können es auch gar nicht. Berufsbilder haben sich seit jeher in mehreren Schritten im Spannungsfeld von technologischem Wandel/Fortschritt einerseits und Bildungsökonomie/Arbeitsmarkt andererseits entwickelt und verändert. Basisinnovationen brachten in allen Bereichen der Technik zunächst in der Praxis neue Anforderungen und Aufgaben mit sich, bevor sich diese Entwicklung in festen Ausbildungsgängen oder in genau umrissenen Berufsbildern niederschlagen konnte. Dies gilt für die Mechanisierung durch Dampfkraft ebenso wie für die Entwicklung des Automobils oder für den Einsatz der Kernenergie - und es gilt insbesondere für die Mikroelektronik.

Die Frage nach dem Berufsbild des Telecom-Ingenieurs ist deshalb eigentlich die Frage nach dem technologischen Wandel, oder genauer: Nach dem Übergang von der klassischen Nachrichtentechnik zur Telematik und den damit vorgegebenen Strukturen. Wenn wir heute sicherlich erst am Anfang eines tiefgreifenden Umbruchs stehen, so läßt sich doch erkennen, daß diese Entwicklung unseren Ingenieuren neue Aufgaben stellt, neue Ziele setzt und erweiterte Arbeitsinhalte schafft. Dieser Umbruch wird in den 80er Jahren das Berufsbild des Ingenieurs der Nachrichtentechnik von der Verantwortung bis hin zum Selbstverständnis erweitern, prägen und neu formen.

Bevor ich beschreibe, wie sich dieses Bild aus Sicht der Industrie darstellt, zunächst eine kurze Skizze, welche Entwicklung die Telekommunikation selbst vorgibt. Im nächsten Schritt möchte ich dann erläutern, welche neuen Aufgaben wir daraus ableiten können und welche Erwartungen an den Telecom-Ingenieur geknüpft sind.

Digitalisierung und Datentechnik erweitern Tätigkeitsfelder und Möglichkeiten

Noch vor wenigen Jahren war die Nachrichtentechnik innerhalb der gesamten Elektrotechnik ein im Vergleich zur jetzigen Entwicklung relativ homogenes Tätigkeits- und Anwendungsfeld. Sie stand in deutlicher Abgrenzung und im Kontrast zur Starkstromtechnik. Die Ausbildungsgänge nachrichtentechnischer Ingenieure waren gekennzeichnet durch ein weitgehend einheitliches Studium - das Berufsbild definierte sich durch vergleichsweise nur schwach differenzierte Arbeitsgebiete, die ich einmal ganz grob einteilen möchte in:

- Vermittlungstechnik
- Übertragungstechnik
- Weitverkehrstechnik (Höchstfrequenz- und Satellitentechnik)
- Datentechnik
- Endgerätetechnik

Heute fließen diese Bereiche ineinander. Digitalisierung und Mikroelektronik sind gleichartige bis identische Komponenten aller Anwendungsdisziplinen geworden.

Mit dem zunehmenden Voranschreiten der Digitalisierung, die in nahezu allen Sparten der Nachrichtentechnik Einzug hält, hat sich das Bild grundlegend gewandelt. Das Tätigkeitsfeld ist wesentlich heterogener geworden, denn mit der Dezentralisierung maschineller Intelligenz und mit dem Trend zur Integration von Sprache, Text und Daten in gemeinsame Verarbeitungs- und Übermittlungsabläufe sind vielfältige und neue Möglichkeiten der Entwicklung und Anwendung entstanden.

Die Software hat sich in den letzten Jahren zu einem wesentlichen eigenen Bereich der Telekommunikation entwickelt - man kann sagen, zu einer eigenen Systemkomponente. Im Gegensatz zu früheren Anwendungen wird die Software heute teilweise in Form festverdrahteter, d. h. festprogrammierter Logik in die Hardware integriert. Das Verständnis und die selbstverständliche Anwendbarkeit der Software prägen mitentscheidend das Bild des Telecom-Ingenieurs.

Folgende Zahlen mögen dies verdeutlichen:

Das amerikanische Marktforschungsunternehmen Frost und Sullivan gelangt in einer neuen Studie ("Distributed Data Processing in Europe") zu der Auffassung, daß die Software als Systemkomponente im Rahmen dezentraler Datenverarbeitungsvorgänge ein zunehmend größeres Gewicht erhält. Der Softwareanteil am Gesamtumsatz wird in Europa auf gegenwärtig 22 % geschätzt. 1990 soll er bereits 33 % betragen, was berechnet in US $ einem wertmäßigen Zuwachs von rund 1100 % in acht Jahren entspricht.

Es besteht heute und in Zukunft die einmalige Chance der Verbindung von Sprache, Text und Daten in gleichen oder gleichartigen

Technologien. Damit ist aber auch die Konsequenz verbunden, daß der Telecom-Ingenieur analoge wie digitale Techniken und ihre Anwendung beherrscht. Die Datentechnik stellt dabei jedoch keine Solitär- oder Spezialwissenschaft dar, sondern sie ist Bestandteil aller Anwendungsbereiche. Das Speichern und Verarbeiten von Daten in digitaler Form wird künftig Grundelement und wichtigste Komponente der Telekommunikation. Hier muß der Telecom-Ingenieur zuhause sein.

In hochtechnologischen Unternehmen der Kommunikationsindustrie sind in speziellen Arbeitsgebieten bis zu 50 % der Ingenieure in der Erstellung und Handhabung der Software gebunden. Wir beschäftigen bei SEL über das ganze Unternehmen hinweg etwa 25 % unserer Ingenieure in diesen Bereichen. In besonders softwareintensiven Arbeitsgebieten wie z. B. der digitalen Vermittlungstechnik, wo wir mit dem neuen System 12 eine möglichst flexible Software-Architektur realisieren, erreicht dieser Anteil sogar mehr als 50 %.

Wir können in der Telekommunikation heute drei große Tätigkeitsfelder erkennen, die eng miteinander verzahnt sind und deren Komponenten übergreifenden Charakter haben:

- Die <u>technologische Hardware-Komponente</u> mit dem Vorantreiben von Teilentwicklungen, insbesondere von mikroelektronischen Schaltungen, optoelektronischen Komponenten, Endgeräten, Übertragungs- und Weitverkehrstechnik.

- Die <u>technologische Software-Komponente</u> mit der Einführung und Erstellung <u>modularer</u> Softwarestrukturen; sie erhält als eigener Entwicklungsbereich zunehmend Gewicht, ist aber in ihrer Anwendung integraler Bestandteil jedes dieser Bereiche.

- Die <u>Systemkomponente</u> mit der Entwicklung nachrichtentechnischer Strukturen und Abläufe und mit der Strukturierung von System-Hardware und System-Software, wie z. B. für neue digitale Vermittlungs- und optische Nachrichtensysteme.

Durch den hohen Integrationsgrad im Hardware-Bereich besteht die Gefahr, daß Systemanteile verstärkt zum Bauelemente-Entwickler bzw. -Hersteller verlagert werden. Dadurch würde umfangreiches System-Know-How, das heute wertvollste Gut eines Systemherstellers, in von ihm nicht mehr zu kontrollierende Bahnen abfließen. Der Telecom-Ingenieur kann und muß - wie es z. B. auch in unserem Unternehmen geschieht - diesem Trend mit einer eigenen LSI-Design-Entwicklung gezielt entgegentreten.

Polarisierung der Aufgaben und Arbeitsinhalte

Welches Anforderungsprofil und welche konkreten Aufgaben können wir nun aus diesen grob skizzierten Tätigkeitsfeldern ableiten?

1. Generell läßt sich feststellen, daß durch den Wandel im Berufsbild des Telecom-Ingenieurs der Stellenwert der spezialisierten Ausbildung tendenziell abnimmt und eine breite, fundierte Ausbildung wieder stärker in den Vordergrund rückt. Diese Entwicklung ist durch eine Reihe von Einflüssen bedingt:

   - schneller technologischer Wandel mit beschleunigten Innovationsschüben,

   - rasche Veränderung der Arbeitsmethoden und

   - durch Erweiterung der technischen Möglichkeiten neue Anwendungs- und damit auch neue Tätigkeitsgebiete.

Wir erleben bereits jetzt, daß diese Einflüsse ein mehrmaliges und in Zukunft vielleicht sogar ständiges Weiter- und Umlernen im Beruf zur Folge haben. Natürlich wird deshalb Berufserfahrung nicht zweitrangig, aber es wird in besonderem Maße darauf ankommen, Lernbereitschaft zu wecken für neue Technologien und für die Erschließung neuer Anwendungsgebiete. Dies kann nur aufbauen auf einer intensiven Grundausbildung.

2. Die konkrete Zuordnung einzelner Arbeitsinhalte zum Berufsbild
   des Telecom-Ingenieurs ist relativ unscharf - sie muß es
   zwangsläufig sein! Die Anwendungs- und Entwicklungsbreite
   erfordert ein großes Spektrum an Kern-, Rand- und Mischberufen. Ich möchte deshalb dringend empfehlen, daß sich der
   Telecom-Ingenieur <u>in einem der Kernarbeitsgebiete der Telekommunikation spezialisiert,</u> z. B. in der Entwicklung von
   VLSI-Schaltkreisen oder in der Glasfasertechnik. Die Spezialisierung sollte jedoch nicht ausschließlich produktorien-
   tiert, sondern im Hinblick auf die in der Telekommunikation
   immer mehr an Bedeutung gewinnenden Systemlösungen vor allem
   methodenorientiert sein.

3. Ganz wichtig erscheint mir aber, daß er über die Beherrschung
   seines Spezialgebiets hinaus die Fähigkeit entwickelt, der
   <u>"Generalist unter den Spezialisten"</u> zu sein. Der Telecom-Ingenieur muß die Kerngebiete der Telekommunikation in ihren
   Grundlagen beherrschen und miteinander kombinieren können. Das
   Bestimmende in seiner Tätigkeit ist die Kombination aus Soft-
   ware- und Hardware-Technologie und Systemdenken. Diese Anforderungen wird er optimal sicherlich nur durch gegenseitige
   Unterstützung in einem Team bewältigen können. Ein solches
   Team muß in der Lage sein, das Zusammenspiel unterschiedlicher
   technologischer Teilentwicklungen zu erkennen, zu strukturieren und als Ganzes in nachrichtentechnische Systeme umzusetzen. Dazu darf der Telecom-Ingenieur nicht nur Analytiker
   und Spezialist, sondern er muß vor allem System-Architekt in
   einem sehr heterogenen Feld von Teilentwicklungen sein und die
   <u>Fähigkeit zur Teamarbeit</u> und zum Teamgeist mitbringen.

4. Ein weiterer wesentlicher Bestandteil seiner Arbeit - ich habe
   es bereits deutlich gemacht - ist die Handhabung und Anwendung
   der Software. Hier wurde bereits der Begriff des <u>"Software-
   Engineering"</u> geprägt, der den Sachverhalt treffend beschreibt.
   Denn im Unterschied zum Programmierer wird vom Telecom-Ingenieur erwartet, daß er die Software in Produkt- und System-
   technologien integriert - quasi eine Synthese herstellt, um
   eine verbreiterte Anwendung digitaltechnischer Prinzipien zu
   schaffen.

Moderne Informations- und Kommunikationssysteme weisen einen derart hohen Grad an Komplexität auf, daß wir flexible modulare Software-Strukturen entwickeln müssen. Ich sehe hier vom Prinzip her die Chance, so universell zu entwickeln, daß wir auch dann ohne grundsätzliche Änderung unserer Software- und Systemstrukturen verfahren können, wenn die Integrationsdichte der Bauelemente weiter voranschreitet. Hierfür gibt es bei uns einen neudeutschen Begriff: "Aufwärtskompatibel entwickeln".

5. Eine große Aufgabe wird in Zukunft die verstärkte Anwenderorientierung sein. Der Telecom-Ingenieur nimmt hier die Rolle eines Mittlers und Beraters zwischen Hersteller und Anwender ein - gewissermaßen eine Consulting-Funktion, indem er Interessen und Probleme der Anwender stärker in die Entwicklung miteinbezieht und kundenoptimale Lösungen, meist umfassende Systemlösungen, erarbeitet.

Allerdings setzen die unterschiedlichen Anwenderbereiche ein hohes Maß an Flexibilität und oft auch die Berücksichtigung nichttechnischer Zusammenhänge voraus. So können z. B. im geschäftlichen Bereich bei der Auslegung eines dezentralen Bürosystems Kostengesichtspunkte oder ergonomische Prinzipien im Vordergrund stehen, während im öffentlichen Bereich z. B. bei der Konzeption von Netzstrukturen die Integrationsfähigkeit vorhandener und neuer Dienste entscheidend sein kann. Im privaten Bereich wiederum kann die Benutzerfreundlichkeit z. B. bei multifunktionalen Terminals ein wichtiges Kriterium sein.

6. Neben dieser mehr extern orientierten Aufgabe wird aber auch die interne Verantwortung wachsen. Hinter der beinahe trivialen Feststellung, daß nicht alles, was technisch machbar ist, ökonomisch sinnvoll erscheint, verbirgt sich jedoch ein Aspekt, den ich im Hinblick auf unser Thema für äußerst wichtig halte - nämlich, daß es einer unternehmerischen Beurteilung bedarf, welche Technologie zu welchem Zeitpunkt nach ökonomischen Kriterien Erfolg verspricht.

D. h., die Entscheidung darüber,

- ob überhaupt und wann ein Unternehmen in die Entwicklung
  kostenintensiver neuer Technologien einsteigt,
- zu welchem Zeitpunkt die Durchsetzung am Markt erfolgen
  soll,
- unter welchen Bedingungen die Entwicklung eines Kunden-LSI
  oder wann die eines Standard-LSI sinnvoll ist,

rückt stärker in den Aufgaben- und Verantwortungsbereich des
Telecom-Ingenieurs. Dies erfordert eine marktorientierte
Arbeitsweise und vor allem eine vorausschauende Einschätzung
der Kostentrends von Produkten und Bauteilen sowie künftiger
technologischer Entwicklungslinien.

<u>Welche Rolle nimmt der Telecom-Ingenieur in der Gesellschaft ein?</u>

Das Berufsbild des Telecom-Ingenieurs wird aber nicht nur durch
technisch-ökonomische, sondern zunehmend auch durch gesellschaftliche und ethische Problemstellungen geprägt. Die neuen kommunikationstechnischen Systeme und Dienste sensibilisieren die Öffentlichkeit heute stärker für die Arbeit des Ingenieurs. Zu Recht,
wie ich meine, denn die neuen Technologien haben in der Tat weitreichende Auswirkungen auf unser Zusammenleben. Seine früher rein
technisch ausgelegte Verantwortung muß der Telecom-Ingenieur heute
im Grundsatz um gesellschaftliche und auch gesellschaftsverän-
dernde Aufgaben erweitern.

Damit verbunden ist ein neues Selbstverständnis. Er darf sich
nicht verstehen als passiver Entwickler vornehmlich einzelner
Produkte nach vorgegebenen Aufgabenkategorien, sondern er muß sich
in erster Linie begreifen als

- aktiver Gestalter einer neuen, kommunikationsorientierten Welt
  und als

- schöpferischer, innovativer Gestalter von Systemen und Diensten, die aus der Integration von Sprache, Text und Daten und
  deren vielfältigen Produktspektren entstehen.

Die Telekommunikation besitzt ein erhebliches Wachstums- und Innovationspotential, das der Telecom-Ingenieur zur Verbesserung gesellschaftlichen und sozialen Lebens nutzen muß, mit dem er sogar gesellschaftliche Entwicklungen induzieren kann. Mit diesem neuen Rollenverständnis ist eine hohe Verantwortung, aber auch eine Aufwertung des gesamten Berufsbildes verbunden.

Allerdings glaube ich, daß dieses Berufsbild einer größeren Akzeptanz in unserer Bevölkerung bedarf, und dies setzt voraus, daß wir eine positive, bejahende Einstellung zur Technik und zum technischen Fortschritt zurückgewinnen. Technik muß sachlich in ihren Risiken, aber auch in ihren enormen Chancen und Vorteilen, wie sie gerade in der Telekommunikation vorhanden sind, erörtert werden. In Abwandlung eines bekannten Zitats könnte man auch sagen: Es sollte nicht der technische Fortschritt sein, der uns bange macht, sondern bisweilen eher unser menschlicher Stillstand.

Wir müssen insbesondere der jungen Generation glaubhaft machen, daß sich technischer Fortschritt in Verantwortung für die Gestaltung sozialer und humanitärer Entwicklung vollzieht. Daran werden die Telecom-Ingenieure in Zukunft einen größeren und wichtigen Anteil haben.

Konsequenzen für die Bildungspolitik

Die Telekommunikation bietet unseren Ingenieuren ein attraktives Berufsfeld mit hoher Eigenverantwortlichkeit, Verantwortung für ihre Mitmenschen und weitgehend selbständiger Arbeitsweise. Junge Menschen werden diese Verantwortung aber nur dann erfolgreich übernehmen können, wenn sie in ihrer Ausbildung gezielt darauf vorbereitet werden. Gerade in der Ingenieur-Ausbildung mußte die Industrie in den letzten Jahren jedoch immer wieder auf teilweise erhebliche Qualifikationsdefizite hinweisen, die auch mit großen Anstrengungen in der betriebsinternen Aus- und Weiterbildung nur unzureichend aufgefangen werden können. Ich halte es deshalb für außerordentlich wichtig, daß die neuen Aufgabenfelder eine stärkere Resonanz in unserem Bildungssystem finden.

Folgende Grundanforderungen sollten an die Ausbildung des Telecom-Ingenieurs gestellt werden:

- Die Vielfalt der Aufgaben verbietet eine Gleichsetzung von Studieninhalt und Berufsanforderung. Anzustreben ist deshalb eine Verbesserung des Grundlagenstudiums, und zwar mehr zeitraum- als zeitpunktbezogen.

- Hauptaufgabe muß die Vermittlung spezifischer Telecom-Qualifikationen sein. Darüber hinaus ist aber ein höherer Anteil berufsübergreifender, nicht-technischer Fächer wünschenswert.

- Viele Ingenieure mit Berufserfahrung plädieren für eine Intensivierung des Praxisbezugs, z. B. durch eine entsprechende Einbindung von Industriepraktika in die Ausbildung.

- Um das Berufsbild zu fördern, müssen auch die Gymnasien ein stärkeres Gewicht auf technisch-naturwissenschaftliche Lehrinhalte legen, und zwar in der Form, daß in der Oberstufe ein Minimum an naturwissenschaftlichen Fächern nicht abwählbar ist. Ansätze dazu sind in verschiedenen Bundesländern bereits vorhanden.

Wenn wir in unserer Gesellschaft, die ihren Wohlstand weitgehend auf einer leistungsfähigen Technik aufbaut, die Vermittlung und Förderung technischen Wissens hint' anstellen, so sehe ich darin einen unvertretbaren Widerspruch. Die Beseitigung dieses Widerspruchs scheint mir eine der wesentlichsten Voraussetzungen dafür zu sein, daß wir die Aufgaben, die uns die Telekommunikation in den nächsten Jahrzehnten stellt, mit Erfolg bewältigen.

Ich möchte mit einem Wort von Manfred Rommel aus seinem Buch "Abschied vom Schlaraffenland" schließen: "Der Mensch steht nicht vor der Wahl, von immer weniger immer mehr zu wissen oder von immer mehr immer weniger zu wissen, also einem Generalisten- oder Spezialistentum zu huldigen, das zum Grenzwert Null tendiert, was den Bildungsgehalt anbelangt, sondern die Wahrheit liegt - wie die Menschheit seit Aristoteles weiß - in der Mitte."

The Role of the Telecommunications Engineer in the Eighties
– Tasks and Responsibilities

Helmut Lohr
Stuttgart

Technological change in the telecommunications defines new goals and tasks for the engineer, demands higher levels of qualification and enhances his job content.

With the rapid growth of data engineering, the field of telecommunications, which was relatively clear-cut only a few years ago, has grown considerably more complex. The accelerating trend towards digitalization and the integration of voice, text and data to combined systems have resulted in numerous new opportunities for development and application. Parallel to this, both the proportion and influence of software as an independent system component have increased significantly.

The telecom engineer's work is today characterized by the second-nature handling and application of software. He is expected to integrate software in product and system technologies in order to apply the principles of digital engineering as broadly as possible.

He must be able to recognise the interplay of various products and technologies, to structure them and create systems from them. Above all, he must act as a systems architect, working on the development of a wide range of subsystems. It is decisive that he employ a combination of software, system and technological thinking.

Great importance is attached to customer-oriented innovation. The widely varying applications in business, private and public sectors call for flexible solutions tailored to the individual customer and system requirements. This demands greater consideration of user interests during the development process.

Increasingly, the telecom engineer is being required to make management decisions. The multitude of developments and ever shorter innovation cycles demand a market-oriented approach, anticipating future cost and technological trends.

The former purely technical responsibility of the engineer is being supplemented by social functions. The telecommunications engineer must see his role as an actively creative designer in a new communication-oriented world. It is his task to utilize the growth and innovation potential of telecommunications to improve the quality of our society. Coupled with this new role is an enhancement of his profession.

Die Aufgaben der Fernmeldeingenieure bei der Deutschen Bundespost

Ronald Dingeldey
Darmstadt

1. Einleitung

Die Deutsche Bundespost (DBP) beschäftigt heute rd. 20 500 Ingenieure.
Die meisten davon, nämlich rd. 16 300, sind Fernmeldeingenieure /1/.
Entsprechend dem Thema dieses Kongresses und dem Titel des Vortrages
beziehen sich die folgenden Ausführungen nur auf die Ingenieure im
fernmeldetechnischen Dienst der DBP.
Der größte Teil der bei der DBP beschäftigten Fernmeldeingenieure,
nämlich rd. 15 200, sind Beamte der gehobenen Laufbahn; zum weitaus
geringeren Teil, rd. 1 100, gehören sie der höheren Laufbahn an.
Die Zahl der Fernmeldeingenieure im Angestelltenverhältnis ist sehr
gering. Zusammen genommen bilden die Ingenieure einen Anteil von etwa
7% an dem Personal, das im Fernmeldewesen der DBP eingesetzt ist. Die
Ingenieure im höheren Dienst, für sich allein genommen, stellen einen Anteil von nur etwa 0,6% an dem Personal des Fernmeldewesens dar.
Dies entspricht auch etwa dem Anteil des gesamten höheren Dienstes am
Gesamtpersonal der DBP /2/.

2. Laufbahnen für Fernmeldeingenieure

Die Merkmale der fernmeldetechnischen Laufbahnen bei der DBP im gehobenen und höheren Dienst sind, wie die Merkmale aller anderen Laufbahnen auch, in der Bundeslaufbahnverordnung festgelegt /3/.

2.1 Höherer fernmeldetechnischer Dienst

Bewerber für den höheren fernmeldetechnischen Dienst müssen nach einem Studium mit nachrichtentechnischem Schwerpunkt die Diplomprüfung
an einer Universität abgelegt haben. Sie haben als Postreferendare
einen Vorbereitungsdienst von in der Regel 18 Monaten abzuleisten.
Dabei lernen sie die Dienststellen der Fernmeldeämter und Oberpostdirektionen kennen und besuchen einen Verwaltungs- und einen technischen Lehrgang von je 10 Wochen Dauer.

Der Vorbereitungsdienst schließt ab mit der Großen Staatsprüfung vor
einem Prüfungsrat aus höheren Beamten des Bundespostministeriums und
mit der Ernennung zum Bauassessor.
Bauassessoren werden als Posträte zur Anstellung eingestellt und in
der Regel als Abteilungsleiter bei Fernmeldeämtern oder Referenten
beim Fernmeldetechnischen Zentralamt (FTZ) eingesetzt. Nach einer
Probezeit, die je nach Prüfungsergebnis eineinhalb bis drei Jahre
dauert, werden die Beamten als Posträte planmäßig angestellt.
Eine ganze Reihe von Beamten der höheren Laufbahn sind aus der gehobenen Laufbahn aufgestiegen. Für den Aufstieg gelten, je nach Alter
der Aufstiegsbewerber, unterschiedliche Bestimmungen.

Einige Jahre nach der Ernennung zum P$_0$strat – je nach gezeigten
Leistungen früher oder später – folgt die Beförderung zum Postoberrat.
Weitere Beförderungen setzen den Wechsel auf einen Dienstposten höherer Bewertung voraus. Solche Dienstposten werden im Amtsblatt des Bundespostministeriums ausgeschrieben. Die Auswahl unter den Bewerbern
geschieht nach Eignung, Befähigung, nachgewiesenen Kenntnissen und
gezeigten Leistungen.

2.2 Gehobener fernmeldetechnischer Dienst

Von den Bewerbern für den gehobenen fernmeldetechnischen Dienst wird
das Abschlußzeugnis einer anerkannten technischen Fachhochschule nach
einem Studium mit nachrichtentechnischem Schwerpunkt verlangt. Der
Vorbereitungsdienst dauert in der Regel ein Jahr und soll dem jungen
Ingenieur einen Überblick über die Dienste und Aufgaben der DBP, ihre
Aufbau- und Ablauforganisation und Verständnis für die Zusammenhänge
von Technik und Verwaltung vermitteln. Der Vorbereitungsdienst schließt
mit der Laufbahnprüfung ab.
Danach wird der Ingenieur als Technischer Fernmeldeoberinspektor zur
Anstellung im Beamtenverhältnis auf Probe eingestellt und ein Jahr
lang in gelenkter Beschäftigung in seine zukünftigen Aufgaben eingeführt. In dieser Zeit soll er u.a. auch an einem REFA-Lehrgang teilnehmen und möglichst den REFA-Schein erwerben /4/. Je nach Prüfungsergebnis und Bewährung endet die Probezeit nach eineinhalb bis zwei-
einhalb Jahren mit der festen Anstellung des Beamten als Technischer
Fernmeldeoberinspektor.
In der Regel sind die Dienstposten des gehobenen Dienstes, ebenso wie
die des höheren Dienstes, fest bewertet, d.h. jeder Dienstposten ist
entsprechend dem Schwierigkeitsgrad und dem Maß an Verantwortung einer
bestimmten Besoldungsgruppe zugeordnet. Auch diese Dienstposten werden,

ebenso wie im höheren Dienst, auf dem Wege der Ausschreibung besetzt.
Lediglich beim FTZ und beim BPM sind, von relativ wenigen Ausnahmen
abgesehen, die Dienstposten des gehobenen Dienstes nicht einer Besoldungsgruppe fest zugeordnet. Der Inhaber eines solchen Dienstpostens
kann befördert werden, ohne dazu den Dienstposten wechseln zu müssen.
Damit soll erreicht werden, daß das Spezialwissen und die Erfahrung,
die der Bearbeiter eines Sachgebietes erworben hat und zur erfolgreichen Erfüllung seiner Aufgaben braucht, nicht verloren gehen bei einer Beförderung, auf die der Beamte zwar keinen Rechtsanspruch hat,
wohl aber einen Anspruch aus der Fürsorgepflicht des Dienstherrn.
Denn die Möglichkeiten des beruflichen Fortkommens bei den Fernmeldeämtern und bei den zentralen Behörden der DBP sollten in etwa aufeinander abgestimmt sein.
Für besonders leistungsfähige und einsatzwillige Angehörige des gehobenen Dienstes ist der Aufstieg in die höhere Laufbahn möglich, wie
bereits erwähnt wurde. Dazu gibt es je nach Lebensalter der Aufstiegsbewerber unterschiedliche Voraussetzungen und Verfahren.

2.3 Berufliche Fortbildung

Wie später noch dargelegt werden wird, beschränken sich die Aufgaben
der Fernmeldeingenieure bei der DBP nicht auf den rein technischen
Bereich. Zur Fortbildung auf nicht fachspezifischen Gebieten wie
Wirtschaftslehre, Marketing, Planung, Organisation, Datenverarbeitung,
aber auch politische Bildung bietet die Führungsakademie der DBP Seminare und Lehrgänge an, von denen einige für die jüngeren Beamten
sogar obligatorisch sind /5/.
Fortbildungsmöglichkeiten in technischen und technisch-betrieblichen
Themen für die Fernmeldeingenieure bietet im wesentlichen das FTZ
durch zahlreiche zentrale und dezentrale Lehrgänge. Die Zahl der Lehr-
gänge und der Lehrgangsteilnehmer wächst ständig, bedingt durch die
Notwendigkeit, das Wissen über neue Technologien, neue technische
Systeme und die dafür benötigten Planungs- und Betriebsverfahren zeit-
gerecht und in der nötigen Tiefe zu vermitteln.
Durch Nutzung der verschiedenen Fortbildungsmöglichkeiten - auch
Sprachkurse sollte man nicht vergessen zu erwähnen - kann der Beamte
Kenntnisse und Fähigkeiten erwerben, die ihn für die Übernahme höher
bewerteter Dienstposten qualifizieren.

3. Die Fachhochschulen der DBP

Wie schon erwähnt wurde, ist die Abschlußprüfung einer staatlich anerkannten Fachhochschule eine Voraussetzung für die Einstellung in den
gehobenen technischen Dienst. In diesem Zusammenhang müssen die beiden Fachhochschulen der DBP in Berlin und in Dieburg erwähnt werden.
Die Geschichte ihrer Entstehung ist unterschiedlich, ihre Funktion
ist heute die gleiche.
In Berlin eröffnete im Herbst 1945 der Magistrat in den Gebäuden des
ehemaligen Reichspostzentralamtes eine Ingenieurschule der Fachrichtung Elektrotechnik, dabei fußend auf der alten Tradition der zentralen Ausbildung fernmeldetechnischer Führungskräfte in Berlin.
Im Jahre 1954 übernahm die DBP die Schule in eigene Regie, und 1972
wurde daraus die Fachhochschule der DBP Berlin, die den Hochschulge-
setzen des Landes Berlin unterworfen ist und der der zuständige Berliner Senator die Eigenschaft einer Körperschaft des öffentlichen
Rechtes verliehen hat /7/. Der Lehrkörper umfaßt z.Z. 25 hauptberufliche Hochschullehrer und 19 Lehrbeauftragte /6/. Der Grund für das
fortdauernde Engagement der DBP für die heutige Fachhochschule der
DBP Berlin war zweifellos nicht in erster Linie in der Traditions-
pflege zu suchen. Vielmehr mußte die DBP angesichts des großen Bedarfs an Ingenieuren in allen Bereichen der Wirtschaft ihre Position
im Wettbewerb um den Ingenieurnachwuchs stärken, und ein Mittel dazu
war eben die Weiterführung der Berliner Ingenieurschule durch die DBP.
Aus den gleichen Überlegungen heraus und mit demselben Ziel gründete
die DBP im Jahre 1968 die Ingenieurakademie der DBP Dieburg. Im Jahre
1971 wurde daraus eine staatlich anerkannte Fachhochschule nach dem
Gesetz über die Fachhochschulen im Lande Hessen /8/. Die Zahl der Studenten beträgt z.Z. 850, die Zahl der hauptamtlichen Hochschullehrer 54.
Die beiden Fachhochschulen der DBP sind für jedermann offen, sofern
er die Zulassungsvoraussetzungen erfüllt, und ihre Studenten sind,
sofern sie sich nicht durch Studienförderungsverträge gebunden haben,
nicht verpflichtet, später in den Dienst der DBP zu treten. Ebenso-
wenig gibt die DBP eine Zusage, alle Absolventen in den Vorbereitungsdienst zu übernehmen.
Natürlich sind die Studienpläne und die Schwerpunkte der Lehre auf
die Anforderungen der DBP ausgerichtet, decken aber entsprechend dem
außerordentlich breiten Aufgabenspektrum der Ingenieure bei der DBP
auch alle Anforderungen ab, die in der Wirtschaft an einen jungen
Ingenieur gestellt werden.

4. Die Aufgaben der Fernmeldeingenieure bei der DBP

4.1 Ingenieuraufgaben bei den Fernmeldeämtern

Etwa drei Viertel der Ingenieure im gehobenen fernmeldetechnischen
Dienst und etwa ein Drittel der Ingenieure im höheren fernmeldetechnischen Dienst sind bei den 108 Fernmeldeämtern und den 15 Fernmelde-
zeugämtern beschäftigt. Ein durchschnittliches Fernmeldeamt erwirt-
schaftete im letzten Jahr rd. 236,5 Mio. DM an Erträgen, investierte
knapp 100 Mio. DM, hat u.a. über 200 000 Fernsprechteilnehmer und erledigt die damit zusammenhängenden Aufgaben mit einem Personal von
rd. 1 400 Köpfen. Ein Fernmeldeamt ist je nach Größe in bis zu sieben
Abteilungen, diese sind wiederum in Stellen gegliedert.
Der Vorsteher eines Fernmeldeamtes ist immer ein Ingenieur im höheren fernmeldetechnischen Dienst. Die Leiter der technischen Abteilungen für Vermittlungs-, Übertragungs- und Linientechnik sowie die Stellenvorsteher in diesen Abteilungen sind Ingenieure, wobei die Abteilungsleiter dem höheren oder gehobenen, die Stellenvorsteher ausschließlich dem gehobenen Dienst angehören. Die Abteilungsleiter für
Teilnehmerdienste und für Haushalt sind oft auch Ingenieure. In den
Stellen mit schwierigen technischen Aufgaben findet man auch Ingenieure als Sachbearbeiter.
Die Aufgabe der Ingenieure bei einem Fernmeldeamt ist zunächst die
Planung des Netzes und der fernmeldetechnischen Einrichtungen und
Geräte. Dazu muß die Entwicklung der Nachfrage nach Fernmeldedienst-
leistungen, in erster Linie nach Fernsprechhauptanschlüssen, für den
Bereich des Fernmeldeamtes prognostiziert werden. Diese Prognose muß
aber herunter bis auf den einzelnen Häuserblock detailliert werden
und muß neben der Zahl auch die Struktur der Hauptanschlüsse auswei-
sen, also angeben, ob Privat- oder Geschäftsanschlüsse erwartet werden.
Ohne solche ziemlich differenzierten Aussagen können die technischen
Anlagen nicht geplant werden. Zur Planung gehört die Festlegung der
Schaltpunkte im Netz, d.h. die geografische Lage der Vermittlungsstellen und der Kabelverzweiger, die Bemessung der Netzkomponenten und
nicht zuletzt die Auskundung und Festlegung der Kabeltrassen.
In Verbindung mit der Größenordnung der Investitionen, die bereits
genannt wurde, wird deutlich, wie groß die Verantwortung ist, die auf
diesen Beamten ruht, denn Fehler und Ungeschicklichkeiten in der Planung können leicht unnötige Kosten in Millionenhöhe und erheblichen
Ärger in der Öffentlichkeit verursachen.

Die Planungen der Fernmeldeämter können sich nicht immer ausschließlich nach dem vorhergesagten Bedarf richten, sondern müssen dem jeweils für ein Jahr vorgegebenen Investitionsvolumen angepaßt werden.
Dieses wird letzten Endes vom Bundespostministerium festgelegt und
richtet sich nach einer Reihe übergeordneter Gesichtspunkte.
Nach der Genehmigung der Planung und Zuweisung der Haushaltsmittel
kommt die Auftragsvergabe an Unternehmer und Lieferfirmen, die Überwachung der Auftragsabwicklung, schließlich Abnahme und Abrechnung.
Bei diesen Aufgaben sind Ingenieure überwiegend führend tätig, nur in
schwierigen Fällen ausführend. Gleiches gilt für das Betreiben der
technischen Einrichtungen.
Jedoch, mit der Zunahme komplizierter Technik, zu deren Verständnis
auch die Kenntnis der theoretischen Grundlagen gehört, geht der steigende Einsatz von Ingenieuren für ausführende Aufgaben einher. Das war
so, als beginnend in den fünfziger Jahren die Trägerfrequenztechnik
und die Richtfunktechnik in großem Umfang eingesetzt wurden, und das
gilt erst recht heute, wo rechnergesteuerte Vermittlungs-, Schalt-
und Netzüberwachungseinrichtungen überall im Netz eingeführt werden.
Diese Tendenz wird sich noch verstärken mit der Einführung der Digitaltechnik im Ortsnetz, dem Aufbau von Breitbandkommunikationssystemen
auf Kupfer- oder Glasfaserkabeln, dem Einsatz von Satelliten im nationalen Fernmeldenetz und den anderen Entwicklungen, die z.T. schon vor
der Tür stehen. Bei all diesen Systemen sind - im Verhältnis zur
herkömmlichen Technik - sehr viel anspruchsvollere Verfahren anzuwenden, um das ordnungsgemäße Funktionieren festzustellen oder der Ursache von Störungen auf den Grund zu gehen.
Das Angebot neuer Fernmeldedienste, die mit Hilfe der modernen Technologien realisiert werden können, bringt für die Ingenieure bei den
Fernmeldeämtern eine starke Ausweitung der Aufgabe "Kundenberatung"
und "Unterrichtung der Öffentlichkeit" mit sich. Die hiermit befaßten
Kräfte müssen, wie die Vertriebsingenieure in verwandten Branchen
auch, nicht nur das Angebot der eigenen Dienstleistungen kennen, sondern auch die bei den Kunden zu lösenden Aufgaben verstehen, damit
ihre Beratung sinnvoll sein kann. Die technischen Betriebsdienststel-
len, insbesondere bei den Datenübertragungsnetzen, sind ebenfalls
zunehmend darauf angewiesen, die Anwendungen der Kunden zu verstehen,
um im Störungsfall das aufgetretene Problem zu begreifen und die
zweckentsprechenden Maßnahmen einleiten zu können. Die Beziehungen
zwischen technischen Störgrößen, den bei der Übertragung angewandten
Prozeduren und den Auswirkungen auf den Betrieb beim Kunden sind ganz

andere als bei den herkömmlichen analogen Fernmeldediensten. Auch auf
diesem Gebiet fallen also mehr Ingenieuraufgaben an als früher.
Die genannten typischen Aufgabengebiete mögen genügen, um deutlich zu
machen, wie vielfältig und verantwortungsvoll die Aufgaben der Fernmeldeingenieure bei den Fernmeldeämtern sind. Dazu muß man aber noch
die Aufgaben nennen, die nicht bei allen,sondern nur bei einigen
Fernmeldeämtern anfallen, wie Planung, Aufbau und Betrieb von Rund-
funk-, Übersee- und Küstenfunkstellen, Auslandsvermittlungsstellen,
Satelliten-Erdefunkstellen, Funkkontrollmeßstellen, um nur einige an-
zuführen, und - last not least - muß man auch die Logistik für das
Fernmeldewesen erwähnen, für die die Fernmeldezeugämter sorgen.

4.2 Zentrale Ingenieuraufgaben

Aus Gründen der rationellen Aufgabenerfüllung und aus der Verpflich-
tung, überall in der Bundesrepublik die Fernmeldedienstleistungen
in gleicher Art und Qualität und zu gleichen Bedingungen anzubieten,
müssen an zentraler Stelle Richtlinien für Planung, Aufbau und Betrieb
der technischen Einrichtungen und für die Aufbau- und Ablauforganisation der operativen Dienststellen erarbeitet werden. Diese und einige
weitere, zweckmäßig zentral zu erledigende Aufgaben für das Fernmeldewesen obliegen dem Fernmeldetechnischen Zentralamt (FTZ). (Am 1. Juli
1982 gehen die Aufgaben der Zulassung von Geräten für den Anschluß
an das Fernmeldenetz vom FTZ auf ein neues Zentralamt für Zulassungen
im Fernmeldewesen (ZZF) in Saarbrücken über.) Das FTZ, eine zentrale
Mittelbehörde der DBP, untersteht wie die regionalen Mittelbehörden,
die Oberpostdirektionen, dem Bundespostministerium und arbeitet in
dessen Auftrag ohne direkte Weisungsbefugnis gegenüber den Oberpostdirektionen und Fernmeldeämtern.
Beim Fernmeldetechnischen Zentralamt gibt es Arbeitsplätze für rund
900 Ingenieure im gehobenen Dienst und für rund 400 Ingenieure im
höheren Dienst einschließlich vergleichbarer Angestellten.
Das Fernmeldetechnische Zentralamt ist eine Einrichtung mit einer sehr
alten Tradition, dessen Aufgaben, wenn man sie allgemein formuliert,
seit langer Zeit fast unverändert bestehen. Tatsächlich aber haben
sich die Aufgabeninhalte der dort tätigen Ingenieure infolge der
technologischen Veränderungen und auch infolge der Veränderungen im
Aufgaben- und Selbstverständnis der DBP verschoben. Um sich das klar
zu machen, muß man, wenigstens ganz kurz, die Entwicklung im Fernmeldewesen skizzieren.
Vom Beginn des Fernmeldewesens an gab es im Grundsatz nie Zweifel,
daß der Einsatz neuer, leistungsfähigerer technischer Möglichkeiten

willkommen sein würde, um dem immer bestehenden Bedürfnis der Menschen,
Informationen schnell über große Entfernungen hinweg zu übermitteln
und zu empfangen, entgegenzukommen. So entwickelte sich die Telegrafie
von einem militärischen Nachrichtenmittel zum weltumspannenden Dienst,
hauptsächlich für die Wirtschaft, so entwickelte sich das Telefon von
einem Hilfsmittel der Telegrafie zum eigenständigen Kommunikationsmittel der gesamten Bevölkerung, und so ähnlich war es auch mit dem Funk.

Anfang der siebziger Jahre kamen erstmals Zweifel auf, in welcher Weise das Fernmeldenetz technisch weiter ausgebaut werden solle und welche Kommunikationsformen nicht nur wirtschaftlich sinnvoll, sondern
auch gesellschaftlich sinnvoll seien. Dies waren Themen, mit denen
sich die KtK zu beschäftigen hatte, und sie zeigen, daß ein Wandel
in der Einstellung zum Fortschritt auch auf dem Gebiet des Fernmeldewesens eingetreten war.
Im Selbstverständnis der DBP korrespondiert damit der Wandel von einer
Verwaltung, d.h. einer behördlichen Organisation, die ein technisches
System zu betreiben, in gutem Zustand zu erhalten und dem Bedarf entsprechend auszubauen hat, zu einem öffentlichen Unternehmen, das sich
an Kundenwünschen orientiert und sich im Markt der Informationsübermittlung behaupten muß. Dieser Markt ist dadurch gekennzeichnet, daß
die Grenzen zwischen Informationsübermittlung und Informationsverarbeitung unscharf geworden und demgemäß umstritten sind und daß die
Informationsübermittlung mittels Wellen in einen Substitutionswettbe-
werb eintritt mit der körperlichen und personellen Informationsübermittlung, mit anderen Worten, daß durch neue Fernmeldedienste der
Transport beschriebenen Papiers und in gewissem Umfang auch Geschäfts-
reisen substituiert werden können. Als weiteres Merkmal kommt hinzu,
daß sich die Sättigung des Bedarfs an herkömmlichen Fernmeldediensten,
in erster Linie beim Telefon, bereits abzuzeichnen beginnt. Infolge-
dessen wird der Umfang der Lieferungen für die technischen Großsyste-
me des Fernmeldewesens an die DBP zurückgehen, und die deutsche Fernmeldeindustrie muß nach Möglichkeiten eines Ausgleichs dafür auf den
Exportmärkten suchen.
Die Ingenieure im FTZ, die die Anforderungen der DBP an neue Systeme
zu definieren haben, müssen als Konsequenz aus der skizzierten Entwicklung zwar einerseits dafür sorgen, daß die Belange der DBP gewahrt werden, andererseits den Entwicklern der Industrie aber so viel
Gestaltungsfreiheit lassen, daß in deren Verantwortung Einrichtungen
und Geräte entstehen, die auf dem Weltmarkt konkurrenzfähig sind.
Hier können Kompromisse nötig werden, wofür der grundsätzliche Ver-

zicht der DBP auf die in der Vergangenheit bis in die Gegenwart viel-
fach bewährte Einheitstechnik ein Beispiel ist. Der einzelne Ingenieur
muß solche allgemeinen Leitgedanken in die konkrete Gestaltung der
technischen Anforderungen umsetzen.
Die unscharf gewordenen Grenzen zwischen Informationsübermittlung und
Informationsverarbeitung, insbesondere die Kombination von beidem
– Stichwort "Telematik" – und die erwähnte Substitutionskonkurrenz zu
nicht-elektromagnetischen Formen der Informationsübermittlung führen
dazu, daß Firmen, die nicht zur Fernmeldeindustrie im herkömmlichen
Sinn gehören, zunehmend als Anbieter von Fernmeldesystemen auftreten.
Solche Anbieter können und dürfen vom Markt nicht ausgeschlossen werden. Da ihnen weitgehend die detaillierten Kenntnisse der im Betrieb
befindlichen Fernmeldesysteme fehlen, müssen bei den Anforderungen an
neue Systeme die Schnittstellen zu den bestehenden Systemen in einem
Detaillierungsgrad beschrieben werden, wie das bisher, als der Kreis
der Fernmeldefirmen ziemlich konstant und begrenzt war, nicht notwendig gewesen ist. Die Ingenieure des FTZ müssen heute also noch viel
stärker als seither das innere Funktionieren der von der Industrie
entwickelten und gelieferten Fernmeldesysteme verstehen, damit nicht
durch zu starke Abhängigkeit vom technischen Detailwissen der Lieferanten der bestehenden Systeme die Bewegungsfreiheit der Post am
Markt unzulässig eingeschränkt wird.
Bei modernen technischen Systemen, geprägt durch hochintegrierte
Halbleitertechnik und Software, können Qualität und Zuverlässigkeit
nicht mehr, wie noch bei den meisten Geräten der herkömmlichen Technik, durch einfache Prüfungen und Augenschein beurteilt werden. Andererseits muß die DBP angesichts ihrer Verantwortung für die Güte
und Zuverlässigkeit der von ihr angebotenen Fernmeldedienste Gewiß-
heit über die Qualität der eingekauften Geräte haben. Die Ingenieure
des FTZ müssen sich also mit den modernen Methoden der Qualitätssicherung vertraut machen und von den Lieferanten den Nachweis verlangen, daß sie diese Methoden anwenden und so die Qualität ihrer
Lieferungen an die Post sicherstellen.
Auch auf diesem Gebiet sind Kompromisse nötig, denn die Qualitätsan-
forderungen der Post sollen nicht über das hinausgehen, was auf dem
Weltmarkt gefordert wird, damit die Geräte nicht in unvertretbarem
Maße verteuert werden. Das Abwägen fordert von den Ingenieuren der
DBP Einsicht in die Zusammenhänge zwischen Qualität und Kosten, was
für eine Institution, die nicht selbst produziert, nicht leicht ist.
Die Verteidigung des für vertretbar gehaltenen Kompromisses erfordert
aber auch viel Stehvermögen, da zwar die Preise sehr konkret im Raum

stehen, die Notwendigkeit der Qualitätsforderung aber immer bezweifelt
werden kann. Das Gesagte gilt, mindestens im übertragenen Sinn, auch
für die Software.
Eine weitere Veränderung des technischen Szenariums beeinflußt die
Aufgaben der Ingenieure bei der DBP, hauptsächlich im FTZ. Bis vor relativ kurzer Zeit galten in der Fernmeldetechnik einige nahezu unver-
rückbare Festlegungen. Ich nenne nur: metallische Kabel, analoge Übertragung von Sprache, Ton und Bild, Sprachkanal von 4 kHz Bandbreite.
Mit diesen und einigen anderen Festlegungen konnten die einzelnen Komponenten der Fernmeldenetze, also Vermittlungstechnik, Übertragungstechnik, Linientechnik, relativ unabhängig voneinander entwickelt werden. Die Ingenieure der verschiedenen Fachgebiete brauchten verhältnismäßig wenig über die Nachbargebiete zu wissen, und die Organisation
konnte sich an den Besonderheiten der einzelnen Sparten orientieren.
Der Übergang auf die digitale Technik, besonders wenn die Glasfaser
als Übertragungsmedium im Ortsnetz eingeführt wird, macht es notwendig, das Gesamtkonzept eines völlig neuen Fernmeldenetzes vom Endge-
rät über Ortsnetz, Vermittlungsstellen und Fernnetz zu entwickeln.
Alle Schnittstellen, Signalisierungsverfahren, Übertragungsparameter
müssen neu erarbeitet werden, und die Gestalt der Netze mit der Zahl
der Netzebenen, Größe der Netzbereiche, Lage und Leistungsfähigkeit
der Netzknoten müssen neu optimiert werden. Von den Ingenieuren, die
bisher unangefochten die Fachleute ihrer weitgehend autonomen Gebiete
waren, wird nun die disziplinierte Mitarbeit in fachgebietübergreifen-
den Gruppen und die strikte Einhaltung von Randbedingungen technischer,
zeitlicher und wirtschaftlicher Art verlangt.
Neben den genannten Vorhaben, der Einführung der Digitaltechnik und
der optischen Nachrichtenübertragung, sind in diesem Zusammenhang der
Aufbau des "ISDN", des Integrated Services Digital Network, die Integration von Fernmeldesatelliten in das nationale Netz und der Einsatz
großer Datenverarbeitungssysteme zur Unterstützung und Rationalisie-
rung technischer und betrieblicher Verfahren zu nennen. Die Zukunft
wird ganz sicher weitere komplexe Aufgaben bringen.
Wie auf anderen Gebieten der Wirtschaft und des Verkehrs, so nehmen
auch auf dem Gebiet des Fernmeldewesens die Probleme, die nur in in-
ternationaler Zusammenarbeit gelöst werden können, zu. Die Fernmelde-
kunden der Industrieländer erwarten zu Recht, daß nicht nur die herkömmlichen, sondern auch die neuen Fernmeldedienste über die Grenzen
hinweg angeboten werden und funktionieren. Dazu ist es notwendig, die
technische und betriebliche Zusammenarbeit aller Netzkomponenten bis
ins Detail zwischen den beteiligten Fernmeldeverwaltungen zu verein-

baren. Es genügt heute nicht mehr, nur Führungskräfte in die internationalen technischen Gremien zu entsenden, sondern sachbearbeitende
Ingenieure aus dem FTZ müssen in internationalen Arbeitsgruppen mit
ihren ausländischen Kollegen technische Probleme lösen. Zu all den
Anforderungen, die schon genannt wurden, kommen also noch Fremdsprachenkenntnisse, vor allem in Englisch und Französisch, und die Fähigkeit, sich auf internationalem Parkett zu bewegen, hinzu.

4.3 Zentrale Ingenieuraufgaben im Bundespostministerium

Es wurde bereits erwähnt, daß sich die Bundespost als ein öffentliches
Unternehmen versteht, das sich am Markt und an den Anforderungen der
Öffentlichkeit orientiert. Trotz dieses Selbstverständnisses ist die
DBP aber doch eine Behörde, geleitet von einem Bundesminister, der
politische Verantwortung trägt, eine Behörde, deren Aufgaben in speziellen Gesetzen beschrieben sind. Das Handeln dieser Behörde muß ständig politisch vertreten werden. Das war im Prinzip immer so, seit sich
der Staat das Post- und Fernmeldemonopol vorbehielt, jedoch interes-
sierte sich früher ganz einfach die hohe Politik wenig für das Fernmeldewesen.
Die inzwischen eingetretene Veränderung ist offenkundig, und so ist
für die Ingenieure der DBP, in erster Linie für diejenigen im Bundespostministerium, die Aufgabe in den Vordergrund getreten, Mittler oder
gestaltender Interpret zwischen dem politischen und dem - im weitesten
Sinn - technischen Bereich zu sein. Mit dem politischen Bereich sind
nicht nur die Parlamente und Parteien, sondern auch Bereiche im eigenen und in fremden Ressorts gemeint, die struktur-, ordnungs-, wirt-
schafts-, sozial- und medienpolitische Belange zu vertreten haben.
Das Fernmeldewesen ist ein kompliziertes technisches System unserer
Infrastruktur, das sich in stürmischer qualitativer und immer noch
beachtlicher quantitativer Entwicklung befindet. Es stellt - ohne
Gebäude und Grundstücke - einen Buchwert von etwa 40 Mrd. DM dar /2/,
der Wiederbeschaffungswert dürfte mehr als doppelt so groß sein. Die
inneren Zusammenhänge der Komponenten dieses Systems sind sehr eng.
Zu verstehen, was die Kunden, der Staat, die Gesellschaft von diesem
System verlangen und dies umzusetzen in realistische technische und
planerische Vorgaben, umgekehrt zu verstehen, was das technische
System vernünftigerweise leisten kann und dies umzusetzen in politische Argumentation, ist eine ganz wesentliche Aufgabe für die Ingenieure im Bundespostministerium.

4.4 <u>Entwicklungshilfe</u>

Zum Schluß soll noch eine Aufgabe erwähnt werden, der sich z.Z. 55 Fernmeldeingenieure der DBP unterziehen, nämlich die Aufgabe, die Fernmeldeverwaltungen von Entwicklungsländern zu beraten oder durch aktive Mitarbeit zu unterstützen. Fernmeldeingenieure für den Einsatz in der bilateralen oder von der Internationalen Fernmeldeunion bezahlten Entwicklungshilfe kommen aus dem gesamten Bereich der DBP. Die Aufgabe, diese Ingenieure mit den notwendigen Unterlagen zu versehen und zu betreuen, obliegt dem Fernmeldetechnischen Zentralamt.

5. <u>Zusammenfassung</u>

Rund 16 300 Fernmeldeingenieure sind bei der DBP als Führungskräfte und Sachbearbeiter verantwortlich für einen Unternehmensbereich, der im Jahr 1980 über 25 Mrd. DM Umsatzerlöse erzielte und 7,6 Mrd. DM investierte und dessen Anlagen einen Buchwert von ca. 40 Mrd. DM haben. Die technologische Entwicklung mit ihren Auswirkungen, die beginnende Sättigung des Marktes für herkömmliche Fernmeldedienste, der Wandel im Selbstverständnis der DBP und das gestiegene Interesse, das Politik und Öffentlichkeit dem Fernmeldewesen seit einigen Jahren entgegenbringen, beeinflussen die Aufgaben der Fernmeldeingenieure beim Bundespostministerium und beim FTZ, natürlich auch bei den Fernmeldeämtern. Zunehmend sind die Fähigkeit zu wirtschaftlichem Denken, Mitarbeit in fachübergreifenden Gruppen, Denken in komplexen Systemzusammenhängen, Bereitschaft zur Auseinandersetzung mit den Argumenten anderer Disziplinen innerhalb und außerhalb der DBP gefordert. Fernmeldeingenieure bei der DBP haben Positionen inne vom Sachbearbeiter beim Fernmeldeamt bis in die höchsten Stellen des Bundespostministeriums, auch der Staatssekretär ist ein Ingenieur. Sie alle haben schwierige, aber in meinen Augen auch sehr schöne und befriedigende Aufgaben.

Schrifttum

/1/	H. Ehrnsperger	Anforderungen an Ingenieure bei der Deutschen Bundespost Das Jahrbuch für Ingenieure, 4. Ausgabe, Expert-Verlag, Grafenau
/2/		Geschäftsbericht der Deutschen Bundespost, 1980
/3/		Bundeslaufbahnverordnung Amtsblatt 158/1978 des Bundesministers für das Post- und Fernmeldewesen
/4/		Vorläufige Ausbildungsordnung für den gehobenen fernmeldetechnischen, hochbautechnischen und posttechnischen Dienst der Deutschen Bundespost
/5/		Akademie für Führungskräfte der Deutschen Bundespost Jahresarbeitsprogramm 1982
/6/		Fachhochschule der DBP Berlin Studienführer Wintersemester 1981/82
/7/	Steinmetz, Elias	Geschichte der Deutschen Post 1945 bis 1969 Geschichte der Deutschen Bundespost, Band 4, 1945 - 1978
/8/	W.-G. Kirsten	Die Fachhochschule für Nachrichtentechnik der DBP Dieburg Unterrichtsblätter B, Jg. 34/1981 Nr. 9

The Assignments of Telecommunications Engineers Working for the Deutsche Bundespost

Ronald Dingeldey
Darmstadt

The Deutsche Bundespost employs about 16300 telecommunication engineers. This figure corresponds to approximately 7 per cent of the
staff working in the telecommunication sector. The majority of the
telecommunication engineers (93 per cent) are civil servants of the
C grade of the telecommunication engineering service. Only a few
– most of whom have a university diploma – are D-grade civil servants.
The number of engineers working as employees of the Deutsche Bundespost is very low. The tasks to be fulfilled by engineers range from
technical activities performed at telecommunication offices to the
highest functions (Head of Division, State Secretary) in the Federal
Ministry of Posts and Telecommunications.

The civil servants among the telecommunication engineers are prepared
for their future duties in a preparatory service which takes twelve
to eighteen months. After passing the examination of their career,
they are employed on probation, before finally becoming regular civil
servants. Vacancies offering possibilities of promotion are usually
advertised, the applicants being selected according to aptitude,
qualifications and the performance shown so far. The engineers are
offered an extensive advanced training program in general management
and administrative matters and in special topics of telecommunication
engineering.

In order to secure a strong foothold in the competition with industry
for junior engineers even in times when engineers are scare, the
Deutsche Bundespost maintains two Telecommunication Engineering
Colleges in Berlin and Dieburg, which are recognized by the State.

About three quarters of the C-grade andabout one third of the D-grade
telecommunication engineers are engaged, at the telecommunication
offices, in the planing, construction and operation of the telecommunication networks and their components. The engineers employed at each
of the 108 telecommunication offices of the Deutsche Bundespost are
responsible for annual investments averaging up to 100 million DM.

The telecommunication network entrusted to them has a book value of
approximately 370 million DM and yields about 237 million DM per year.
Due to the increasing complexity of the transmission systems, the
operation of which cannot be understood without the knowledge of theoretical fundamentals, there is a growing need for field engineers.
This trend will be intensified by the introduction of digital systems,
the construction of broadband communication systems and the use of
optical fiber cables in local networks. The new telecommunication
services also require a growing participation of engineers in the
customer advisory service.

Since efficiency is imperative and telecommunication services of the
same kind and quality have to be offered under the same conditions
throughout the Federal Republic, specifications must be drawn up
- in a central place - for the planning, assembly and operation of
equipment as well as for the structural and functional organization
of the operative departments. These and a few other tasks to be con-
veniently fulfilled in a central place have been assigned to the
Fernmeldetechnisches Zentralamt (Telecommunication Engineering Center),
where nearly 1000 C-grade and about 400 D-grade telecommunication
engineers are employed. Due the technological innovations and the
changed conception the Deutsche Bundespost has of itself and its tasks,
the activities of these engineers have also changed. In addition to
theengineers' technical knowledge, there is a growing need for the
ability to think in terms of economy and complex system interrelations,
the cooperation in interdisciplinary teams, the receptivity to argu-
ments from other fields and,last not least, the knowledge of foreign
languages and skill in negotiation.

The task of mediating between the requirements and demands of the
political sphere and the needs of the telecommunication service has
to be fulfilled, above all, by the telecommunication engineers of the
Federal Ministry of Posts and Telecommunications. They assist the
executive staff of the Deutsche Bundespost in defining the managerial
policy, devise the management plan for the field of telecommunications
and control its realization by giving technical and economic instructions to the medium-level authorities.

Bedarf an Telekommunikationsingenieuren

Friedrich Ohmann
München

1. Das Bedürfnis nach Telekommunikation

Mit dem Eintritt der Industrieländer in das Dienstleistungs-Zeit-
alter steigt das Bedürfnis nach neuen leistungsfähigen Kommunikationssystemen. Unser wirtschaftliches Handeln führt weltweit zu
einer ständig zunehmenden Arbeitsteilung und zu einer immer enger
werdenden Verflechtung der Einzelprozesse. Die sich daraus ergeben-
den dezentralisierten Tätigkeiten einerseits und die notwendige
übergreifende Vernetzung andererseits erfordern zu ihrer Funktions-
und Wettbewerbsfähigkeit neue Kommunikationssysteme.

Dieses Bedürfnis kann in den vor uns liegenden Jahren durch die
technischen Fortschritte in der Mikroelektronik, in der optischen
Übertragungstechnik und in den elektronischen softwareorientierten
Systemen wirtschaftlich realisierbar erfüllt werden.

Die bestehenden weltweiten Nachrichtennetze werden um neue, sogenannte diensteintegrierende Netze erweitert werden. In ihnen werden die Signale aller Kommunikationsformen, also der Sprache, des
Textes, der Daten, des festen und des bewegten Bildes <u>digital</u> erfaßt, übertragen, vermittelt, verarbeitet und ausgegeben. Die technischen Mittel der Datenverarbeitung und der Nachrichtentechnik
werden gleichartig, Informations- und Kommunikationssysteme wachsen
zusammen.

Multifunktionale Endgeräte wandeln die Signale zu Tönen, zu an Bildschirmen flüchtig gezeigten oder auf Papier gedruckten Grafiken und

Zeichen, zu bewegten Szenen oder anderen, optisch wahrnehmbaren Darstellungen. Mit neuen Endgeräten können Menschen unabhängig von Zeit und Ort über die gleichen Kommunikationsformen verfügen, mit denen sie im direkten Kontakt, im persönlichen Gespräch verkehren.

Diese technischen Einrichtungen für die Individualkommunikation mit der vermittelten Verbindung zwischen zwei oder wenigen Personen werden um die technischen Einrichtungen ergänzt, die der Massenkommunikation dienen. Für diese Kommunikation ist eine verteilende Verbindung zwischen einem oder wenigen Informationsverteilern (Sendern) und einer Vielzahl (Masse) von Teilnehmern (Empfängern) erforderlich. Dazu gehören der Rundfunk, das Fernsehen, aber auch alle Formen der sogenannten Print-Medien.

Am Bedürfnis nach dem Ausbau der bestehenden und der Entwicklung neuer Kommunikationssysteme für die Funktions- und Wettbewerbsfähigkeit immer komplexer werdender Gesellschaftsstrukturen orientiert sich der Bedarf an Telekommunikationsingenieuren.

2. Wirkungsfelder des Telekommunikationsingenieurs

Der Ingenieur ist ein "wissenschaftlich oder auf wissenschaftlicher Grundlage gebildeter Fachmann der Technik, welcher technische Gegenstände, Verfahren, Anlagen oder Systeme erforscht, plant, entwirft, konstruiert, fertigt, vertreibt, überwacht oder verwaltet".

Das Bild 1 zeigt Beispiele von technik-orientierten Einsatzfeldern für Telekommunikationsingenieure. Wenn daraus einerseits die Arbeitsteiligkeit in Arbeitsbereichen und Tätigkeiten deutlich wird, so kann andererseits an Kommunikationsformen und Unternehmen die Notwendigkeit nach Verflechtung und Zusammenarbeit festgestellt werden. Neue Kommunikationstechniken werden nur im geplanten Zusammenwirken aller Arbeitsbereiche und der in diesen Bereichen erforderlichen

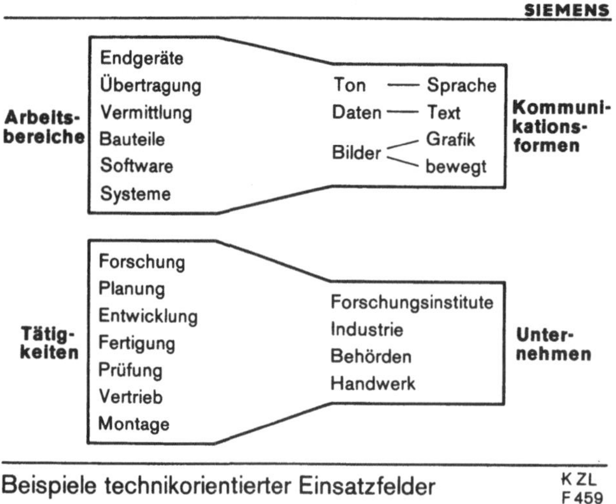

Beispiele technikorientierter Einsatzfelder

Tätigkeiten möglich. Neben der Initiative, der Kreativität und der Beherrschung des Fachwissens gewinnt die Kooperationsfähigkeit für die Ingenieure eine immer größere Bedeutung.

Im Bild 2 sind anwendungsorientierte Einsatzfelder für Telekommunikationsingenieure beispielhaft dargestellt.

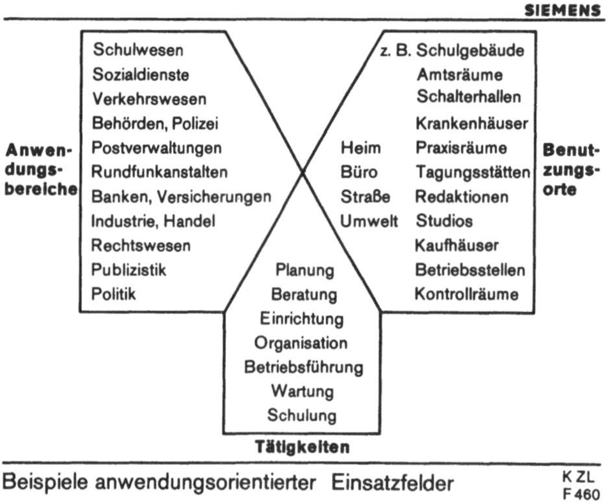

Beispiele anwendungsorientierter Einsatzfelder

Die Anwendungsbereiche und die Benutzungsorte spiegeln die Vielfalt unserer gesellschaftlichen Strukturen wider, die in immer komplexer

werdender Weise miteinander und aufeinander wirken. Hier entstehen
die Aufgaben für die technischen Informations- und Kommunikationssysteme. Sie zu bedarfsgerechten, organisations-orientierten und
benutzerfreundlichen technischen Spezifikationen zu verarbeiten,
ist eine zunehmend an Bedeutung gewinnende Ingenieuraufgabe. Beratung, Organisation, Betriebsführung, Wartung und Schulung sichern
den wirtschaftlichen, effektivitätssteigernden Einsatz von technischen Systemen. Hier entstehen auch neue Berufe im Einsatzfeld kom-
binierter Kommunikations- und Informationssysteme, die Kenntnisse
der Datenverarbeitung, der Nachrichtentechnik, der Organisation und
der Betriebswirtschaft erfordern.

Im Bild 3 sind Ausbildungsarten, Fachrichtungen und Kenntnisse zusammengestellt, die zu technik- und anwendungsorientierten Wirkungs-
feldern von Telekommunikationsingenieuren gehören.

SIEMENS

Fachrichtungen	Kenntnisse	Ausbildungsart
Nachrichtentechnik	Logik, Mathematik	Universität
Elektronik	Physik, Optik	Fachhochschule
Informatik	Nachrichtenübermittlung	Betriebspraxis
Mathematik	Datenverarbeitung	Fernstudium
Kybernetik	Mikroelektronik	Telekolleg
Physik	Systemtechnik	Kassetten
Betriebswirtschaft	Fertigungstechnik	Fachliteratur
	Netzplanung	
	Statistik	
	Organisationswesen	
	Anthropotechnik	

Ausbildung zum Telekommunikations-Ingenieur — K ZL F 461

Mit der zunehmend kürzer werdenden Innovationsrate der Basistech-
nologien für Informations- und Kommunikationssysteme hat der Ingenieur sich auf eine berufsbegleitende Aus- und Weiterbildung einzustellen. Sein Wissen muß sich in etwa 6 bis 7 Jahren nahezu vollständig erneuern. Daher ist eine solide wissenschaftliche Grundausbildung von größerer Bedeutung als eine spezielle Erstausbildung.

Letztere dient der erfolgreichen Anwendung der Grundausbildung und
ist ständiger Weiterbildung unterworfen.

Von wachsender und allgemeiner Bedeutung für technik- und anwendungsorientierte Wirkungsfelder ist eine gründliche Ausbildung der Planung, Entwicklung und Anwendung von <u>Software</u>. Immer mehr Funktionen
der Informations- und Kommunikationstechnik werden durch Programme
realisiert, die in Rechner-Architekturen ablaufen. Software hat den
Vorteil, vielgestaltig formbar und anpaßbar zu sein.

3. Bedarf an Telekommunikationsingenieuren

Der Zuwachsbedarf steht im engen Zusammenhang zu dem Bedürfnis nach
neuen Kommunikationssystemen, zu der Innovationskraft der technischen Industrie, zu der Innovationsrate der Produkte und Systeme
und zu der immer breiteren Anwendung in unseren nationalen und internationalen Gesellschaftsstrukturen. Diese Einflüsse lassen langfristig einen steigenden Bedarf erkennen. Kurzfristig wird der Bedarf von der allgemeinen Weltwirtschaftslage, dem Konjunkturverlauf
in nationalen und internationalen Märkten und von politischen Situationen beeinflußt.

Der Verband Deutscher Elektrotechniker (VDE) hat in seiner letzten
Studie 1980 zur Frage des Bedarfs an Elektroingenieuren in der
Bundesrepublik Deutschland [1] festgestellt:
Für die Gesamtheit der Bereiche, in denen Elektroingenieure tätig
sind, dürfte sich für die kommenden zwei Jahre ein Jahres-Nachwuchs-
bedarf (Ersatzbedarf, Zuwachsbedarf und Nachholbedarf) ergeben, der
zwischen 5,5 % und 6,5 % liegt. Das bedeutet in absoluten Zahlen
einen derzeitigen jährlichen Bedarf von rund 6 000 bis 7 000 Elektroingenieuren (ausgehend von einem Bestand 1980 von etwa 110 000
Diplom-Ingenieuren, graduierten Ingenieuren sowie Ingenieuren nach
dem Ingenieur-Gesetz). Ab 1983 wird wohl der jährliche Bedarf nach
Deckung des Nachholbedarfs wieder auf etwa 4,5 % zurückgehen. Es
kann angenommen werden, daß innerhalb dieses Gesamtnachwuchsbedarfs

etwa ein Drittel mit universitärer Vorbildung und zwei Drittel mit
Fachhochschulausbildung auszuweisen sind.

Die Studie unterscheidet nicht zwischen Telekommunikationsingenieuren und anderen Elektroingenieuren. Das ist auch angesichts der viel-
seitigen Fachrichtungen, die zur Ausbildung von Telekommunikationsingenieuren führen (s. Bild 3) von untergeordneter Bedeutung.

Gerechnet mit einem Zuwachsbedarf von jährlich 2,5 % (ohne Ersatzbedarf wegen des biologischen Abgangs) hat der Rückgang der Studienanfänger in den naturwissenschaftlichen Fächern in den Jahren 1976
bis 1979 eine lebhafte öffentliche Diskussion herausgefordert. Diese Maßnahmen (Untersuchung, Aufklärung, Werbung) haben, wie Bild 4
zeigt, Erfolg gehabt. Seit 1980/81 ist die Anzahl der Studienanfänger in den Ingenieurwissenschaften wieder kräftig angestiegen.

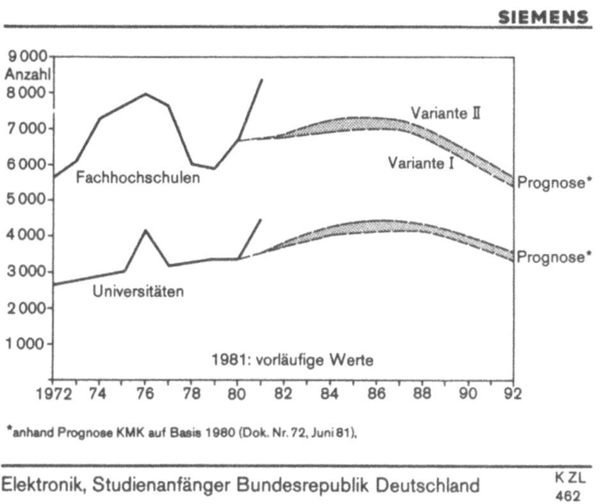

Der Abfall der in diesem Bild prognostizierten Anzahl der Studienanfänger ab 1987 geht nun auf die Entwicklung der Geburten seit
1964 zurück. Die Auswirkungen des Geburtenrückgangs auf die Entwicklung der sogenannten Schüler- bzw. Studentenberge zeigt Bild 5.

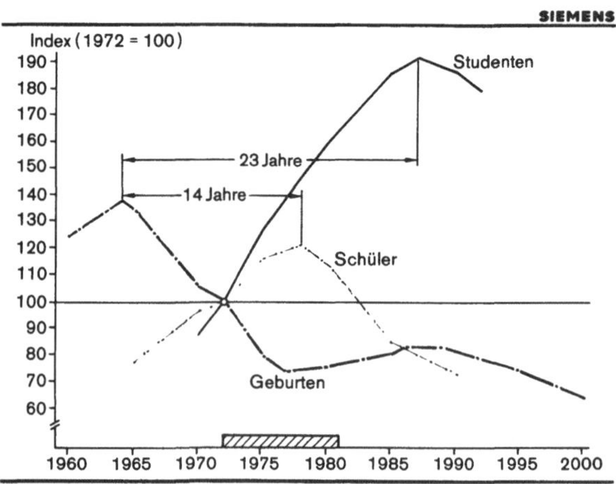

Geburten-, Schüler- und Studentenberg
(Quelle: Battelle-Institut 1976)

Die Sorge um die Sicherstellung des steigenden Bedarfs an Telekommunikationsingenieuren entsteht aus dem Abfall in der Entwicklung des natürlichen Angebots in der Bundesrepublik Deutschland noch in diesem Jahrzehnt.

Die Gesamtbetrachtung des Bedürfnisses nach neuen Kommunikationssystemen, der Innovationskraft der Kommunikationstechnik und der Studentensituation in der Bundesrepublik Deutschland führt zu folgenden Schlußfolgerungen:

- der Beruf des Telekommunikationsingenieurs ist zukunftsträchtig und findet viele neue Ausprägungen;
- das Bildungsangebot ist vielgestaltig und wird den Anforderungen der Wirkungsfelder gerecht; eine berufsbegleitende Weiterbildung hat hohe Bedeutung;

- der Zuwachsbedarf an Telekommunikationsingenieuren fordert eine steigende Anzahl von Studienanfängern in den Ingenieurswissenschaften;

- die derzeitige Steigerungsrate deckt den Bedarf voraussichtlich
  bis 1990 durch die zu erwartende Anzahl von Absolventen;

- dem geburten-bedingten Abfall des Angebots um 1990 muß durch
  rechtzeitige Einleitung von Maßnahmen begegnet werden.

[1] Die Elektroingenieure in der Bundesrepublik Deutschland
    Studie 1980 zur Frage des Bedarfs
    Verband Deutscher Elektrotechniker (VDE) e.V.
    VDE-Verlag, Berlin 1980

The Demand for Telecommunications Engineers

Friedrich Ohmann
München

As our increasingly complex social structures become more
and more intertwined, the need to expand our technical
communications systems grows accordingly. Technical
advances in microelectronics, optical communications and
in electronic software-oriented systems have made the
setting-up of new digital integrated service communications
networks economically feasible.

In multifunction terminals all forms of communication,
namely voice, text, data and fixed and moving image can be
transmitted either individually or in combination using
digital transmission methods. Such systems have applications
in all types of social organization and combine information
and communications technology. This introduces new aspects
to the professional image of the telecommunications engineer
and a need for wide-ranging basic and advanced training.

A general assessment of the requirement for new communications
systems, the inventive driving-force behind technology and
the student situation in West Germany leads to the conclusion
that telecommunications engineering is a future-oriented
profession branching out into many new fields. A broad range
of training options is available which are geared to the
requirements of the various fields of activity. Vocational
training schemes play an important role here. The demand
for telecommunications engineers is continuing to grow and
must be met by a corresponding new influx of students
studying engineering subjects. The expected increase in
number of graduates should suffice to meet demands until 1990.
However, birth rate statistics would point to a drop in the
numbers available at the end of the decade. Action must
therefore be taken before it is too late.

Wie wird man Telekommunikationsingenieur?

Hans Marko
München

1. Einleitung

Das Berufsbild und die Aufgaben des Telekommunikationsingenieurs wurden bereits
in den vorausgegangenen Beiträgen beschrieben. Zur Frage "Wie wird man Telekommunikationsingenieur?" ist zunächst festzustellen, daß es in den Studienplänen der
deutschen Universitäten, Technischen Universitäten, Technischen Hochschulen, Gesamthochschulen und Fachhochschulen diese Fachrichtung - jedenfalls dieser Bezeichnung nach - nicht gibt. Es gibt auch nicht ein Ausbildungsziel mit dem Titel Diplom-Ingenieur für Telekommunikation.

Wohl aber bieten alle elektrotechnischen Fakultäten und Fachbereiche Studienrichtungen an wie Informationstechnik, technische Informatik, Nachrichtentechnik,
Datenverarbeitung usw. .

"Telekommunikation" ist eine neue Bezeichnung für ein Teilgebiet der "Nachrichtentechnik" oder auch der "Informationstechnik". Wer also Telekommunikationsingenieur werden will, der muß die Fachrichtung Elektrotechnik studieren und sich im
Laufe dieses Studiums früher oder später spezialisieren.

Studienrichtung A: ENERGIETECHNIK

Studienrichtung B: INFORMATIONSTECHNIK
                  mit den Schwerpunkten

                  B1 Nachrichtentechnik
                  B2 Datenverarbeitung
                  B3 Kybernetik

Studienrichtung C: ALLGEMEINE ELEKTROTECHNIK
                  mit den Schwerpunkten

                  C1 Elektrische Bauelemente und Elektrophysik
                  C2 Hochfrequenztechnik
                  C3 Regelungs- und Prozeßtechnik

Studienrichtung D: FREIES FACHSTUDIUM

Bild 1: Studienziele für Studierende der Fachrichtung Elektrotechnik an der TUM

Bild 1 zeigt beispielsweise die Struktur des Studienplanes der Fachrichtung

Elektrotechnik an der Technischen Universität München nach dem Vordiplom. Hier würde die Studienrichtung B "Informationstechnik" alle Voraussetzungen für eine spätere Tätigkeit als "Telekommunikationsingenieur" bieten. Hierbei ist es nicht so sehr entscheidend, welcher der drei Studienpläne (B1, B2, B3) gewählt wird, obwohl vielleicht B1 "Nachrichtentechnik" dem Berufsfeld "Telekommunikation" am nächsten liegt.

Im vorliegenden Beitrag sollen im folgenden 2.Abschnitt als Vorüberlegung die Berufschancen, die Ausbildungsziele und die Entwicklung der Studentenzahlen im Fach Elektrotechnik besprochen werden. Im 3.Abschnitt soll der Hochschulzugang - d.h. die verschiedenen Bildungswege zur Hochschul- bzw. Fachhochschulreife - behandelt werden. Darauf werden im 4.Abschnitt die beiden Studiengänge (wissenschaftlicher und anwendungsbezogener Studiengang) und die zugehörigen Studienpläne für das Studium der Nachrichtentechnik besprochen. Hierbei werden als Beispiele die Studienpläne der Technischen Universität München (TUM) und der Fachhochschule München (FHM) vorgestellt.

Im 5.Abschnitt soll etwas über zukünftige Entwicklungen, d.h. über die Studienreform gesagt werden, wobei die fachliche Studienreform von der politischen zu unterscheiden ist.

2. Berufschancen, Ausbildungsziele und Entwicklung der Studentenzahlen

Die Zahl der ausgebildeten Elektroingenieure und der jährliche Bedarf von Industrie, Wirtschaft und Verwaltung war stets in einem etwa ausgeglichenen Verhältnis. Obwohl sich die Anzahl benötigter Ingenieure in einer stetigen Aufwärtsentwicklung befindet, besteht also kein Anlaß, von einem akuten Ingenieurmangel zu reden. Dies zeigen die über viele Jahre durchgeführten Bedarfsschätzungen des VDE /1/ wie auch die Erhebungen des Fakultätentages für Elektrotechnik /2/.

Berufsgruppe	31.12.1980 Bewerber:offene Stellen	30.6.1981 Bewerber: offene Stellen
Elektroingenieure	1 : 2,3	1 : 1,5
Maschinenbau-Ing.	1 : 2,2	1 : 1,7
Physiker	2,1 : 1	3 : 1
Chemiker	4,2 : 1	5 : 1
Mathematiker	1,5 : 1	2,6 : 1
Informatiker	1 : 6	1 : 3,9
Programmierer	1 : 7	1 : 3,9
Systemanalytiker	1 : 4	1 : 2,1
Systemprogrammierer	1 : 5	1 : 5,5
Psychologen	9 : 1	12 : 1
Lehrer (und Hochschullehrer)	17 : 1	23 : 1
Soziologen	30 : 1	42 : 1
Politologen	94 : 1	108 : 1
Volkswirte	16 : 1	19 : 1
Betriebswirte	1,7 : 1	2,1 : 1

Bild 2: Zahlen für die Berufswahl nach einer Statistik der Bundesanstalt für Arbeit

In Bild 2 ist das Verhältnis von Absolventen zu den offenen Stellen für die verschiedenen Berufe nach einer Veröffentlichung der Bundesanstalt für Arbeit (BfA) /3/ zusammengestellt. Das Verhältnis von 1:1,5 nach dieser Erhebung ist nach neuesten Daten (vom März 1982) der BfA jetzt mit 1:1,2 anzusetzen. Das Bild zeigt, wie günstig die Chancen des Elektroingenieurs im Verhältnis zu den anderen Berufen zu sehen sind. In welcher Weise Elektroingenieure auf dem Gebiet der Telekommunikation in der Industrie und Verwaltung eingesetzt werden und welch breites Tätigkeitsfeld sich ihnen bietet, ist in den vorherigen Beiträgen dargestellt worden.

Für die Ausbildung ergeben sich danach zwei Richtungen, die durch den anwendungsorientierten Studiengang und durch den wissenschaftlich orientierten Studiengang gekennzeichnet sind.

Diese beiden Studiengänge haben sich historisch entwickelt und entsprechen verschiedenen Tätigkeitsfeldern des Ingenieurs in Übereinstimmung mit dem Bedarf von Industrie und Wirtschaft.

Der anwendungsorientierte Studiengang ist an den Fachhochschulen beheimatet, die nun seit etwas mehr als 10 Jahren bestehen und aus den früheren Ingenieurschulen hervorgingen. Der Abschlußgrad ist Dipl.-Ing. (FH)* anstelle des früheren Ing. (grad.). Außerdem kann dieser Studiengang an Gesamthochschulen studiert werden. In der Schrift "Die Fachhochschulen in Bayern" des Bayerischen Staatsministeriums für Unterricht und Kultus /4/ heißt es: "Wesentliche Ziele des Fachhochschulstudiums sind das Erkennen von Anwendungsmöglichkeiten und -problemen sowie die Erarbeitung von anwendungsbezogenen Kenntnissen und Fähigkeiten."

Der wissenschaftliche Studiengang mit dem Abschluß Dipl.-Ing. Univ.* wird an den Technischen Universitäten, den Technischen Hochschulen und teilweise auch an den neuentstandenen Gesamthochschulen gelehrt. Das Studienziel ist hier wissenschaftlich orientiert und soll auf eine spätere Tätigkeit in den Entwicklungs- und Forschungslaboratorien der Industrie und Wirtschaft vorbereiten.

Während also dem anwendungsorientierten Fachhochschulabsolventen das breite Berufsfeld technischer Einrichtungen und Betriebe zur Verfügung steht, wo er beispielsweise als Betriebsleiter oder als Betreuer technischer Einrichtungen, oder aber auch im Vertrieb und bei der Kundenberatung tätig sein kann, soll der wissenschaftlich ausgebildete Ingenieur für die Fortentwicklung des Fachgebietes selbst Sorge tragen und sich für den technischen Fortschritt auf wissenschaftlicher Grundlage verantwortlich fühlen. Nach bisherigen Bedarfsschätzungen beträgt das Verhältnis von anwendungsorientierten zu wissenschaftlich tätigen Ingenieuren etwa 3:1.

---

* Die Abschlußgrade der beiden Studiengänge werden in den einzelnen Bundesländern uneinheitlich benannt. Hier wird die in Bayern geltende Bezeichnung verwendet.

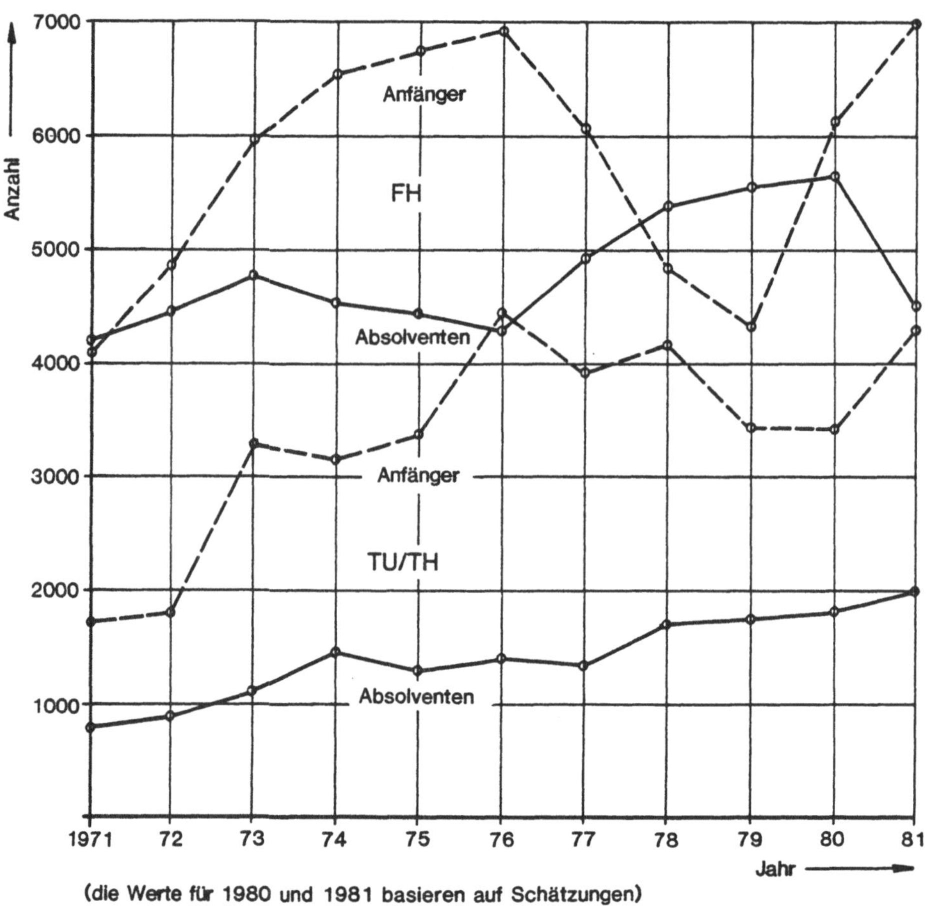

(die Werte für 1980 und 1981 basieren auf Schätzungen)

Bild 3: Studienanfänger und Absolventen an den Fachhochschulen (FH) und an den wissenschaftlichen Hochschulen (TU/TH)

Bild 3 zeigt die Entwicklung der Studienanfänger und Absolventen der beiden Studiengänge gemäß der o.g. Studie des VDE /1/. Um die Erfolgsquote abzuschätzen, sind die beiden Kurven allerdings nicht unmittelbar zu vergleichen, sondern müssen um die mittlere Studiendauer gegeneinander verschoben werden. (Die mittlere Studiendauer ist im wissenschaftlichen Studiengang mit 11 Semestern (5,5 Jahre) und im anwendungsorientierten Studiengang je nach Fachhochschultyp zwischen 3,5 und 4,5 Jahren anzusetzen.) Die Entwicklung der Absolventen zeigt einen stetigen Verlauf mit leichtem Aufwärtstrend; ihre Anzahl entsprach bisher immer, mit leichten Schwankungen, dem Bedarf von Industrie und Wirtschaft.

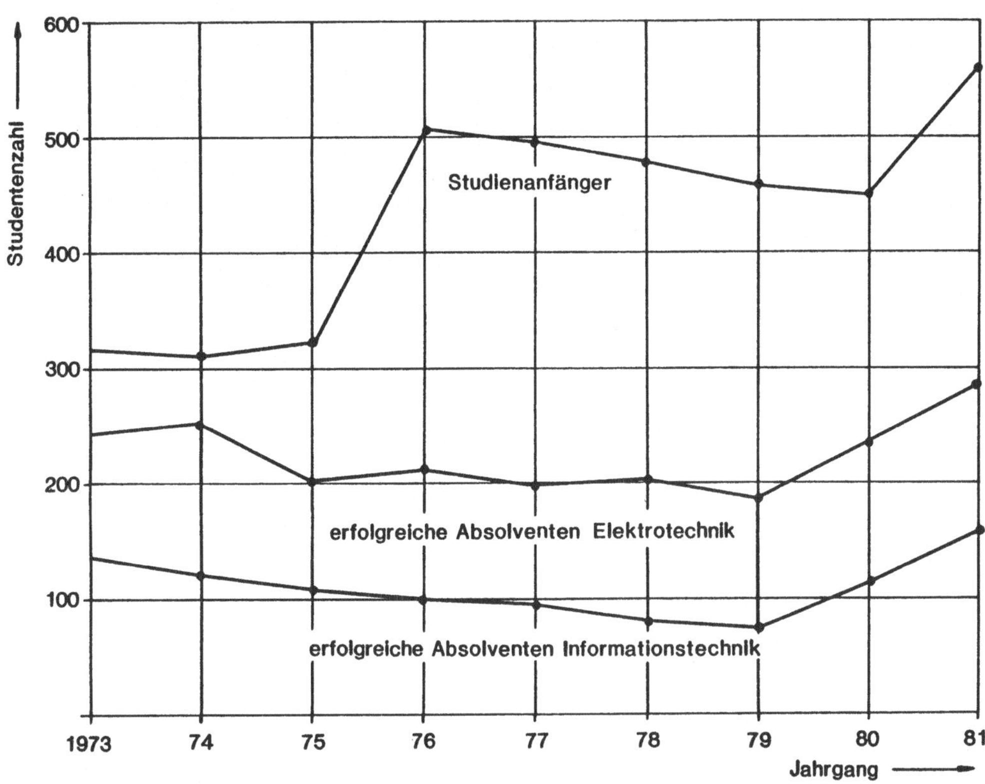

Bild 4: Entwicklung der Studentenzahlen an der Fakultät Elektrotechnik der T U M von 1973 bis 1981   (ohne Lehramtskandidaten)

In Bild 4 ist die Entwicklung der Studentenzahlen je Jahrgang in den letzten 9 Jahren an der TUM dargestellt. Die Studienrichtung "Informationstechnik", die dem Fach Telekommunikation entspricht, umfaßt hierbei etwa 50% aller Absolventen. Im Vergleich zu den Studienanfängern vor 5,5 Jahren ergibt sich in der Zeit von 1976 bis 1981 eine mittlere Erfolgsquote von 62%. (In der Zeit von 1966 bis 1976 war die mittlere Erfolgsquote noch bei 71%). Man entnimmt daraus, daß nur ein Teil der Studienanfänger zu dem stark mathematisch orientierten Studium, das als relativ schwer anzusehen ist, geeignet ist bzw. den Anforderungen im Verlauf des Studiums standhält. Die meisten Aufgeber verlassen das Studium allerdings bereits nach dem 1.Studienjahr; der Ausgang des 1.Teiles der Diplom-Vorprüfung zeigt ihnen an, ob sie die für dieses Studium nötige Befähigung besitzen.

Man muß sich fragen, wieso trotz der guten Berufsaussichten der Ingenieurberuf nicht überlaufen ist. Ist etwa eine so oft zitierte Technikfeindlichkeit daran schuld? Nach allen Gesprächen mit Abiturienten ist dies nicht der Fall; der Grund

scheint vielmehr darin zu liegen, daß nur eine sehr begrenzte Zahl von Abiturienten
für den Ingenieurberuf (hier wissenschaftlicher Studiengang) in Frage kommt, und
zwar die Durchschnittsmenge der sowohl hierzu motivierten wie auch fähigen Abiturienten. Diese liegt in der Größenordnung von etwa 14%, wie das Venn-Diagramm von
Bild 5 veranschaulichen soll. Eine Änderung der Motivation (etwa durch Werbung in
den Gymnasien) oder auch der Fähigkeit (etwa durch eine Verbesserung der Lehrpläne
an Gymnasien) würde nur eine relativ kleine Veränderung dieser Zahl erbringen.

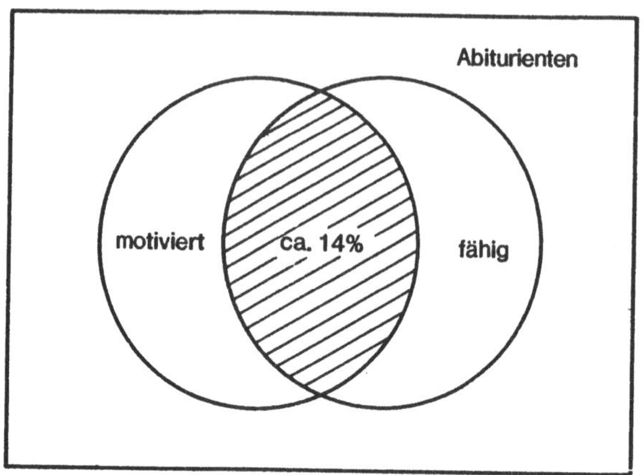

**Bild 5: Schematische Darstellung der Auswahlkriterien
für den Ingenieurberuf (Venndiagramm)**

Diese Überlegungen und die bisher stetig verlaufende Entwicklung der Studentenzahlen bewog den Fakultätentag für Elektrotechnik- ein Zusammenschluß aller Hochschullehrer der elektrotechnischen Fakultäten wissenschaftlicher Hochschulen und Universitäten - , den Numerus clausus im wissenschaftlichen Studiengang abzuschaffen.
Der Hochschulzugang für beide Studiengänge ist somit frei: der Student ist in der
Lage, zwischen 15 Universitäten, 49 Fachhochschulen und 9 Gesamthochschulen zu wählen.
Die Eignung insbesondere zum wissenschaftlichen Studiengang erfordert einerseits
die Fähigkeit zum streng logischen Denken, andererseits aber auch eine Kombinati-
onsfähigkeit, die wiederum Phantasie zur Voraussetzung hat. Dies deshalb, weil der
Ingenieur - im Gegensatz zum reinen Naturwissenschaftler - eine synthetische Arbeitsweise hat: er muß Vorschläge aufgrund seiner Phantasie erstellen und diese
danach einer strengen Prüfung zur Auswahl des Geeignetsten unterziehen. Nicht die
rein analytische Erkenntnis der Natur ist seine Aufgabe, sondern die Anwendung dieser Erkenntnis zur Schaffung technischer Einrichtungen ist sein Ziel. Und daraus
folgt auch die Motivation für diese Tätigkeit: der Ingenieur soll unsere Umwelt
gestalten, er soll die zukünftigen Lebensbedingungen der Gesellschaft schaffen,

denn technischer Fortschritt heißt:Verbesserung der Lebensbedingungen des Menschen!
Hier trägt der Ingenieur auch Verantwortung, allerdings nicht allein, sondern im
Verein mit allen Kräften der Gesellschaft, die für den Einsatz technischer Mittel
und die Regelung der Kompetenzen Verantwortung tragen, wie Politiker und Juristen.

Die Telekommunikation wird unser Leben in hohem Maße beeinflussen und umgestalten:
ein wahrhaft lohnendes Ziel für junge, begabte, phantasievolle und verantwortungs-
bewußte Ingenieure.

3. Die Bildungswege zur Hochschul- bzw. Fachhochschulreife

Das deutsche Schulwesen besteht aus einer - zunächst kaum überschaubaren - Vielfalt
von Schularten. Neben den bekannten Bildungswegen über Gymnasium und Realschule
wird die Vielgestaltigkeit besonders durch das berufliche Schulwesen geprägt.

Die Schulen sind weitgehend durchlässig, d.h. es gibt zahlreiche Übergänge von
einer Schulart zur anderen, und es gibt zu jedem Schulabschluß weiterführende Bildungswege. Die Übergänge sind an bestimmte Qualifikationen der vorhergehenden Schulen, bzw. an entsprechende Aufnahmeprüfungen gebunden (z.B. qualifizierender Hauptschulabschluß, Abitur etc.).

Dieses System ermöglicht für die verschiedenen Berufsziele und die verschiedenen
Begabungen der Schüler individuelle und somit optimale Bildungswege. Das gegliederte
bayerische Schulwesen ist ein Musterbeispiel für diese Anpassungsfähigkeit eines
sehr breitgefächerten Bildungsangebotes an die beruflichen Erfordernisse und an
die menschlichen Neigungen.

Diese Vielfalt wurde mir erst so recht bewußt, als ich versuchte, alle Bildungswege aufzufinden, die zur Fachhochschulreife, zur fachgebundenen Hochschulreife
und zur allgemeinen Hochschulreife führen. Ich habe nicht alle gefunden. Ich konnte
aber feststellen, daß zur Hochschulreife - also zum Übertritt an Universitäten und
wissenschaftliche Hochschulen - rund zwei Dutzend Bildungswege führen, und daß es
zur Fachhochschulreife noch mehr gibt. Es würde zu weit führen, sie alle zu beschreiben. Es sei aber darauf hingewiesen, daß demjenigen, der seinen individuellen
Bildungsweg sucht, die Beratungslehrer der Schulen, staatliche Schulberater und
Berufsberater und das einschlägige Informationsmaterial der Kultusministerien zur
Verfügung stehen. So z.B. die folgenden Broschüren des Bayerischen Staatsministeriums für Unterricht und Kultus:"Schulen und Wege der beruflichen Bildung","Der richtige Weg für mich" und "Die Fachhochschulen in Bayern".

Bild 6 zeigt einige der wichtigsten Bildungswege zur Fachhochschul- bzw. zur Hochschulreife.

Man erreicht die allgemeine Hochschulreife klassischerweise über Gymnasium und
Abitur, das am Ende der Kollegstufe steht. Aber auch über die berufliche Lehre führen Wege zur Universität, in dem hier gezeigten Beispiel über die Berufsaufbauschule und das sogenannte Kolleg, einem Institut, das in 3 Jahren die Hochschulreife

vermittelt. Der Weg über die Berufsoberschule führt zur fachgebundenen Hochschulreife. D.h. der erfolgreiche Abschluß dieser Schule berechtigt zur Aufnahme nur
bestimmter Studiengänge an einer wissenschaftlichen Hochschule.

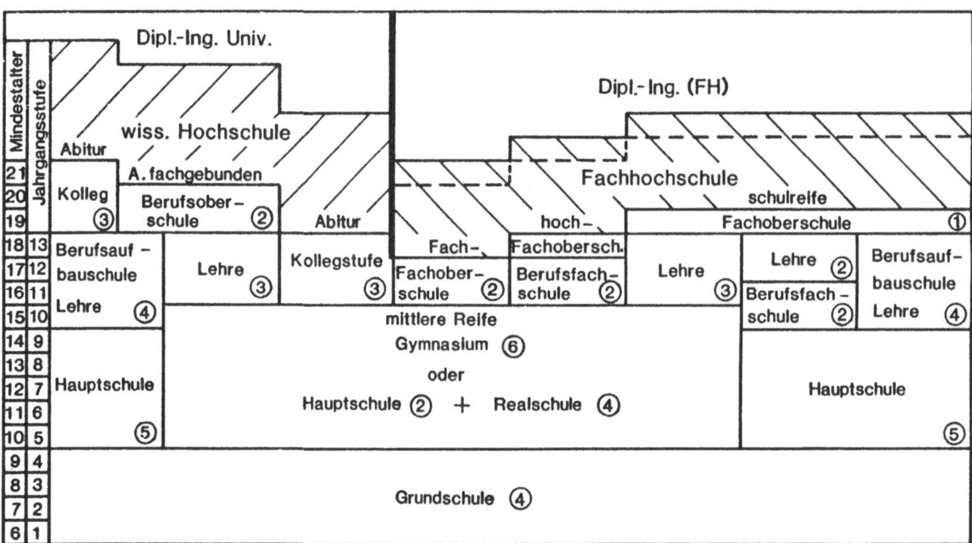

Bild 6: **Bildungswege zum Studium an wissenschaftlichen Hochschulen und Fachhochschulen**
(die Zahlen im Kreis bedeuten Jahre)

Eine weitere fachgebundene Hochschulreife erwirbt man an der Fachhochschule. Ein
Diplom einer Fachhochschule berechtigt nicht zur Promotion. Wer also - vom Dipl.-
Ing. (FH) kommend - den Dr.-Ing. anstrebt, muß ein "Ergänzungsstudium" antreten,
das zum Dipl.-Ing. Univ. führt. Dieses "Ergänzungsstudium" ist in den Landeshoch-
schulgesetzen definiert.

An der TUM gilt folgende Regelung: Dem Dipl.-Ing. (FH) werden für den wissenschaftlichen Studiengang zum Dipl.-Ing.Univ. auf Antrag 4 Semester angerechnet.
Es werden ihm aber keine Prüfungen erlassen - weder im Vordiplom noch im Hauptdi-
plom. Die Anerkennung von Scheinen liegt bei den Lehrstühlen.

An dieser Stelle sei erwähnt, daß noch im Wintersemester 1974/75 gut 10% aller
Studierenden der TU München eine Abschlußprüfung (Graduierung) einer Fachhochschule
besaßen, und daß diese Quote seitdem kontinuierlich absank und im Wintersemester
1979/80 nur noch 3,2% betrug.

Ein anderer Weg von der Fachhochschule zur wissenschaftlichen Hochschule ist
nach dem erfolgreichen FH-Vorexamen möglich. Dieses Vorexamen entspricht einer
fachgebundenen Hochschulreife. Der Studierende wird zum 1.Semester zugelassen.

Die wichtigsten Bildungswege sind ebenfalls in Bild 6 dargestellt. Sie führen
in der Regel über die Fachoberschule, die je nach Vorbildung ein- oder zweijährig

besucht werden muß. Die wichtigsten Eingangsbedingungen sind der Realschulabschluß, bzw. allgemein der mittlere Bildungsabschluß (früher als mittlere Reife bezeichnet) und/oder eine berufliche Lehre. Wird die Lehre nach dem qualifizierenden Hauptschulabschluß angetreten, dann muß sie mit einer Berufsfach- oder Berufsaufbauschule verbunden werden.

Der Anteil an den Fachhochschulstudenten, der über den zweiten Bildungsweg mit abgeschlossener Berufsausbildung zum Studium kommt, hat allerdings im Vergleich mit den früheren Ingenieurschulen (Polytechniken) erheblich abgenommen. Es ist sogar so, daß berufliche Ausbildungswege, wie z.B. Lehre mit mehrjähriger Berufspraxis, teilweise nur noch in Ausnahmefällen zugelassen werden. Gerade aber diese Gruppe verhalf den Ingenieurschulen zu dem guten Ruf, daß sie der Industrie praxisorientierte Ingenieure zur Verfügung stellten, die bereits vor dem Studium umfangreiche betriebliche Erfahrungen gesammelt hatten /5/. Bemerkenswert ist aber auch, daß heute mehr und mehr Abiturienten mit allgemeiner Hochschulreife die Fachhochschulen besuchen. In Bayern liegt ihr Anteil bereits über 27% /4/.

4. Die wissenschaftlichen Hochschulen und die Fachhochschulen

4.1 Gegenüberstellung des wissenschaftlichen und des praxisbezogenen Studiengangs

Das Ausbildungsziel für die Diplomingenieure der wissenschaftlichen Hochschulen und die Diplomingenieure der Fachhochschulen wurde in den vorhergehenden Abschnitten besprochen, und es wurden die Möglichkeiten eines Übergangs von der Fachhochschule zur wissenschaftlichen Hochschule aufgezeigt. Über die Wertigkeit der beiden Diplomabschlüsse besteht zwischen den wissenschaftlichen Hochschulen und den Fachhochschulen, aber auch zwischen den verschiedensten Gremien und Verbänden sowie zwischen Industrierepräsentanten und Politikern jeweils untereinander größtmögliche Uneinigkeit. Ich möchte hier auf diesen Streit nicht näher eingehen, sondern mit Bild 7 lediglich den zeitlichen Ablauf der beiden Studiengänge nebeneinanderstellen und dies anhand der Beispiele TUM und FHM erläutern.

Der jüngste Studienanfänger an einer wissenschaftlichen Hochschule ist der Abiturient. Sein Mindestalter ist 19 Jahre. Der jüngste Studienanfänger an einer Fachhochschule hat die Fachhochschulreife mit 12 Schuljahren erreicht (z.B. Realschule mit mittlerem Abschluß und 2 Jahre Fachoberschule). Sein Mindestalter ist 18 Jahre.

Betrachtet man die Ausbildungsdauer der Studiengänge, so muß man unterscheiden zwischen der Semesterzahl, innerhalb der sämtliche Unterrichtsveranstaltungen angeboten werden, und der tatsächlichen mittleren Studiendauer. Die erstere (nominelle) Semesterzahl heißt Regelstudienzeit. Sie beträgt bei den wissenschaftlichen Hochschulen für die Fachrichtung Elektrotechnik nominell 9 Semester, wozu noch ein 10. Semester für die ebenfalls verlangte Praxis hinzuzurechnen ist.*

* Da die Regelstudienzeit nominell nur die Studiensemester umfaßt, muß bei dieser
 Gegenüberstellung erwähnt werden, daß der wissenschaftliche Studiengang Elektro-

Die mittlere Studiendauer beträgt bundeseinheitlich ca. 11 Semester. D.h. der Dipl.
Ing.Univ. ist (ohne Einrechnung des Wehrdienstes) mindestens 24 Jahre alt.

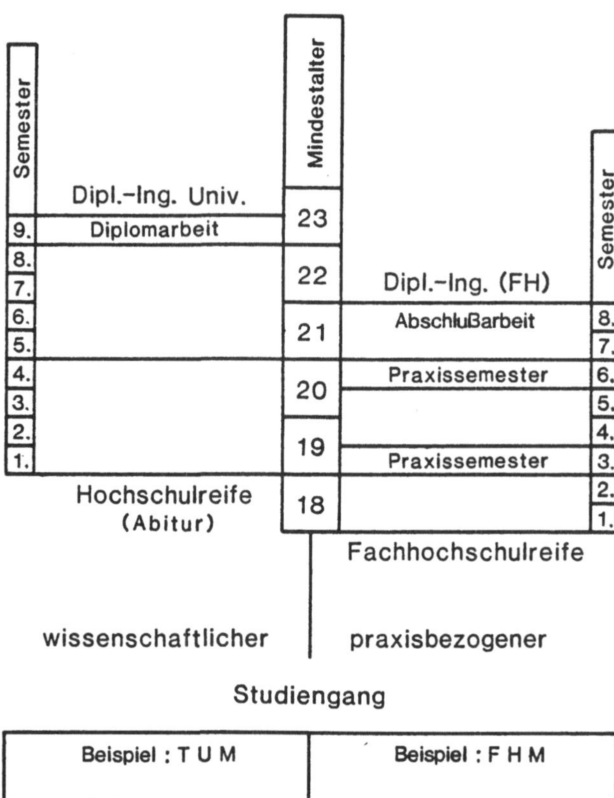

**Bild 7: Gegenüberstellung des wissenschaftlichen
und praxisbezogenen Studienganges der
Fachrichtung Elektrotechnik**

In den Studiengängen der bayerischen und württembergischen Fachhochschulen ist die
praktische Tätigkeit in Form von zwei Praxissemestern in der Regelstudienzeit von
8 Semestern mit enthalten. Der tatsächliche Studienabschluß nach 8 Semestern gelingt nur sehr wenigen Studierenden. In der Regel wird für die Diplomarbeit ein
9.Semester benötigt. Die mittlere Studiendauer liegt bei etwas mehr als 9 Semestern.

---

* technik eine insgesamt 26 Wochen dauernde praktische Tätigkeit beinhaltet. Die
  Art dieser Tätigkeit ist vorgeschrieben und muß vom Praktikantenamt der Fakultät
  anerkannt werden. In Bild 7 steht beim Beispiel TUM stellvertretend für diese
  26 Wochen ein Semester.

Der jüngste Dipl.-Ing. (FH) ist also etwa 22 Jahre alt.

In anderen Bundesländern gibt es die eingeschobenen Praxissemester nicht. Das liegt z.T. daran, daß gerade für große Fachhochschulen (wie z.B. in Nordrhein-Westfalen) seitens der Industrie nicht genügend Praktikumsplätze zur Verfügung gestellt werden können. An der Fachhochschule Hannover z.B. ist die Regelstudienzeit 6 Semester und die mittlere tatsächliche Studiendauer 7 Semester. Das Mindestalter eines Dipl.-Ing. aus Hannover (dort ist der Zusatz (FH) nicht vorgeschrieben) liegt daher bei 21 Jahren.

Bezüglich der praktischen Ausbildung und praktischen Erfahrungen aus der Zeit vor dem Studium ist im Vergleich mit den früheren Ingenieurschulen eine wesentliche Reduktion eingetreten. Zudem sind die Unterschiede in der praktischen Ausbildung nicht nur von Bundesland zu Bundesland, sondern oftmals auch von Fachhochschule zu Fachhochschule recht gravierend.

4.2 Die Studienpläne für das Studium der Nachrichtentechnik an den wissenschaftlichen Hochschulen und an den Fachhochschulen

Im folgenden sollen die Studienpläne für den "Telekommunikationsingenieur" besprochen werden, wozu, nach dem vorher gesagten, das Fach Nachrichtentechnik zu betrachten ist. Um ein konkretes Beispiel zu bringen, werden die Studienpläne der Technischen Universität München und der Fachhochschule München erläutert.

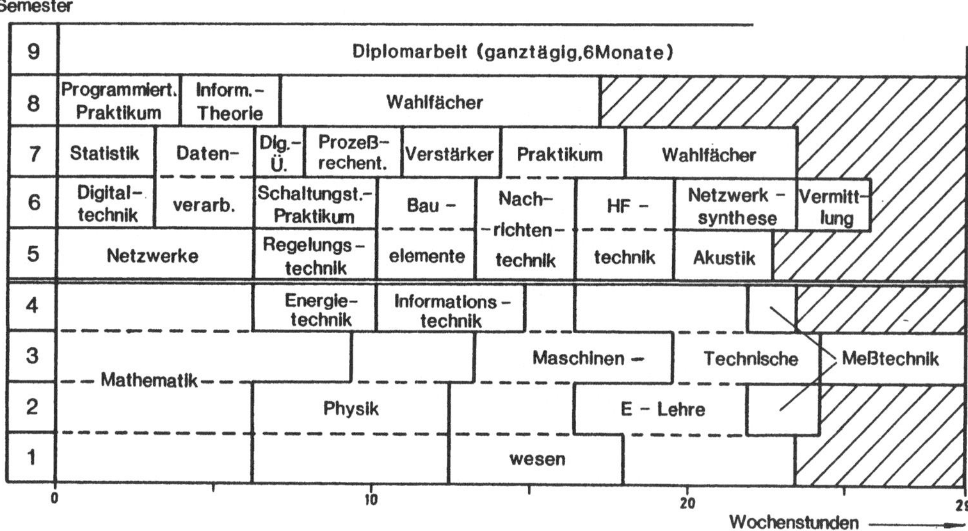

Bild 8: Studienplan für das Studium der Nachrichtentechnik an der T U M

Bild 8 zeigt den Studienplan der TUM für den Studienschwerpunkt B1 (Nachrichtentechnik). Man sieht, daß in den ersten 4 Semestern die mathematischen, physikalischen und elektrotechnischen Grundlagen im Schwerpunkt behandelt werden. Hinzu kommen noch einige Maschinenbau-Vorlesungen, sowie Meßtechnik und Einführungsvorlesun-
gen für die Energietechnik und die Informationstechnik. Insgesamt sind etwa 100
Semesterwochenstunden vorgesehen. Den Abschluß dieser 4 Semester bildet das Vordiplom, das in zwei Teilen (nach dem zweiten und nach dem vierten Semester) abzulegen
ist.

Die Studienpläne der elektrotechnischen Fakultäten der BRD sind in ihren Inhalten aufeinander gut abgestimmt. Diese Koordinierung besorgt der Fakultätentag für
Elektrotechnik, dem 13 der 15 wissenschaftlichen Hochschulen angehören. Die Vordi-
plom-Prüfungen dieser 13 Hochschulen werden gegenseitig anerkannt, so daß nach dem
Vordiplom ein Hochschulwechsel ohne zusätzliche Prüfungen möglich ist.

Das eigentliche Fachstudium beginnt mit dem 5.Semester. Hier gibt es Vorlesungen, die für alle Elektrotechniker gemeinsam sind (wie Netzwerke, Regelungstechnik,
Digitaltechnik und Programmieren) sowie andere, die für die Informationstechnik
oder Nachrichtentechnik spezifisch sind. Die festgelegten Vorlesungsveranstaltungen
einschließlich der zugehörigen Praktika umfassen etwa 70 Semesterwochenstunden.
Hinzu kommen Wahlvorlesungen im Umfang von 15 Wochenstunden. 5 Wochenstunden davon
können aus allen an den Münchner Hochschulen gehaltenen Lehrveranstaltungen gewählt
werden, sofern dafür benotete Wahlfachscheine ausgestellt werden. Für die übrigen
10 Wochenstunden sind Lehrveranstaltungen aus einer vorgegebenen Liste auszuwählen.
Diese Liste umfaßt für den Schwerpunkt Nachrichtentechnik rund 30 Vorlesungen und
Praktika. Als eine Art Vorübung zur Diplomarbeit bzw. als Möglichkeit zur näheren
Kontaktaufnahme zu den Lehrstühlen kann im Rahmen der Wahlfächer auch eine Studien-
arbeit durchgeführt werden. (An der Universität Stuttgart sind solche Studienarbei-
ten sogar Pflicht.)

Den Abschluß des Fachstudiums bildet die Diplomarbeit, eine umfangreichere technisch-wissenschaftliche Arbeit, für die eine Zeit von 6 Monaten vorgesehen ist und
die den Absolventen auf seine künftige Tätigkeit vorbereiten soll.

Die Diplomprüfung erfolgt in Fächergruppen und kann in 3 Abschnitten abgelegt
werden. Die Prüfungen sind teils schriftlich (für die größeren Vorlesungen) und
teils mündlich (in der Regel für die Wahlfächer).

Es muß noch erwähnt werden, daß auch ein frei zusammengestellter Studienplan
möglich ist, der jedoch von einer Kommission genehmigt werden muß.

Die meisten Absolventen verlassen die technische Universität mit dem Titel Dipl.
Ing.Univ. . Ein geringer Teil (nicht mehr als 10%) verbleibt an der Universität
als wissenschaftlicher Mitarbeiter mit der Absicht zu promovieren. Er verbringt
hier dann eine Zeit zwischen 4 und 6 Jahren, wobei er teils in der Lehre als Vorle-
sungsassistent oder für die Betreuung von Praktika arbeitet und sich teils an den
Forschungsarbeiten des betreffenden Lehrstuhls beteiligt und somit auch die Diplom-

145

arbeiten betreut. An die wissenschaftliche Qualität einer Dissertation werden recht hohe Anforderungen gestellt, so daß nur die besten Absolventen eines Jahrgangs den Weg bis zum Dr.-Ing. beschreiten können.

Der Studienplan der Fachhochschulen für das Fach Nachrichtentechnik ist nicht so leicht zu diskutieren. Denn, so wie die praktische Ausbildung der Fachhochschulstudenten an den einzelnen Fachhochschulen sehr uneinheitlich gehandhabt wird, so sind auch die Studieninhalte und der Schwierigkeitsgrad von Schule zu Schule unterschiedlich. Da der Studiengang Nachrichtentechnik an insgesamt 58 Fachhochschulen und Gesamthochschulen angeboten wird, würde es den Rahmen dieses Beitrages sprengen, alle Unterschiede aufzuzeigen. Es sei nur darauf hingewiesen, daß das Fachstudium an manchen Fachhochschulen (z.B. in Hannover) bereits mit dem 1.Semester einsetzt, denn man muß sich hier bereits mit dem Beginn des Studiums entscheiden, ob man etwa Energietechnik, Nachrichtentechnik, Informatik oder Automatisierungstechnik studieren will. An anderen Fachhochschulen (z.B. in München) erfolgt die Spezialisierung erst nach dem 2.Semester.

Semester

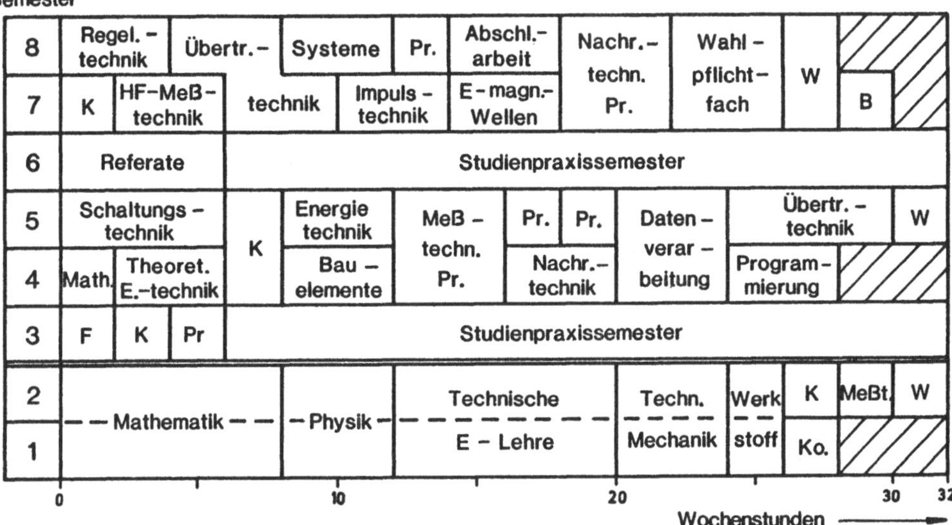

K = Konstruktionslehre , Pr = Praktika , W = Wahlfächer
Ko = Kommunikationstechnik , B = Betriebswirtschaft , F = Fertigungstechnik

Bild 9: Studienplan für das Studium der Nachrichtentechnik an der F H M
(vorläufig noch gültiger Lehrplan)

Bild 9 zeigt den Studienplan der Fachhochschule München. In den ersten beiden Semestern werden mathematische, physikalische und elektrotechnische Grundlagen und die Fächer des Maschinenbaus gelehrt; danach erfolgt das Angebot der fachspezifischen Vorlesungen. Wie schon erwähnt, ist das 3. und 6.Semester als Praxissemester ausgewiesen, wobei der Student in der ortsansässigen Industrie einschlägige praktische

Arbeiten durchführt. Die Praxissemester sind aber nicht an allen Fachhochschulen vorgeschrieben und fehlen beispielsweise an der FH Hannover. Im 8. Semester ist eine Abschlußarbeit vorgesehen.

Vergleicht man die Studienpläne an den wissenschaftlichen Hochschulen und an den Fachhochschulen, so ist der unterschiedlichen Zielsetzung entsprechend an den Fachhochschulen ein geringerer Anteil an Grundlagenfächern (Meßtechnik, Physik, Elektrotechnik) vorgesehen. Entsprechend der anderen Vorbildung der Studenten können diese Fächer natürlich auch nicht mit dem an den wissenschaftlichen Hochschulen verlangten Niveau gelehrt werden. Dieses ist der Grund dafür, daß ein unmittelbarer Wechsel ohne Zeitverlust von der Fachhochschule zur wissenschaftlichen Hochschule prinzipiell nicht möglich ist, obwohl diese Möglichkeit oft gefordert wird. Bei einem Wechsel zur wissenschaftlichen Hochschule muß vielmehr ein Bestehen der Vordiplomprüfung des wissenschaftlichen Studienganges verlangt werden, denn dieses ist die Voraussetzung für das Verständnis des weiterführenden fachwissenschaftlichen Studiums.

5. Die Studienreform

In unserer reformfreudigen Zeit wird immer wieder die Frage nach einer Studienreform gestellt, da man offenbar von der Voraussetzung ausgeht, daß alles Alte schlecht und daher grundsätzlich reformbedürftig sei. Aus noch zu erläuternden Gründen müssen wir zwei Typen von Studienreformen unterscheiden:

5.1 Die fachliche Studienreform

Das Fach Elektrotechnik und insbesondere die Nachrichtentechnik (die frühere Schwachstromtechnik) befindet sich in einer schon viele Jahrzehnte anhaltenden Fortentwicklung. Es ist nur natürlich, daß die Studienpläne an diesen technischen Fortschritt angepaßt werden müssen. Diese Anpassung ist in der Form einer ständigen und stetigen Studienplanreform auch immer erfolgt. Besonders der schon mehrmals erwähnte Fakultätentag für Elektrotechnik hat sich stets mit Erfolg um eine Koordinierung und auch um die notwendige Reform der Studienpläne des wissenschaftlichen Studienganges bemüht. So sind die Maschinenbaufächer, die noch vor 20 Jahren einen erheblichen Anteil hatten, nach und nach reduziert und durch elektrotechnische Fächer ersetzt worden. Seit dem Aufkommen der Digitaltechnik und der Datenverarbeitung oder technischen Informatik sind auch diese Fächer eingegliedert worden. Vor allem die schnelle Entwicklung der Halbleitertechnologie erfordert eine stetige Anpassung an die dadurch bedingten neuen technischen Möglichkeiten, man denke nur an den Mikroprozessor und an die hochintegrierten Schaltungen.

Bild 10 zeigt diese für die künftige Informationstechnik entscheidende Entwicklung.

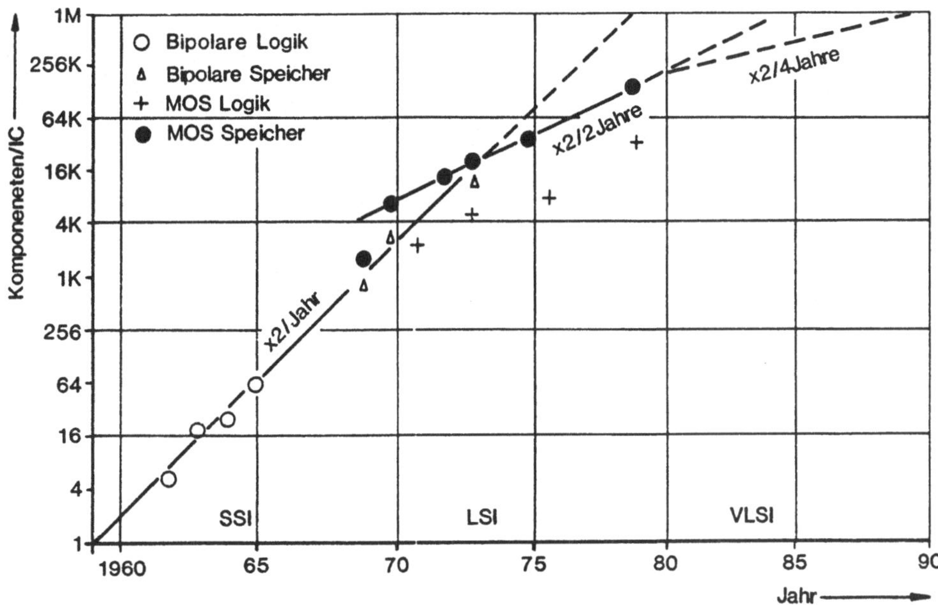

Bild 10: Jährlicher Fortschritt im Integrationsgrad

Es ist abzusehen, daß die Steigerung der Integrationsdichte, wenn auch mit etwas
verminderter Geschwindigkeit, noch bis zum Jahre 2000 und darüber hinaus anhält,
und daß sich damit neue und verbesserte Möglichkeiten vor allem auch in der Telekommunikation ergeben. Hinzu kommen die neuen Übertragungsmedien, Glasfaser und
Satellit. Die Studienpläne der technischen Fakultäten berücksichtigen diese Entwicklungen im Rahmen einer stetig und in kleinen Schritten verlaufenden Studienplanreform. Dazu ist es aber erforderlich, daß im Rahmen der gesetzlichen Bestimmungen eine genügend große Flexibilität für solche Änderungen besteht.

5.2 Die politische Studienreform

Nach den Bestimmungen des Hochschulrahmengesetzes wird die Einrichtung überregiona-
ler Studienreformkommissionen, ohne Bezug auf fachliche Belange, empfohlen.
Gegen den massiven Einspruch aller Fachvertreter wurde kürzlich die Einbeziehung
des Faches Elektrotechnik und die Einrichtung einer Überregionalen Studienreform-
kommission Elektrotechnik beschlossen. Hierbei ist noch gar nicht bekannt, welches
der Auftrag dieser Kommission sein soll. Für dessen Formulierung wurde eine weitere
Kommission gegründet. Hier kann man sich des Eindrucks nicht enthalten, daß Reform
um der Reform willen getrieben werden soll. Es wäre bedauerlich, wenn politische
Vorgaben die Tätigkeit dieser Kommission bestimmen würden, die in letzter Konsequenz nur zu einer Verminderung der Qualität oder der Effektivität des Ingenieur-

studiums für Elektrotechnik führen würden. Angesichts der starken internationalen Konkurrenz gerade auf dem Gebiet der Informationstechnik wäre die Verminderung der Qualität unserer heute wohl angesehenen Ingenieure gleichbedeutend mit einer Entwicklung in die Richtung eines unterentwickelten Landes. Daß damit vor allem auch ein Verlust von Arbeitsplätzen einhergeht, liegt auf der Hand. Eine andere Gefahr politisch motivierter Studienreformen liegt in der Tendenz, die Studienpläne zu fixieren und festzuschreiben, so daß dadurch gerade die fachlich notwendige stetige Studienplanreform verhindert oder zumindest erschwert wird. Es ist nur zu hoffen, daß durch die zu erwartende Mittelverknappung in der Verwaltung eine allzu große Aktivität politischer Studienreformkommissionen begrenzt wird.

6. Zusammenfassung

"Telekommunikation" ist eine neue Bezeichnung für ein Teilgebiet der "Nachrichtentechnik" oder auch "Informationstechnik", die wiederum zum Fachgebiet der Elektrotechnik gehört. Eine Ingenieur-Ausbildung auf diesem Gebiet wird daher durch ein Studium der Elektrotechnik - Fachrichtung Informationstechnik oder Nachrichtentechnik - an einer wissenschaftlichen Hochschule oder an einer Fachhochschule erreicht. Beide Studiengänge führen zu einem Diplom, und zwar der wissenschaftliche Studiengang an Technischen Universitäten oder Technischen Hochschulen zum Dipl.-Ing.(Univ) und der praxisorientierte Studiengang der Fachhochschulen zum Dipl.-Ing. (FH), früher als Ing.(grad) bezeichnet. Es wurden beide Ausbildungswege besprochen wobei auf die Studienpläne der Technischen Universität München und der Fachhochschule München als Beispiel näher eingegangen wird.

Die Berufsaussichten des Elektroingenieurs sind - verglichen mit anderen Berufen - immer noch sehr gut und nach allen Bedarfsschätzungen auch zukunftssicher: So kommen z.Zt. trotz wachsender Arbeitslosenzahlen auf einen Berufsanfänger 1,2 offene Stellen. Auch in der Vergangenheit waren die Absolventenzahlen und der Bedarf von Wirtschaft und Industrie an Elektroingenieuren in einem etwa ausgeglichenen Verhältnis, wie die Untersuchungen des VDE gezeigt haben. Diese Tatsache und die Überlegung, daß die Zahl der Studienanfänger aufgrund von Motivation und Fähigkeit zum Studium des Ingenieurberufes stets begrenzt sein wird (sie beträgt z.Zt. 14% der Abiturienten), bewogen den Fakultätentag für Elektrotechnik, den Numerus clausus im wissenschaftlichen Studiengang abzuschaffen. Der Zugang für die 15 Technischen Universitäten sowie für 9 Gesamthochschulen und 49 Fachhochschulen mit elektrotechnischen Studienrichtungen der BRD ist also frei, wobei für den wissenschaftlichen Studiengang das Abitur und für den praxisorientierten Studiengang die Fachhochschulreife als Zulassungsvoraussetzung gilt.

Für den Hochschulzugang gibt es eine große Zahl möglicher Bildungswege, einige davon wurden erläutert. Danach wurde der Aufbau des Studiums anhand der Studienpläne erklärt. Die Studienpläne der wissenschaftlichen Hochschulen sind relativ gut koordiniert. Nach dem Vordiplom (zum Abschluß des 4.Semesters) ist ein Hochschulwechsel ohne weiteres möglich. Danach beginnt erst das eigentliche Fachstudium, d.h. eine Aufspaltung etwa in die Richtungen Energietechnik, Informationstechnik, Meß-und Regelungstechnik, Elektronik u.a. mehr.

Bei den Fachhochschulen gibt es verschieden lange Ausbildungsgänge (mit und ohne Einschluß von Praxissemestern). Bei beiden Studiengängen wird die Ausbildung durch eine stetige Studienreform den sich verändernden Erfordernissen der Praxis angepaßt Nur auf diese Weise kann dem technischen Fortschritt Rechnung getragen werden, der gerade in diesem Fach zu maßgeblichen Veränderungen geführt hat.

Dank der rasanten Entwicklung der Halbleitertechnologie, die zu immer größeren Integrationsgraden führt und damit immer komplexere Systeme ermöglicht, und dank neuer Übertragungsmedien, wie Glasfaser und Satellit, ist eine stetige und weitreichende Zukunftsentwicklung der Telekommunikation vorauszusehen.

Der Verfasser dankt G.Binkert für die Zusammenstellung der Bilder und des statistischen Materials.

Schrifttum

/1/ Die Elektroingenieure in der Bundesrepublik Deutschland, Studie 1980 zur Frage des Bedarfs. Hrsg.: Verband Deutscher Elektrotechniker (VDE) e.V. - Berlin: VDE-Verlag 1980.

/2/ 25 Jahre Fakultätentag für Elektrotechnik, Informationsschrift, Hrsg.: Prof.Dr. H. Severin. Inst.f. Hoch- u.Höchstfrequenztechnik, Ruhr-Universität Bochum:1981

/3/ Kurzberichte "Was studieren? BfA-Statistik weiß Rat". In: Nachrichtentechnische Zeitschrift (ntz).- Berlin:VDE-Verlag, Bd.35 (1982), Heft 1, S.52

/4/ Die Fachhochschulen in Bayern, Chance eines Hochschulweges zum Beruf. Hrsg.: Bayer. Staatsministerium für Unterricht und Kultus.- München: 1981

/5/ Henning, K., Staufenbiel, J.E., Berufsplanung für Ingenieure, Start 82/83. Hrsg.: Staufenbiel, Institut f. Berufs- und Ausbildungsplanung Köln GmbH.- Köln: 1981

How to Become a Telecommunications Engineer?

Hans Marko
München

"Telecommunication" is a part of "communication technique", which belongs to electrical engineering. An engineer education in this field is therefore possible studying electrical engineering at a Technical University or a "Fachhochschule" with the specialized directions "communication or information science". Both courses of study result in a "Diplom": the scientific course of study at the Technical Universities or "Technische Hochschule" leads to the "Dipl.-Ing. (Univ.)"; the practice orientated course of study at the "Fachhochschule" leads to the "Dipl.-Ing. (FH)", fomerly "Ing. (grad)". Both ways of education are discussed using courses of studies of the Technical University and the "Fachhochschule" in Munich.

The chances for a job as electrical engineer are still very good, compared with other professions, and they are save for the future following estimations of requirement: Presently 1,2 open occupations are offered to one beginner although the number of unemployeds is encreasing. Also in the past, the number of graduates and the need of economy and industry was rather balanced, as investigations of the VDE (German association of electrical engineers) have shown. Since also the number of study beginners will always be limited by motivation and qualification (presently 14 % of the high school graduates in Germany), the "numerus clausus" for the scientific course of study was repealed. So the access to 15 Technical Universities, 9 "Gesamthochschulen" and 49 "Fachhochschulen" offering electrical engineering courses in the FRG is open under the following conditions: for the scientific course of study the "Abitur", for the practice orientated course the "Fachhochschulreife" is necessary. There are several ways of education to fulfill that condition, some of them are introduced. The organization of study is explained by the courses of study, which are relatively well coordinated at the Technical Universities. Undergraduates (after the 4th semester) can change the university. Then the specialized studies begin, i.e. a split into directions like energy technique, information science, measurement and control science, electronics and so on. The "Fachhochschulen" have different durations of education (with and without practice semesters). In both courses of study the education is adapted to the changing need of practice by a continuous reform. Only in this way it can be taken care of the technical progress, which has led to severe changes especially in this field.

Due to the quick development in the semiconductor technology leading to more and more encreasing degrees of integration, and due to new transmission media, like glass fibre and satellite, a continuous and extensive development of tele-communication can be foreseen.

Short explainations to the diagramms:

Fig. 1: Structure of the courses of study for electrical engineering at the TUM.

Fig. 2: Ratios of canditates to open occupations.

Fig. 3: Numbers of beginners and graduates at the "Fachhochschulen" and the Technical Universities.

Fig. 4: Development of student number at the electrical engineering faculty of the TUM in 1973 - 1981 (without candidats for school teaching).

Fig. 5: Schematic display of selection criterias for the engineering profession (motivation and qualification).

Fig. 6: Ways of education for the access to universities and "Fachhochschulen" (circled numbers mean duration in years).

Fig. 7: Comparison of the scientific and the practice orientated course of study for electrical engineering.

Fig. 8: Course of study for communication science at the TUM.

Fig. 9: Course of study for communication science at the FHM ("Fachhochschule" in Munich), (preliminary avaiable course of study).

Fig. 10: Annual development in the degree of integration in semiconductor technologies.

Employment Opportunities in International Telecommunications

Werner Wolter
Genf, Schweiz

It is a great honour for the International Telecommunication Union
and for me to be invited to chair the international session of your
symposium with such prominent leaders as Eric Sumner of the Bell
Laboratories, President of the world's largest professional communications engineering society, and Seisuke Komatsuzaki from Japan. These
two speakers represent the industrialized countries of the world. There
is no secret that some 80 % of the 550 million telephones constituting
the world network are installed in only 8 industrialized countries.
However, I have pleasure in advising that the 108 developing countries
of ITU's 157 Member countries are also represented at this session
through Professor Omotayo Seriki of the University of Lagos, Federal
Republic of Nigeria.

Today's college graduates and modern telecommunications are almost the
same age. Only about 20 years have passed since the marriage of communications and computer technologies. Modern telecommunication is their
offspring. As the scientific base expands, the telecommunication industry is growing and changing. Now, with microchips making computer
systems more like telecommunication networks and vice versa, the regu-
lators are giving up trying to draw a line between computers and telecommunications.

The profound changes brought about in the telecommunications industry
and in the world telecommunication network by the application of electronics and computer science to equipment and networks have created a
need for training highly qualified personnel. Technology is back in
fashion again. The Financial Times had an article which was very much
to the point only recently about the way ahead of data communication.
The essence of the new revolution was described in the sentence:

"The most important point about digital systems, and one with immense
practical consequences for our daily lives, is that it enables almost
every type of communication to be handled in the same form."

This sounds optimistic. However many technicians and workers, especially those in middle age, have a deep fear of the computer and all its
offspring. They fear that the widespread use of electronics will de-
stroy many jobs, and take most of the skill and interest out of those
that remain. Of course, the staff concerned have to be redeployed or
acquire additional skills in order to undertake as quickly as possible
the new tasks engendered by technological development and telecommunication administrations and industry are becoming increasingly aware
that it is critical to their growth that engineering staff keep their
proficiency as near the state-of-the-art as possible.

I feel it is a major part of my task to calm those fears and to spread
the message of optimism. Kenneth Baker, the British Minister in charge
of Information Technology has recently explained to me his countries'
experience with the electronic age. He said, those industries that have
fully embraced the new possibilities - banks, insurance companies, the
entertainment business,large parts of printing and publishing - have
generated extra employment for more than one million people in the past
decade. Further into the future is the impact of telecommunications
on the way individuals and society functions. The current consensus is
that the effect will be widespread. But planners so far have little
data on which to make plans for the new information society. However,
before I give the floor to our distinguished speakers, I wish to mention a study jointly sponsored by the International Telecommunication
Union, OECD and ten telecommunication manufacturers,and carried out
between 1976 and 1980. Its purpose was to measure the direct and indirect benefits of investments in telecommunications. The study recognizes
that development of human resources, communications know-how and manufacturing ability are one way of keeping up in the international economic race.

It is a well-known fact, of course, that national telecommunications
authorities employ a large number of people on building and maintaining
the network, and this operating function has a major impact on the manufacturing firms which supply the hardware to the telecommunications
authority. But what are the indirect employment effects of better telecommunications on sectors other than the production of hardware or the
operation of the network? In what way do the basic technological choices
made by national telecommunications authorities influence the long-term
patterns of employment, both with the telecommunications sector and in
the economy as a whole? Is the focus on urban telecommunications a

better strategy than a focus on rural telecommunications? These are some
of the intractable but important issues addressed in the ITU/OECD analysis of telecommunications and employment.

The study focused on what might be called the direct employment effects
of telecommunications, i.e. the total number of new jobs likely to be
created between 1976 and 2000 both in telecommunications services and
in the manufacturing of telecommunications equipment.

In the industrialized countries with the highest telephone densities
it was assumed that the growth in the total number of telephones will
not exceed 6 per cent per annum, and that telephone density will stabi-
lize around 1 line per inhabitant. In developing countries, density
objectives were establihed within reasonable limits on the basis of
present density, taking into account the general economic situation of
the country.

It can be assumed that the productivity in telecommunications services
will continue to increase at approximately the same rate as between
1967 and 1976. These increases in productivity, which can be measured
for instance by the decline in the number of employees per 1000 telephone lines in national telecommunications administrations, are due for
the most part to the gradual installation of technologically more sophisticated and more reliable equipment.

Another assumption is that the patterns of growth will be influenced
to a significant extent by basic choices in telecommunications technology. This issue is of particular importance for the developing nations.
Unlike the industrialized countries which built up their telecommunications networks over a period of a hundred years and had no other choice
but to use the technology which was available at the time, developing
countries today are faced with a wide range of technological possibilities, ranging from the traditional and well proven labour-intensive
equipment still manufactured by a large number of suppliers, to the
highly sophisticated electronic equipment which may be more expensive
to install, but which offers better prospects for future growth.

In practice, most countries are likely to proceed with a rather wide
mix of technologies, i.e. by continuing to install standard equipment
in the low traffic regions and reserving the most sophisticated equipment
for the high volume networks in the big urban centres.

Perhaps the most striking finding emerging from these projections is that, contrary to what one might expect, the extensive use of highly sophisticated technologies which require comparatively much less manpower in maintenance and management will ultimately result in a total employment figure which is roughly similar to that achieved with the more conventional labour-intensive technologies.

It shows efficiency and economic efficiency - choosing the sophisticated technologies which require less manpower ultimately results in a higher growth rate for the whole network and hence in the total number of people employed in the operation of the telecommunications system; at the same time, these sophisticated technologies contribute to a better quality of the network as a whole and pave the way to the development of entirely new types of services.

For the highly industrialized market economy countries, the picture is somewhat different: extensive use of the most advanced technologies will ultimately result in a somewhat lower total employment figure, but the loss in total employment is likely to be more than compensated by additional jobs in new types of telecommunications services, such as videotex, mobile radio-telephones, facsimile transmission, videophones or data transmission.

The total number of telephones in the world in the year 2000 could range between 1.45 and 2.6 billion, i.e. between three and six times more telephones than today. Although figures on the present levels of employment in telecommunications administration and operations are not readily available, one can estimate that approximately half the total of jobs in telecommunications services in the year 2000 will be new jobs, that is to say, that the expansion of the network between 1976 and 2000 will create between 5.75 and 10.5 million new jobs world-wide, i.e. a yearly average of between 230,000 and 400,000 jobs.

Assuming an average yearly cost per employee of US\$ 20,000 (measured in constant 1980 dollars), the total revenues required to pay for the costs of between 11.5 and 21.1 million employees would mount to a figure ranging from 230 to 422 billion dollars, depending on the hypotheses selected (standard technology or the most modern technology).

In addition to creating large numbers of jobs in the operations and maintenance of the networks, the expansion of telecommunications services will also generate new employment in the equipment manufacturing industries. This is the second important aspect of the direct employment effects of telecommunications investments. Estimating the number of new jobs that will be created in the telecommunications manufacturing industry between 1976 and 2000 may seem at first sight rather more simple than measuring new employment in telecommunications services during the same period: the number of firms involved is relatively small, and the size of the market - i.e. the total number of telephones installed throughout the world each year - can be derived from the estimate of the total number of telephones likely to be in operation by the end of the century.

However, the number of workers needed to produce 100,000 telephone lines in the year 2000 will be much lower than the number needed to produce the same volume today; however, we cannot know for sure how much lower this number will be.

The total number of new lines to be installed world-wide between 1976 and 2000 ranges from 1,070 million (low estimate, standard technology) to 2,250 million (high estimate, most modern technology). This corresponds to a yearly average of 42.8 - 90 million new lines per year. By the year 2000, the total number of new lines installed annually could be around 100 million world-wide.

These projections can be used to derive the number of workers in telecommunications manufacturing. Assuming that each person employed in equipment manufacturing produces around 20 lines per year, the number of workers needed to produce the 100 million lines a year projected for the year 2000 will amount to 5 million. This output per worker of 20 lines a year represents the average between low productivity telecommunications industries (10 lines per worker per year) and the high productivity industries (30 lines per worker).

Another approach is to look at the value of production and the average output per worker measured in US dollars. If we assume an average constant cost of $ 1,000 per line throughout the period, and an output per worker (measured in constant US dollars) in the $ 15,000 range, the $ 100 billion of telephone equipment produced by the year 2000 (100 million lines per year at $ 1,000 each) would require around 6.66 million workers. With a higher hypothesis ($ 30,000 per worker), the total number of workers would amount to 3.33 million. This higher productivity figure may be somewhat optimistic: a large part of the growth in telecommunications manufacturing facilities will take place in developing countries, which at present have only a very small telecommunications manufacturing industry with a rate of output per worker well below the $ 15,000 figure. It may therefore be more realistic to assume a worldwide average productivity figure in the $ 20,000 to $ 25,000 range by 2000. This would correspond to a total number of jobs in telecommunications manufacturing in the region of 4 to 5 million, i.e. roughly the same figure as that derived above from the number of lines per worker produced each year.

This figure of 4 to 7 million jobs in telecommunications manufacturing in the year 2000 can be set against the total number of jobs in the industry in 1976 to obtain the number of jobs likely to be created between 1976 and 2000. Estimates based on the number of workers in telecommunications manufacturing in the 20 largest multinational corporations and on indicative figures for the centrally planned economies suggest that total world-wide employment in telecommunications manufacturing in 1976 was in the 1 to 1.5 million range. If one accepts a margin of error of $\pm$ 15 per cent, a more precise figure of 1.2 million can be used. This means that the total number of new jobs likely to be created in telecommunications manufacturing between 1976 and 2000 is of the order to 2.8 to 3.8 million, which corresponds to an average of 110,000 to 150,000 new jobs per year throughout the world.

What would of course be interesting to know is the proportion of these 110,000 to 15,000 new jobs a year in telecommunications manufacturing - or for that matter the proportion of the 230,000 to 400,000 new jobs in operations - that will be created in the developing countries, as opposed to the developed market economies and the centrally planned economies. There are good reasons to believe that a very significant proportion of these new jobs both in manufacturing and operations will be created in the developing countries. If only half of these jobs were to be created in the Third World countries, this would mean a yearly total of between 170,000 and 275,000 new jobs in manufacturing and operations.

Together with this message of optimism, I want to express the common concern of dedicated people to see that progress in all fields of communications will result in the greatest benefits for mankind.

Telecómmunications Engineering in the U.S.A. –
A Profession in Rapid Change

Eric Sumner
Murray Hill, N.J., U.S.A.

We are now entering a new "Information Age" which many
predict will rival the first industrial revolution in its impact on
society. The previously separate industries of telecommunications and
data processing are fusing together to produce a new super-industry
driven by rapid technology advances, particularly in microelectronics.
Examples of the current state-of-the-art in microprocessor and memory
technology are given together with examples of the new type of services
possible in the information age.

The impact of these industry changes on the practicing
professional engineer are analyzed. It is concluded that the traditional academic disciplines will remain the basic starting point for
entry into the profession, but that education will increasingly be
viewed as an obligatory ongoing broadening and deepening process
throughout a professional career.

INTRODUCTION

We are entering a new "age of information" which many predict will rival in impact on society the first industrial revolution. The previously separate industries of telecommunications and information processing have come together to spearhead entry into this brave new world.

In this paper we consider some of the economic impacts of the "information industry," the technological changes which are its driving force, and discuss an example of the new products and services made economically feasible by advances in the technology. We emphasize the impact these changes will have on the education and professional lives of engineers in the industry.

The perspective for these comments is that of an engineer practicing in the United States, and more specifically at Bell Laboratories. Keep in mind, however, that the forces at work in our industry increasingly transcend national boundaries.

THE INFORMATION INDUSTRY

Business today spends an estimated $660 billion on office communications, and depending on the industry, this constitutes anywhere from 20% to 80% of total operating expense. Roughly half of all employees are identified as office or "knowledge" workers. Unfortunately the productivity of office work has been stagnant for many years while energy costs and the price of money have escalated. Improving productivity in the office environment is a major economic challenge and one to which telecommunications and information handling hold the key. Currently, of the $660 billion, roughly 30% is spent on telephone conversation, 42% on face-to-face meetings, 25% on document-based communication or mail, and only 3% on data communication, video, and facsimile. About 80% of the $660 billion relates to people expenses, only 10% for electronically-aided communication. Clearly, the opportunities for savings are large.

Enhanced voice communications systems have been developed which offer the ability to store voice messages for future delivery and broadcast messages to multiple recipients. In time automatic speech recognition technology will allow voice creation of text and the use of verbal commands to operate systems. Electronic mail systems are already available which allow messages and information to be

distributed in any appropriate audible, visual, or hand copy form to
single or multiple addresses.

NEW TECHNOLOGY

The driving force behind this new industry is, of course,
the spectacular advances of recent years in technology, particularly
silicon technology, and more recently, photonics.

1. _Silicon_. The by-now-traditional ten-fold improvement per unit of
cost every four to five years continues unabated. 32-bit microprocessors have been announced in recent months by a number of manufacturers
in the United States. The example shown in Figure 1 is a 32-bit microprocessor chip produced at Bell Laboratories for manufacture by
Western Electric. It is a true 32-bit machine and includes a 32-bit
internal data path and a full 32-bit address space. It has a high
performance pipelined architecture with a full set of arithmetic and
logical operations and a restartable instruction set. This processor

FIGURE 1

reflects current state of the art in VLSI technology: it contains 150,000 transistors and is implemented in CMOS technology. The chip was built using 2.5µ design rules and dissipates only 0.7 watts of power. Functionally it is the equivalent in computing power of the room-sized computers of the early 1970s and represents a further advance from the primitive assembly language programming used on early microprocessors. Silicon is now being used to reduce software costs in much the same way as in earlier generations of mainframe computers. This microprocessor supports the use of high level languages and is designed to use a process-oriented operating system.

The design and layout of the chip itself represents a tour de force in the use of Computer-Aided Design techniques. To give some idea of the complexity involved, if each transistor were a house and the connecting lines roads, designing the chip would correspond roughly to the layout for a 64 square-mile city of 300,000 people with 5,000 miles of roads. The software in the Computer-Aided Design tools used in designing the chip contained 600,000 lines of code. Much emphasis was placed on making easy future custom modifications and smaller feature size versions of the design. Increasingly, as chip designs become ever larger, more complex, and customized to produce systems on a chip, the key to progress is CAD. Computers are being used to design chips that are used to build computers that are used to design chips, ad infinitum!

Another milestone recently achieved was the announcement in February of a 256K RAM chip by Bell Labs (Figure 2). Here more than half a million components are contained on a chip less than 1.7×0.8 cm. A computer-controlled, laser-activated redundancy technique allows spare elements on the chip to be substituted for faulty elements, giving greatly enhanced chip yields. The Western Electric Company is scheduled to begin manufacture of these devices later this year.
2. <u>Lightwave Technology</u>. The use of optical fibers to transmit information has passed surprisingly rapidly from research through development to deployment, driven by the promise of higher bandwidth at lower cost. Figure 3 shows the first generation 0.83µ systems installed in the Bell System. A much larger wave of second generation systems based on operation at 1.3µ is planned in the next few years. The economics of operation at this wavelength are such that applications from local subscriber to high density intercontinental routes are expected.

FIGURE 2

<u>SOFTWARE</u>

The rapid advances in silicon technology and in lightguide
technology (Si and SiO_2 technology) make economically feasible many
new products and services. Frequently the key to translating advances
in hardware technology to useful products is, of course, software.
One of the largest changes in the telecommunications industry over the
last years has been the major increase in software activity. Figure 4
shows the changes over the last decade in computing at Bell Laboratories
in terms of both people and hardware. More than one third of the staff
and budget is now identified with computing. This reflects, of course,

BELL SYSTEM LIGHTGUIDE APPLICATIONS

LOCATION	CUT-OVER	ROUTE MILES	FIBER-km	DIGITAL LEVEL
ATLANTA GA	1/76	0.4	94	3
CHICAGO IL	5/77	1.5	18	3
ORLANDO FL	3/79	0.6	15	1
PHOENIX AZ	10/79	1.7	18	3
SACRAMENTO CA	10/79	2.7	155	2
TRUMBULL CT	11/79	4.0	156	3
LAKE PLACID NY	2/80	2.5	50	2
NEW YORK NY	5/80	2.3	90	2
ATLANTA GA	9/80	6.3	400	3
CHEYENNE MIN CO	9/80	18.3	236	3
SAN FRANCISCO CA	10/80	3.6	270	3
PITTSBURGH PA	3/81	40.6	2,800	3
SAN FRANCISCO CA (BART)	6/81	8.8	2,000	3
WHITE PLAINS NY	6/81	27.6	3,200	3
LOS ANGELES CA	6/81	6.7	1,625	3
GREENVILLE TX	6/81	2.1	41	3C
LINDENHURST NY	6/81	2.9	224	3
WILLOWCREST ILL	6/81	3.9	226	3
PHILADELPHIA PA	7/81	16.8	3,100	3
ORLANDO FL	11/81	9.8	3,012	3
GARDENA & SHERMAN OAKS CA	11/81	10.0	1,152	3
MELVILLE – GARDEN CITY	11/81	3.9	377	3
GOLDEN GATE BRIDGE – SF	'82	14.0	1,670	3
NEWARK – NEW BRUNSWICK	2/82	26.1	3,012	3
NE CORRIDOR (NY TO WASH.)	'83	377	50,000	3C

PHASE 1 OF SW CORRIDOR
   OAKLAND – STOCKTON (CA)
   STOCKTON – SACRAMENTO
   HAYWARD – SAN JOSE
	2/83	159	19,300	3C

PHASES 2, 3 OF SW CORRIDOR STOCKTON – LA	'83 – '84	346	42,400	3C

NE CORRIDOR
   WASH – BOST
   WASH – RICHMOND
	'83 – '84	400	27,500	3C

FIGURE 3

GROWTH IN COMPUTING AT BELL LABS

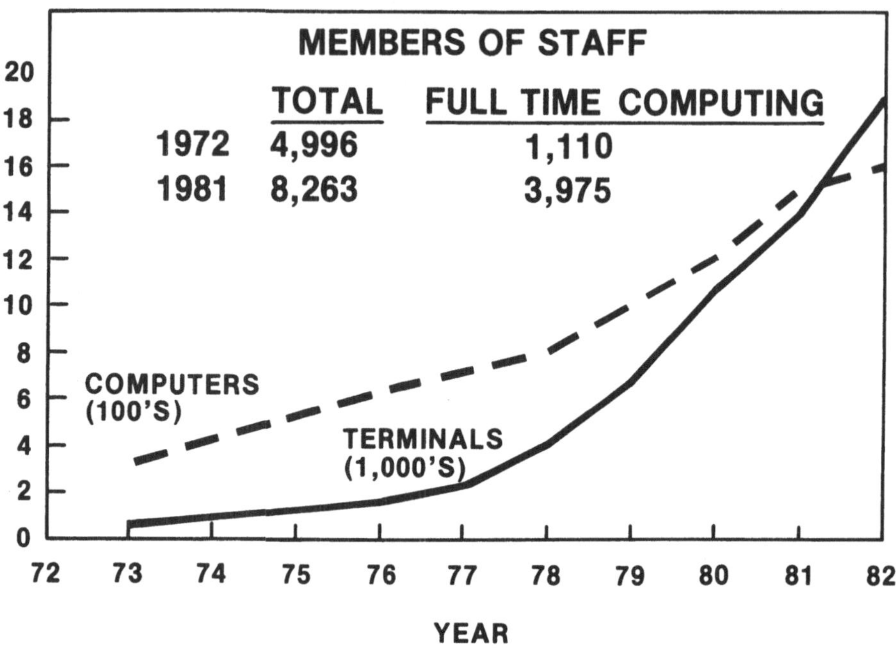

FIGURE 4

the economic impact of software on the telecommunications business as seen in Figure 5. These system applications of software are the backbone of the telecommunications network, transparent (when all is well) to the ultimate user. Few aspects of the jobs of the million or so people who operate and maintain the United States telephone system have been untouched by mechanization, and productivity has improved many-fold over the last decade.

The continuous improvement in computing price/performance has also made possible a number of radically new user services.

BELL LABS SOFTWARE
PRODUCT LINE

	SYSTEMS	SITES (THOUSANDS)	LINES OF CODE (MILLIONS)
SWITCHING	12	3	10
CUSTOMER SERVICES	9	55	2
OPERATIONS SUPPORT SYSTEMS	68	6	15
COMMON TECHNOLOGY	7	6	6
TOTAL	96	73	33

FIGURE 5

WRITER'S WORKBENCH

Many of you here have a strong professional interest in
written communication, either as educators or journalists. In the
United States at least, it is the conventional wisdom that the ability
of students and employees to write coherently and cogently has declined
seriously in recent years. Coupled with this is the demographic fact
that the "office of the future," of which so much is written, will be
populated by people of lower educational attainment than office workers
of the past, and it is clear that in addition to ever faster and better
ways to transmit and store data, what we really need are tools to en-
hance writing ability.

At Bell Labs we have recently developed a set of computer
programs which capture many of the procedural rules for good written
English, and we call these the Writer's Workbench. Among the 30 or
so analyses of written text that these programs currently perform are

checks on spelling, punctuation, grammar, awkward phraseology, and
readability; that is, how many years of education the reader requires
to adequately comprehend the text. If so much can be done in a
chaotic language like English, imagine what could be achieved in a
language of discipline and structure like German!

The Writer's Workbench has rapidly become regularly used by
people at Bell Labs and other Bell System companies. Currently we are
using it experimentally at Colorado State University as an aid in the
teaching of writing to engineering students. Results to date are
encouraging, not only in terms of improved writing ability but also
in an increased interest in writing on the part of students. One
comment frequently made is that "this is the first time I have ever
found grammar interesting."

A few years ago the cost of using computers to perform this
kind of analysis would have been prohibitive. Now it costs less than
$1 per hour per student. With inexpensive data communications it is
entirely feasible to make such a capability universally available in
schools and even homes. Mechanized aids for homework!

EDUCATION AND THE ENGINEER

The explosive growth in the information industry in the
last few years has led many in the United States to warn that a serious
shortage in the supply of engineers is imminent, particularly in the
Computer Science and Electrical Engineering fields, and that this is
likely to hamper long-term expansion of the industry. Although some
have questioned if there is a serious current shortage, there is a
broad consensus that engineering education in the United States is in
a state of crisis.

There are a number of reasons for this. The first is that
academic salaries have fallen well behind those in industry. The range
of starting salaries for BS level engineers is generally $20,000 to
$30,000. Academic salaries for first appointments (nearly always re-
quiring a PhD degree) average $22,000. This has led to loss of faculty
and of the graduate students who are the teachers of tomorrow. The
adverse salary differential also inhibits reverse flow of experienced
industrial engineers back to universities. Capital budget funding in
engineering schools is generally hopelessly short of what is required
to stay at the forefront in the computer science and electronics fields.

Finally, the directions in which new industries evolve rarely match the traditional demarcations of academia. We find, for example, that many Computer Science and Electrical Engineering graduates have had little formal exposure to the principles and practice of data communications.

These factors do not augur well for the quality or quantity of graduate engineers available in the future. Estimates by the American Electronics Association are that by 1985 only 15,000 engineers will graduate, against an industry requirement of 51,000. A different concern is the rapid rate of obsolescence of skills, particularly in young disciplines like computer science. A frequently-made claim is that in computer science half of the information acquired in a degree program is obsolete in three to five years; thus, continuing education becomes an ongoing requirement throughout an engineering career.

Resolution of these issues appears to lie in a restructuring of the traditional working relationships between industry, academia, and the professional societies, recognizing that the strength of our people resources are our greatest asset - or if we fail, our greatest liability.

A number of activities currently underway in the United States point the way for the future.

1. Faculty/industry exchanges. These can take the form of sabbaticals, short-term exchange teaching assignments, or seminars and short courses. The important thing is to create a regular ongoing dialog involving both junior and senior people.

2. Funded research. Direct industrial sponsorship of academic research is on the increase: Stanford University has 14 corporate sponsors for its new center for integrated systems; the University of Minnesota recently raised $6 billion from four corporate sponsors for a center for microelectronics. Overall, business is expected to increase its contributions to engineering schools by at least $100 million this year.

3. Professional society educational activities. For many engineers, professional societies offer the major vehicle for maintaining technical currency. The IEEE recently began experiments on the use of live satellite broadcasts of courses to 38 sites nationwide.

4. Industrial education. Provision of specialized education is traditional in many industrial environments, and this is likely to expand to remedy deficiencies in the educational background of incoming engineers. At Bell Labs, in the software field, employees now spend an average 5% to 10% of their working time undertaking ongoing education. Such a substantial investment reflects a strong conviction that education is necessary for survival in forefront fields. At Bell Laboratories, we have seen the amount of all ongoing education more than double over the last four years.

<u>TELECOMMUNICATIONS AND THE INDIVIDUAL ENGINEER</u>

What do the changes discussed imply for careers in the industry?

Some things, as always, remain unchanged. A firm grounding in the physical sciences remains vital in device technology, for example. As components enter the submicron regime, the fundamental physical processes that underlie device operation change in complex ways, and we will therefore need to "get back to basics" if we are to continue along the evolutionary silicon path. Electrical Engineering and Computer Science will remain for the foreseeable future the "core" disciplines of the industry. The second point is that the range of specialist disciplines represented in the industry is broadening. Understanding customer needs and how to respond to them with cost-effective technological solutions that are "user friendly" becomes ever more important.

Changes over the last decade in the major areas of work at Bell Labs are illustrated in Figure 6. The percentages of total effort in electrotechnology, switching, transmission, and operations system

ALLOCATION OF PERSONNEL

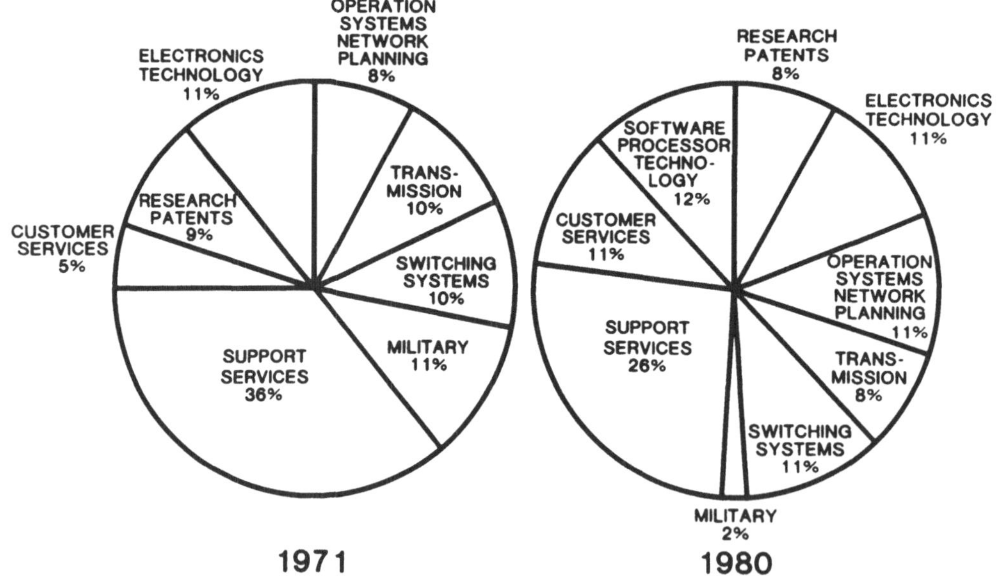

FIGURE 6

network planning have remained roughly constant. Major growth areas
have been customer services and particularly software and processor
technology.

The rate of innovation in our industry is such that we must
expect to make several major changes during the course of a career.
University education should be viewed as what is necessary to get
started in the industry to be followed by ongoing education throughout
the lifetime of a career.

SUMMARY

In summary, I believe that our industry faces greater opportunities than at any time in its past and the career opportunities are
unbounded. The skill to continue the advance of the technology and the
imagination to exploit what it offers will depend, as it has in the
past, on being able to attract into the industry the very best of that
most precious resource, people.

ACKNOWLEDGMENTS

The author acknowledges the patient help of P. A. Turner
in preparing this paper.

Der Telekommunikationsingenieur in den USA – ein Beruf in schnellem Wandel

Eric Sumner
Murray Hill, N.J., USA

Wir treten in ein neues "Informations-Zeitalter," das, wie vielseitig prophezeit, mit ihrem gesellschaftlichen Einfluss sicher mit der industriellen Revolution wetteifern wird. Die bisher getrennten industriellen Gebiete der Fernmeldetechnik und Datenverarbeitung schmelzen zusammen und bilden eine Super-Industrie, die von sehr schnellen technologischen Fortschritten betrieben wird, z. B. der Mikroelektronik. Beispiele des jetzigen Standes der Mikroprozessor - und Speichertechnologie werden zusammen mit Beispielen des neuartigen Services des neuen Informations - Zeitalters beschrieben.

Der Einfluss der industriellen Änderungen auf den Berufsingenieur wird analysiert. Es wird die Schlussfolgerung gezogen, dass die traditionelle akademische Disziplin der Ausgangspunkt für den Eintritt in die Berufsausbildung bleiben wird und diese Ausbildung selbst einen sich verbreitenden und vertiefenden Vorgang der Beruflichen Laufbahn darstellt.

EINLEITUNG

Wir treten in ein neues Zeitalter - das "Zeitalter der Information" - das, wie vielseitig prophezeit, mit seinem Einfluss auf die
Gesellschaft mit der Industriellen Revolution wetteifern wird. Die
vorher getrennten Gebiete der Nachrichtenübertragung und Informationsverarbeitung haben sich vereinigt, um einen Eintritt in diese
neue Welt zu bilden. Die wirtschaftlichen Einflüsse der "Industrie des
Informationswesens" und die treibenden Kräfte der technologischen
Änderungen und Beispiele der neuen Erzeugnisse und Services, die
durch die technologischen Fortschritte wirtschaftlich geworden sind,
werden beschrieben. Der Einfluss dieser Änderungen auf die Ausbildung
und die berufliche Laufbahn der Wissenschaftler des Informationswesens
wird hervorgehoben.

Diese Erläuterungen sprechen den Wissenschaftler in den
Vereinigten Staaten an, besonders aber den Wissenschaftler der Bell
Laboratories. Es sollte aber nicht übersehen werden, dass die in
unserer Industrie tätigen Berufskräfte sich zunehmend über alle
nationalen Grenzen erstrecken.

DAS INFORMATIONSWESEN

Die Ausgaben für Büro-Nachrichtenübertragung betragen heutzutage ungefähr $600 Milliarden, die natürlich vom betreffendem Geschäft-
swesen abhängen; dieser Betrag stellt 20 bis 80% der Gesamtbetriebskosten
dar. Ungefähr die Hälfte aller Angestellten werden als Burö - oder
"Knowledge" - Arbeiter bezeichnet. Leider ist die Büroarbeitsleistung
mehr oder weniger zum Stillstand über die letzten Jahre gekommen,
während die Energiekosten und die Geldwerte sich erhöht haben. Eine
Leistungsverbesserung in der Bürowelt ist eine wichtige, praktische
Anforderung, eine für die der Schlüssel in der Nachrichtenübertragung
und Informationsverarbeitung liegt. Heutzutage werden von den $600
Milliarden ungefähr 30% für Telefonate, 42% für persönliche Zusammen-
künfte, 25% für belegbasierte Kommunikation oder die Post ausgegeben,
woraus nur 3% für Datenverkehr, Videodaten und Bildübertragung übrig
bleibt. Ungefähr 80% der $600 Milliarden werden für Personenausgaben
verwendet und nur 10% für den eletronikunterstützten Verkehr. In
diesen Fällen gibt es natürlich vielseitige Einsparungsmöglichkeiten.

<u>Enhanced Voice Communication</u> (Vervollkommnete Sprachübertragungs-Systeme)

Enhanced Voice Communication Systeme, die Sprachnachrichten zur späteren Übertragung speichern und eine Nachricht an mehrere Empfänger übertragen, sind entwickelt worden. Automatische Spracherkennung wird zukünftig die Spracherzeugung von Texten und gesprochene Befehle zum Systembetrieb ermöglichen. Elektronische Postsysteme sind schon zugänglich und ermöglichen Nachrichten - und Informationsverteilung in Sprach - Bild - oder Belegformat an einen oder mehrere Empfänger.

NEUE TECHNOLOGIEN

Die treibende Kraft dieses neuen Industriewesens ist den grossartigen technologischen Fortschritten der letzten Jahre zuzuschreiben, besonders der Silizium-Technologie, und, seit kurzem, Lichtleitertechnik.

1. Die schon fast traditionelle zehnfache Verbesserung der Kosten pro Einheit alle fünf Jahre, dauert unvermindert an. Die 32-bit Mikroprozessore sind seit einigen Monaten von mehreren Herstellern in den V.St.A. angegeben worden. Abb.1 zeigt einen 32-bit Mikroprozessor-Chip, der von den Bell Laboratories zur Herstellung von Western Electric, entwickelt worden ist. Dies ist eine echte 32-bit Vorrichtung, ausgerüstet mit einem 32-bit internen Datenweg und einem vollständigen 32-bit Adressenraum, ausgeführt in hochleistungsfähiger Pipelinebauweise mit vollständigem Komplement arithmetischer und logischer Operationen und wiederanlaufbarem Befehlssatz. Dieser Prozessor stellt den gegenwärtigen Stand der VLSI-Technologie dar: es enthält 150.000 Transistoren und ist in CMOS-Technologie ausgeführt. Der Chip wurde mit 2.5μ Designregeln ausgeführt und hat einen Leistungsverbrauch von nur 0,7 Watt. Funktionell gesehen ist es gleichwertig mit der Computerleistung der am Anfang der 70-ger Jahre gebräuchlichen Computer, die ein verhältnismässig grosses Zimmer ausfüllen und, im Vergleich zu der primitiven Programmierung in der Assemblersprache, die in den ersten Mikroprozessoren angewandt wurde, stellt es einen weiteren bedeutungsvollen Fortschritt dar. Heutzutage wird Silizium in derselben Weise zur Software-Kostenerniedrigung angewandt wie in den früheren Mainframe-Computergenerationen. Dieser Mikroprozessor ermöglicht die Anwendung höherer Programmiersprachen und ist für das prozessorientierte Betriebssystem ausgelegt.

        Das Design und das Layout des Chips selbst stell eine "tour de force" in der Anwendung der Computerunterstützten Entwicklungsvorgänge dar. Der Klarheit halber könnte man sich vorstellen, dass jeder Transistor ein Wohnhaus darstellt und die Verbindungswege Strassen, dann würde der Chipentwurf annähernd der Planung einer 64 Quadratmeilen grossen Stadt mit 300.000 Einwohnern und 5.000 Meilen von Strassen gleichen. Die Software für die Computerunterstützte Entwicklung der Chipherstellung enthielt ungefähr 600.000 Leitungscoden. Der Schwerpunkt wurde auf leichte zukünftige Anwenderfreundliche Modifizierung und kleinere Designgrössen gelegt. Mit zunehmend grösser werdenden Chipdesigns, mit zunehmender Kompliziertheit und zunehmender Anwenderorientierung stellt die Computerunterstützte Entwicklung den Wichtigen Schlüssel zur Systemherstellung auf den Chips dar. Computer werden zur Herstellung der Chips angewandt, die Chips werden zur Herstellung der Computer angewandt, die Computer werden wieder angewandt zur Herstellung der Chips, ad infinitum!

        Eine bedeutende Entwicklungsleistung ist die Bekanntmachung im Februar eines 256K RAM Chips von Bell Laboratories (Abb.2). In diesem Falle sind mehr als eine halbe Million Bauelemente auf einem Chip, der kleiner ist als $1,7 \times 0,8$ cm, untergebracht. Ein Computerunterstütztes, Laser-aktiviertes Redundanzverfahren ermöglicht den Austausch der Defektbausteine gegen Erstatzbausteine auf dem Chip, so dass eine weitgehende Verbesserung der Chipleistung erzielt wird. Western Electric Company wird mit der Herstellung dieser Bauteile moch in diesem Jahr beginnen.

2. Die Lichtwellenleitertechnologie zur Informationsübertragung is bemerkenswert rasch vom Forschungsstadium zur Entwicklung und zur Anwendung vor sich gegangen, angespornt von höheren Bandbreiten zu ermässigten Kosten. Abb.3 zeigt die erste Generation des $0,83\mu$ Systems das im Bell System eingesetzt wurde. Ein viel grösseres, auf $1,3\mu$ Betrieb beruhendes, Zweitgeneration-System ist in den nächsten Jahren vorgesehen. Erwartungsgemäss wird die Wirtschaftlichkeit des Betriebes auf dieser Wellenlänge Anwendungen vom Ortsteilnehmer bis zu interkontinentalen Leitungswegen hoher Dichte bewerkstelligen.

<u>SOFTWARE</u>

        Die schnellen Forstschritte der Silizium-Technologie und der Lichtwellenleiter-Technologie (Si und SiO_2 - Technologie) gewährleisten die Wirtschaftlichkeit vieler neuartiger Erzeugnisse und Angebote.

Meistens liegt der Schlüssel einer Umwandlung der Hardware - Fortschritte
in vorteilhafte Erzeugnisse natürlich in der Software. Eine der weit-
gehendesten Änderungen im Nachrichtenübertragungswesen während der
vergangenen Jahre ist die grosse Zunahme im Software-Bereich.
Abb.4 zeigt die Änderungen betreffend des Personals und Hardware die im
Computing-Tätigkeitsbereich der Bell Laboratories während der letzten
zehn Jahre zustande gekommen ist. Mehr als ein Drittel des Personals
und der Budgets ist mit Computing verbunden. Das zeigt natürlich den
wirtschaftlichen Einfluss auf das Nachrichtenübertragungswesen an, wie
in Abb.5 veranschaulicht. Diese Systemanwendungen der Software stellen
die Grundlage des Nachrichtenübertragungsnetzes dar und sind dem Endan-
wender (wenn alles gut verlauft) zugänglich. Nur wenige Berufsmerkmale
der ungefähr einer Million Angestellten die das Telefonsystem in den
V.St.A. bedienen und aufrecht erhalten sind nicht automatisiert worden
und die Leistungen haben sich entsprechend in den letzten zehn Jahren
zusehend verbessert. Die andauernde Verbesserung der Rechnerkosten pro
Leistung hat auch für den Anwender mehrere neuartige Services mit sich
gebracht.

WRITER'S WORKBENCH PROGRAMM ("Arbeitsbank für den Schreibenden")

    Viele von Ihnen hier haben eine grundlegende Interesse in
schriftlichen Mitteilungen, entweder als Lehrkräfte oder als Journalisten.
Wenigstens bei uns in den V.St.A. wird es konventionell angenommen,
dass die Fähigkeit der Studenten und auch Angestellten, sich schriftlich
klar und zusammenhängend auszudrücken in den letzten Jahren vermindert
hat. Es ist auch schon mehrfach demographisch festgestellt worden, dass
das "Büro der Zukunft," das schon sehr vielfältig beschrieben worden
ist, mehr Angestellte von einem niedrigerem Bildungsniveau haben wird
als das in der Vergangenheit der Fall gewesen ist und deshalb brauchen
wir nun Hilfsmittel, zusätzlich zu den immer schnelleren und besseren
Datenübertragungs- und Speicherungsmitteln die die Schreibfähigkeit
aufbessern.

    Bell Laboratories hat unlängst einige Computerprogramme ent-
wickelt die die Vorschriften der guten schriftlichen Ausdrucksweise in
der englischen Sprache beinhalten; das sind die Writer's Workbench
Programme. Sie führen ungefähr 30 Analysen des schriftlichen Textes
aus, z.B., Rechtsschreibung, Zeichensetzung, Grammatik, unhandliche
Ausdrucksweise, und Lesbarkeit, d.h., das erforderliche Bildungsniveau
(in Jahren) des Lesers zum genügenden Verständnis des Textes wird

angegeben. Wenn man schon so viel mit einer schwer zu ergründenden
Sprache wie englisch unternehmen kann, was könnte man dann mit einer
disziplinierten und strukturierten Sprache wie deutsch erzielen!

Writer's Workbench wird regelmässig von Angestellten der
Bell Laboratories und auch den der anderen Bell System Kompanien angewandt. Zur Zeit wird dieses Programm als ein Lernhilfsmittel im "Schreib-
Unterricht" für Elektrotechnik-Studenten bei der Colorado State University benutzt. Soweit sind die Resultate ermutigend, nicht nur in der
verbesserten Schreibfähigkeit der Studenten, sondern auch in einer
grösseren Interesse am Schreiben selbst. Eine sehr oft gemachte Feststellung ist - "...das ist wirklich das erste Mal, dass ich die Grammatik interessant gefunden habe."

Vor einigen Jahren wären die Kosten einer solchen Computer-
anwendung noch sehr unwirtschaftlich gewesen, doch heutzutage betragen
diese Kosten weniger als $1,00 pro Stunde pro Student. Als Folge der
preisfreundlichen Datenübertragung wird dieses Programm auch allgemein
in Schulen und Heimen zugänglich sein. Automatisierte Hilfsmittel für
Schulaufgaben!

DIE AUSBILDUNG UND DER WISSENSCHAFTLER

Als Folge der sehr intensiven Entwicklung des Informationswesens
ist es bei uns vielseitig geäussert worden, dass es sehr bald einen
Mangel an Wissenschaftlern geben wird, besonders in den Gebieten des
Computerwesens und der Elektrotechnik, und dass das die weitere Entwicklung dieser Industrie behindern könnte. Obwohl man sich fragt ob
zur Zeit ein ernsthafter Mangel wirklich besteht, ist man der allgemeinen
Meinung, dass die Wissenschaftler-Ausbildung in den V.St.A. sich dennoch
in einer kritischen Lage befindet.

Es gibt dafür mehrere Gründe. Der erste wäre, dass die Gehälter
an den Akademien und Hochschulen viel niedriger sind als in der Industrie.
Die Anfangesgehälter (pro Jahr) der Wissenschaftler mit Bachelor of
Science Grad betragen allgemein $20.000 bis $30.000 pro Jahr in der
Industrie. Die akademischen Anfangsgehälter (die fast immer einen Ph.D.
Grad erfordern) betragen ungefähr $22.000 pro Jahr. Demzufolge haben
sich viele der promovierten Studenten, die die Lehrkräfte der Zukunft
darstellen würden, von der akademischen Welt abgewandt. Dieser nach-
teilige Gehaltsunterschied hat auch die umgekehrte Bewegung sachkundiger
Wissenschaftler von der Industrie zurück zu den Universitäten gehemmt.
Das Betriebskapital ist meist sehr ungenügend und kann den Erfordernissen

nicht gerecht werden, so dass die Computerwissenschaft und die Elektronik
nicht mehr im Vordergrund stehen können. Zuletzt sollte man auch noch
erwähnen, dass die Entwicklungsrichtungen der neuen Industrien selten
mit den traditionellen Grenzlinien der Hochschulen zusammenfallen. Man
hat, zum Beispiel, festgestellt, dass viele, die im Computerwesen und
in der Elektrotechnik promoviert haben, eigentlich nicht sehr oft mit
den Gundlagen und den Anwendungen der Datenübertragung in berührung
gekommen sind.

Diese Tatsachen deuten auf eine nicht sehr zufriedenstellende
Qualität oder gar Quantität der promovierten zukünftigen Wissenschaftler
hin. Die American Electronics Association hat geschätzt, dass im Jahre
1985 nur 15.000 Wissenschaftler promovieren werden, wobei die Industrie
aber 51.000 Wissenschaftler benötigen wird. Zudem kommt noch die
schnelle, "Veralterung" der fachlichen Kenntnisse, besonders in solchen
jungen Fachgebieten wie die Computerwissenschaft. Der allgemeinen
Meinung nach, ist die Hälfte des Erlernten in der Computerwissenschaft
schon nach drei bis fünf Jahren veraltet; demzufolge ist die fortgesetzte
Ausbildung eine andauernde Anforderung der beruflichen Laufbahn des
Wissenschaftlers.

Eine Lösung dieser Zustände scheint jedoch in einer Umgliederung
der traditionellen Arbeitsverhältnisse zwischen der Industrie, der akademischen Gemeinschaft und den Fachgemeinschaften zu liegen. Es muss
auch voll anerkannt werden, dass die intellektuelle Begabung selbst
unser wertvollstes Besitztum ist - sollte uns diese Lösung aber nicht
gelingen, dann werden wir alle ärmer sein.

Zur Zeit wird in den V.St.A. als Zukunftsvorbereitung folgender-
massen vorgegangen:
1. Austausch zwischen den Fakultäten und der Industrie; zum Beispiel,
als Studienurlaub, kurz-zeitige Unterrichtsaufenthalte, Universitäts-
Seminare und kurz-zeitige Ausbildungs-Lehrgänge. Das wichtigste in
diesem Falle is die Herstellung eines regelmässigen, fortlaufenden
Dialogs zwischen den jüngeren und den älteren Jahrgängen.
2. Forschungsfinanzierung. Die akademische Forschung wird zunehmend
von der Industrie unmittelbar unterstützt, z.B., die Stanford University
hat 14 industrielle Sponsoren für ihr neues Zentrum für Mikroeletronik.
Man kann annehmen, dass, im Grossen und Ganzen, die Industrie in diesem
Jahr ihre Finanzierung der wissenschaftlichen Hochschulen bis zu $100
Millionen erhöht.
3. Die Fachgemeinschaften und die Fachausbildung. Vielen Wissen-
schaftlerm stellen die Fachgemeinschaften ein Mittel um auf den Stand

der Technik zu bleiben dar. Die IEEE hat unlängst eine Satelliten-Übertragung von Unterrichts-Vorlesungen versuchsweise zu 38 Standorten eingeleitet.

4. Die spezialisierte Fachausbildung wird traditionell von vielen industriellen Vorhaben zunehmend angeboten und es kann angenommen werden, dass in dieser Weise die bestehenden Mängel in der Fachausbildung beseitigt werden können. Die Angestellten einiger Software-Gesellschaften verbringen ungefähr 5% bis 10% ihrer Arbeitszeit mit der fortlaufenden Fachausbildung. Diese beträchtliche Investition von seitens der Gesellscahften reflektiert die sehr starke Überzeugung, dass die Fachausbildung für ein weiteres Verbleiben an der Front der Wissenschaft unerlässlich ist. In Bell Laboratories haben sich die Fachausbildungsvorlesungen, die während der Arbeitszeit abgehalten werden, in den letzten Jahren verdoppelt.

DIE NACHRICHTENÜBERTRAGUNG UND DER WISSENSCHAFTLER

Wir wollen nun den Einfluss dieser besprochenen industriellen Veränderungen auf den Berufswissenschaftler erörtern. So einiges - wie immer - bleibt unverändert. Eine feste Einführung in die Naturwissenschaften bleibt nach wie vor unerlässlich. In der Gerätetechnologie, wo die Komponenten im Sub-Mikronbereich hergestellt werden, ändern sich die grundlegenden physikalischen Vorgänge, die dem Gerätebetrieb zugrunde liegen, auf komplizierte Art und Weise, und deshalb muss man "zurück zu den Grundlagen" um die Silizium-Technologie weiterführen zu können. Die Elektrotechnik und die Computerwissenschaft werden auch zukünftig die Kerndisziplin der Industrie bleiben. Die andere wichtige Pointe ist, dass der Bereich von Spezialdisziplinen, die in der Industrie verwendet werden, sich erweitert. Es ist zunehmend wichtig den Anwenderanforderungen mit Verständnis zu begegnen und kostenfreundliche technologische Lösungen entgegenzubringen.

Die Änderungen die in den Hauptarbeitsgebieten der Bell Laboratories während der letzten zehn Jahre stattgefunden haben sind in Abb.6 veranschaulicht. Die Prozentsätze der Gesamtleistungen in der Elektrotechnik, Vermittlungstechnik, Übertragungstechnik und Netzwerkplanung sind ungefähr unverändert geblieben. In den Gebieten der Anwenderservices und hauptsächlich in der Software und Prozessortechnologie kann man eine Zunahme beobachten.

Die Erneuerungen in unserer Industrie finden mit einer solchen Geschwindigkeit statt, dass mehrere grundlegende Wissensänderungen

während einer Berufslaufbahn erforderlich sind. Die Universitäts-
Ausbildung sollte als ein Sprungbrett in die Industrie betrachtet werden
und sollte von einer fortlaufenden Berufsausbildung, die während der
Berfuslaufbahn andauert, gefolgt und unterstützt werden.

ZUSAMMENFASSUNG

Zusammenfassend kann man feststellen, dass die Gelegenheiten
die von der Industrie angeboten werden, heutzutage sehr viel günstiger
sind als jemals zuvor, und dass die Möglichkeiten einer beruflichen
Laufbahn unbeschränkt sind. Die Fähigkeit die technischen Fortschritte
weiterzuführen und diese Fortschritte auch voll auszunützen hängt, nach
wie vor, von unserer Fähigkeit das allerbeste des menschlichen Talentes
für die Industrie zu gewinnen, ab.

Herrn P. A. Turner danke ich für seine unermüdliche Hilfe in
der vorbereitung dieses vortrags.

Human Resources Development in Japanese Telecommunications

Seisuke Komatsuzaki
Tokyo, Japan

Introduction

Japanese telecommunication industry, which consists of an
advanced domestic and an effective international operating entities
(NTT:Nippon Telegraph and Telephone Public Corporation, and KDD:
Kokusai Denshin Denwa) and energetic hardware manufacturing enterprises, has been successfully recovered after the war, and now
it is under dramatic transformation toward diversified information-
communication industry to cope with vastly diversified socio-economic
needs.

On the other hand, the modern educational system in Japan
has been also confronting with various problems, after rapid expansion
of higher education which has brought a lot of human resources
to enable industrial development in recent decades. They are
closely related to reallocation of the human resources in the
Japanese economy.

As a result of substantial and rapid progress and convergence
of related technologies in telecommunication, data processing
and broadcasting, new electronic communication media have been
emerging continuously, which are influencing to restructure the
existing information and communication order in our country.

In this paper, I would like to overview the human resource
development in telecommunications industry centering the on relationship
between the educational system and the retraining of the human
resources within the industry.

Japanese Educational System

The modern school system in Japan was inaugurated in 1872, after Meiji administration was established. After the war, the School Education Law was enacted to restructure the previous system, and introduced the current school system which was based on the principle of equal opportunity for education.

Under the new educational system, which has been called the 6-3-3-4 system, all children enter the elementary school at the age of 6 years. Upon completion of the 6 years elementary shcool course, all of them proceed to lower secondary school. This accounts for the 9 years compulsory education system, extending 3 years than ever.

Those who have completed the lower secondary school, and desire to receive higher education, have to pass the entrance examination to enter the upper secondary school. Today, more than 90 percent of the lower secondary students go on to the upper secondary shcool.

Figure 1

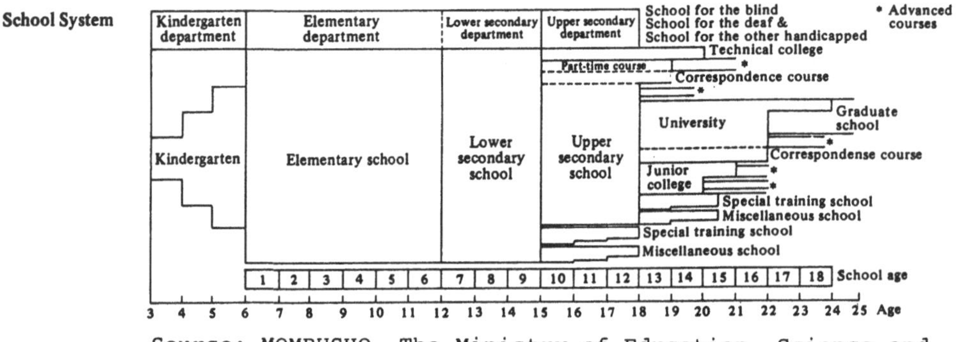

Source: MOMBUSHO, The Ministry of Education, Science and Culture, Japan, 1981.

At the upper secondary school of 3 years, general and professional courses are provided to the student. Most of them have been
preferring to the former in recent years. (See Figures 1, 2 and
3.)

The percentage of students who desire to get higher education
has been increased remarkably, so that they have to pass severe
entrance examinations.

Today, about 40 percent of Japanese students go on to universities or colleges. Usually, they study at universities and colleges
for 4 years, two years of cultural course and two years of specialized course. Some of those school provide graduate course, such
as 2 years master's degree course and 3 years doctor course.

Figure 2

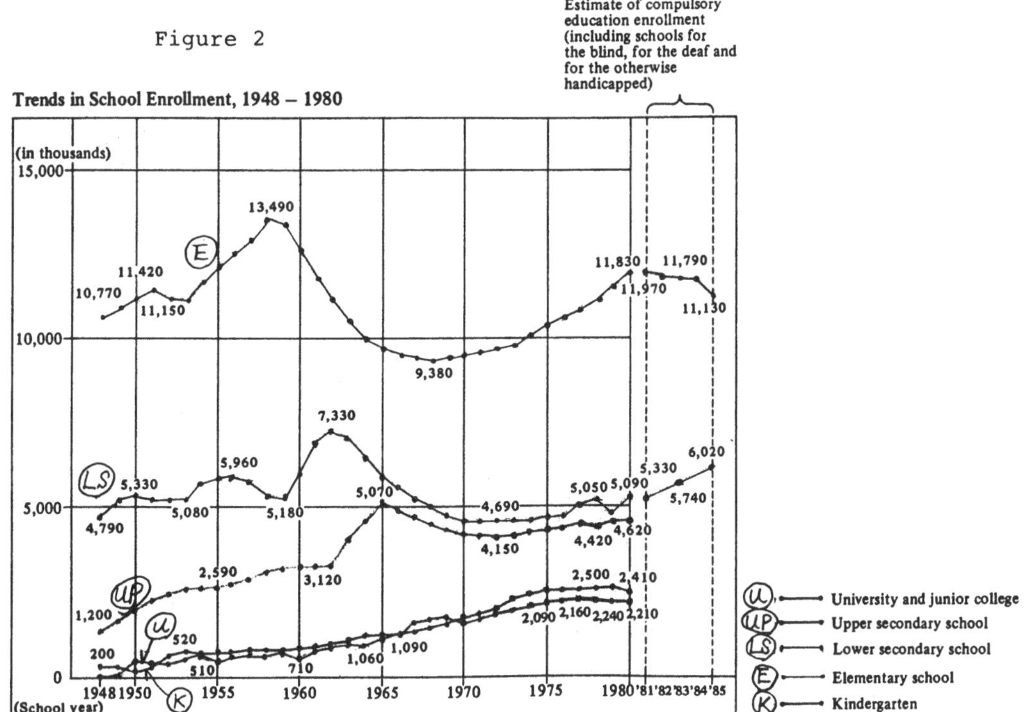

Source: MOMBUSCHO, The Ministry of Education, Science and Culture,
Japan, 1981.

Figure 3

Enrollment, Classified by Type of School, Sex and Establisher   (as of 1 May 1980)

Classification	Total	Male	Female	Enrollment, classified by establisher and ratio of establisher (%)					
				National	Local government	Private	National	Local government	Private
Kindergarten	2,407,113	1,229,664	1,177,449	6,357	633,252	1,767,504	0.3	26.3	73.4
Elementary school	11,826,574	6,061,080	5,764,766	46,144	11,720,695	59,735	0.4	99.1	0.5
Lower secondary school	5,094,402	2,606,617	2,487,785	35,997	4,908,665	149,740	0.7	96.4	2.9
Upper secondary school	4,621,936	2,329,649	2,292,287	10,211	3,311,320	1,300,405	0.2	71.7	28.1
School for the blind	8,113	5,168	2,945	236	7,769	108	2.9	95.8	1.3
School for the deaf	11,577	6,340	5,237	384	11,111	82	3.3	96.0	0.7
School for the otherwise handicapped	72,122	44,033	28,089	2,944	68,549	629	4.1	95.0	0.9
Technical college	46,348	45,431	917	39,211	4,018	3,119	84.6	8.7	6.7
Junior college	371,125	40,656	330,469	14,685	19,002	337,438	4.0	5.1	90.9
University	1,835,304	1,429,784	405,520	406,644	52,081	1,376,579	22.2	2.8	75.0
Special training school	432,914	144,976	287,938	15,843	20,628	396,443	3.6	4.8	91.6
Miscellaneous school	724,384	343,957	380,427	223	13,084	711,077	0.0	1.8	98.2

Source: MOMBUSHO, The Ministry of Education, Science and Culture,

Japan, 1981.

Supply of Human Resources to Telecommunication Industry

In Japan, there has been a system so called "life-time employment", which means the most working people go into industry just after the school education, and do not change their belongings to the specialized enterprises until their retirements. This system is still maintained by most major enterprises in Japan, because it is considered very effective to develop human resources as an important reason.

Every spring time, graduates of the upper secondary schools, universities and colleges go into the telecommunication industry, after passing the barrier of the entrance examination carried by each company. Since the industry has been growing very rapidly, its popularity among university students also has been soaring up to the top level of the all industries. This tendency, fortunately, has brought relatively superior students to the industry.

Human Resource Development in Telecommunication Industry

In Japan, within the homogeneous society, there have been a common understanding that the school education is an effective way to give the younger generation the basic knowledge regarding society, culture and technology, beside to improve their personality. As these basic knowledge is usually considered not enough for the actual professions, subsequent training in specialities concerning business has been recognized most important, and it has been conducted enthusiastically by an industry or an enterprise itself for many years.

These in-house training is intended to improve the professional capability of employees so that they can cope with rapidly changing socio-economic environment. I would like to explain the current training system in NTT, as one of the typical model in the telecommunication industry.

Basically, the training system in NTT is designed to provide various kinds of long-term basis training activities, effectively and on a timely basis in order to cope with the changes of requirement from the Japanese society. The training programs have been prepared carefully and carried out according to the employees' needs.

They are systematically divided into groups and classes so that to provide the most appropriate training to them. The training programs offered to the NTT employees from entry to retirement are shown in Figure 4.

Figure 4   Various NTT Training Courses, from Entry to Retirement

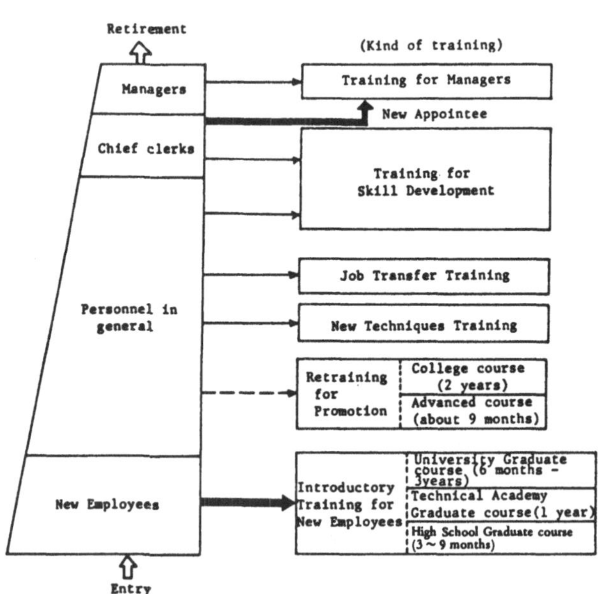

Source: Kazuo Asada, NTT, <u>Training in NTT</u>, 1982.

The outline of these programs are as follows:

(1) Introductory Training for the New Employees

There are various kinds of training courses for the new comers from high schools, technical colleges and universities or colleges.

    1) High School Graduate Course

        The training is divided into two parts. The first part is conducted on the job basis for about 4 months. The second part is carried out at the NTT Training School.

    2) Technical College Graduate Course

        The training is conducted for one year, 6 months in the training school and 6 months in field training, to give the technical college graduate about comprehensive and basic information on NTT.

    3) University Graduate Course

        There are number of courses according to the difference of their educational backgrounds. In NTT, about 300 to 400 new university graduates come into the organization. Training period varies from 6 months to 3 years, including school training and on the job training.

(2) Retraining for Promotion

    1) Advanced Course

        The advanced course is intended to train the employees who may become the management in the local organizations. The course continues 9 months on common subjects, and 3 months on special subjects.

    2) College Course

        The course is prepared to train the employees who may become management in administrative organizations. Training is continued for 2 years for selected employees who can pass the severe examination.

(3) New Techniques Training

At the time of introducing new techniques, such as the electronic switching system and data communication system, various training courses are provided for employees.

(4) Job-Transfer Training

This training is intended to provide the employees who are transfered to different jobs with necessary knowledge and skills so that to modernize the telecommunication industry.

(5) Training for Skill Development

There are several courses to develop technical ability for the employees in higher level works such as planning, design and maintenance at the offices.

(6) Training for Managers

Managers in NTT are provided various level trainings to cope with environmental changes.

Number of trainees for the above mentioned courses is shown in Figure 5.

Figure 5　　Number of Trainees

Categories \ Fiscal year	1970	1971	1972	1973	1974	1975	1976	1977	1978	1979	1980
Introductory	15480	14572	15754	15694	10524	11302	10510	10030	8562	7768	7370
Retraining	1476	1576	1626	1666	1706	1706	1755	1800	1800	1800	1800
New Technique Job Transfer	13950	14424	14772	15276	15942	16332	16710	16986	17190	17346	17412
Skill Develop Manager	138922	156919	178722	179850	192368	192405	196967	200393	203003	205047	206063
Entrusted	2124	5340	4032	6192	9504	12216	12336	11904	11894	11639	13174
Total	172052	192831	214906	218678	230044	233961	238278	241113	242449	243600	245819

In telecommunication industry, similar training programs are also prepared in the manufacturing sector. In addition to them, a stimulative training course is conducted by Fujitsu, one of the major computer and telecommunication equipment manufacturer in Japan. The most interesting training course is designed to retrain the employees who reach the age of 45 years. Managers in marketing, engineering and the other department are trained at the Fujitsu Institute of Management which is located in a country- side, for 3 months, separated from daily business. The course includes various topics, such as personnel management, accounting, marketing, international management, project management, finance and business policy, beside with music, art, literature, history, religion and business laws. The training policy of the company to diversify employees capability can be observed in the telecommuni- cation industry, reflecting the change of the industry's activities and value system of Japanese people.

Future of Telecommunications and Human Resource Development

Telecommunications are now considered at the historical turning point, as a result of remarkable technological innovation mainly in micro-electronics. Digitalization has been disseminating not only in their own field, but also spreading out into related area, such as the press, mail and broadcasting. They are gradually converged into a vastly integrated arena. Recently, NTT has announced the concept of the Information Network System (INS), which consists of ISDN, information processing centers and diversified terminals. It is intended to realize it until the beginning of the 21st century.

On the other hand, rapidly changing social needs, such as diversification and specialization, should be analysed more extensively by the telecommunication industry. It is the key factor to increase the public acceptance of the INS.

In addition, it should be noticed that our society is remarkably aging because of the fewer birth and longer life. Various kinds of adjustment of social institution have become necessary. For example, the retiring age has been extended from 55 to 60 years in major industries.

Under these circumstances, the Japanese telecommunication industry has been preparing to strengthen human resource development more extensively than ever. The flexible reallocation of human resource within the telecommunication industry can be accomplished by the effective retraining for the employees. The capabilities to feedback trends of social needs seem most essential for the future of telecommunication. Tranining on marketing and system engineering based on ecological approach will be developed in coming years. At the same time, management skills will be also strengthened to cope with the substantial environmental changes.

Personal- und Ausbildungswesen im Telekommunikationsbereich Japans

Seisuke Komatsuzaki
Tokio, Japan

Das japanische Telekommunikationswesen, das aus einer im nationalen Bereich (NTT) und einer im internationalen Bereich (KDD) tätigen Betriebsgesellschaft und den produzierenden Industrieunternehmen besteht, wurde durch den Krieg ernsthaft geschädigt, erholte sich aber schnell und erreichte schließlich eine Spitzenstellung in der Welt hinsichtlich Qualität und Quantität. Einer der Hauptgründe für diesen bemerkenswerten Erfolg liegt in dem höchst anpassungsfähigen und flexiblen Personalwesen, hauptsächlich bei der Einstellung und Weiterbildung.

Als Folge des schnellen Fortschritts und des Zusammenwachsens der jeweiligen Technik im Bereich der Nachrichtenübertragung und Datenverarbeitung, zusammen mit beträchtlichen Veränderungen des sozio-ökonomischen Umfelds, mußte die Telekommunikationsindustrie in größerem Umfang Fachkräfte einstellen, um expandieren zu können.

Die japanische Bildungsreform der Nachkriegszeit, die eine höhere Volksbildung hervorgebracht hat, war in der Lage, der beschleunigten Nachfrage der Industrie genügend Arbeitskräfte zur Verfügung zu stellen. Entsprechend den strukturellen Veränderungen in der Technik dehnte sich das Personal- und Ausbildungswesen allmählich auch auf den Privatbereich der Unternehmen aus.

Langfristige und flexible Entwicklungsplanungen der Fernmeldegesellschaften auf der Grundlage der japanischen "lebenslangen" Arbeitsverhältnisse und durchdachter Aus- und Weiterbildungssysteme tragen ebenfalls dazu bei, die kooperativen Beziehungen mit der Industrie aufrechtzuerhalten.

Communication Engineering Education and Practice in Developing Countries – Nigerian Experience

Omotayo A. Seriki
Lagos, Nigeria

<u>INTRODUCTION</u>

The historical development of the methods of communication between man and man in different societies is in many ways similar. Only the time scale between the different stages of development is known to vary. In a developing country such as Nigeria, the drum, popularly known as "tamtam", was as late as in the fifties a useful means of communication. Even today, in some parts of the country, errands on foot, on horses, in canoes and in lorries carry messages of importance from one place to another. However, within a span of two decades the nation has become familiar with such complex telecommunication systems as telephony, telemetery, telecontrol, telex, radio broadcasting and television transmitting message signals on cable, microwave radio and sateilite communications networks.

In these few years the impact of telecommunication on the socio-economic development of most of the third world countries has been considerable. Education and public enlightenment have improved beyond predictable forecast. So also have agriculture, health, transportation, control of energy distribution and the development of mineral resources. Indeed the new administrations in these countries since independence from former colonial masters owe the enormous expansion of administrative and social services to the introduction of modern communication techniques.

Experience in developing countries shows however that establishment of a viable telecommunication network is not an easy task. In Nigeria for example a major handicap in the realisation of a reliable and efficient telecommunication network has been found to be lack of adequate technical manpower /I/. Communications engineers and highly skilled technicians are required in sufficient quantity to operate and maintain the existing systems. More are even needed to adapt and expand the telecommunication networks to meet the demands of a rapid economic growth. It is this awareness that has necessitated the expenditure of a substantial sum of money on the training of communication engineers in Nigeria.

In recent times national economic plans expect the engineering profession as a whole to play a predominant role in national development. For instance in the Third National Development Plan (1975-1980), the planned expenditure on major engineering activities accounted for about 65% of the total planned expenditure /2/, which is 30 billion Naira. (NI is equivalent to about DM3.6). It is now known that by 1980 less than 25% of the planned target was achieved in the telecommunications

sector. One of the main causes for this failure has been identified as the acute
shortage of adequately trained manpower at both engineering and technical
levels. Fortunately the outline of the Fourth National Development Plan (1981-1985)
sets out to correct this anormally by laying emphasis on the "increase in the
supply of skilled manpower" /3/.

INFRASTRUCTURE FOR TELECOMMUNICATION

Two Government Ministries are responsible for the planning and provision of major
telecommunications facilities in Nigeria. Firstly, the Federal Ministry of Communications is responsible for Telegraph, Telex, Telephone, Facsimile, Maritime,
Leased Circuits and Data Services. At present this Ministry carries out these functions through two operational organisations, namely: the Post and Telecommunications Department (P & T) for internal services and the Nigerian External Telecommunications Limited (NET) for external services. Secondly the Federal Ministry of
Information is responsible for Radio Broadcasting and Television services. This
Ministry operates through the Federal Radio Corporation of Nigeria (FRCN) and the
Nigerian Television Authority (NTA). Of course there are other establishments such
as the Railway Corporation, Electricity Authority, Civil Aviation, and the Armed
Forces which by the sensitive nature of their operations are permitted by law to
operate their own independent telecommunications services.
In order to be able to appreciate the extent of the requirement for trained manpower
for communications engineering, a glance at the available and planned telecommunications infrastructure will be helpful. Since 1962, four serious attempts have been
made at planning telecommunication services in Nigeria. The First National Development Plan (1962-1968) envisaged the provision of a reliable and efficient telephone,
telegraph and telex services through:
1.   Provision of high and medium capacity microwave radio-relay transmission net-
     works to link Lagos to principal cities in the country;
2.   Provision of 24 modern telephone exchanges and installation of associated
     local line plants;
3.   Provision of subscriber trunk dialling (S.T.D.) to the major cities;
4.   Expansion of existing step-by-step exchanges by the addition of a total of
     10,000 lines crossbar/crosspoint exchanges at Ibadan, Oshogbo, Akure, Ilorin,
     Kaduna and Jos.
This programme required phasing out into the "well known" Steps I, II, III and IV.At
the end of the plan period 90,000 exchange lines were to be provided, trunk connec-
tions to any part of the country were to be achieved within 30 seconds and the
quality and audibility of calls were to meet the CCIR/CCITT standards. In reality
only about 22,000 exchange lines were provided in 1968 while only 120 lines automatic telex exchanges were built.
After the civil war, the Second National Development Plan (1970-1975) was laun-

ched. Apart from implementing the uncompleted projects of the first plan, the second plan has amongst its objectives:

1.   Extension and modernisation of telephone exchanges;

2.   Provision of workshops and stores services;

3.   Expansion of training facilities and training centres;

4.   Expansion of the telex network;

5.   Provision of more cable network especially coaxial cable link from Lagos to Kaduna;

6.   Provision of an international telephone gateway and microwave links to other West African countries.

Like the first plan, the plan objectives of the Second National Development Plan were not achieved. By 1974 the total number of telephone lines was 52,000 lines, an increase of 30,000 lines from the first plan achievement /4/. An emergency plan christened "the Contigency Plan (1973-1975)" made it possible to increase the total number of telephone lines to about 60,000 by 1975. The only project that was successfully implemented according to plan was the national telex network.

The third National Development Plan (1975-1980) was by far the most ambitious. Again without realising the constraints shortage of trained manpower would put on the implementation of the plan, it sets out

1.   to meet the national demand for telephone services,

2.   to reduce telephone installation period to a maximum of two weeks,

3.   to make connection on STD to any part of the country within 30 seconds,

4.   to be able to dial anywhere outside Nigeria,

5.   to establish a second international telephone gateway,

6.   to establish an Aerostat Balloon system to link the primary and secondary centres and to provide nation-wide television transmission coverage,

7.   to establish a coaxial cable system to provide alternate trunk link from Lagos to Kaduna,

8.   to establish a Euro-West African Submarine Cable systems via Abidjan to Lagos to provide alternate route to satellite link,

9.   to use a domestic satellite system to connect the state capitals to Lagos.

When completed there will be for example about 335,000 telephone exchange lines available in the network, but today there are only about 100,000 exchange lines available. However, in spite of the many constraints, a lot of progress has been made in the last two years and it is hoped that by the middle of 1983 all the turn-key transmission projects now under construction would have been completed. Maps 1, 2, 3 and 4 illustrate the different stages of telephone and telex development. What has been said here for the telephone and telex projects in the various development plans in the last two decades is also true for other telecommunications projects such as signalling projects for the railways, the supervisory remote control, telemetery and communication systems for the electric power network, the radio

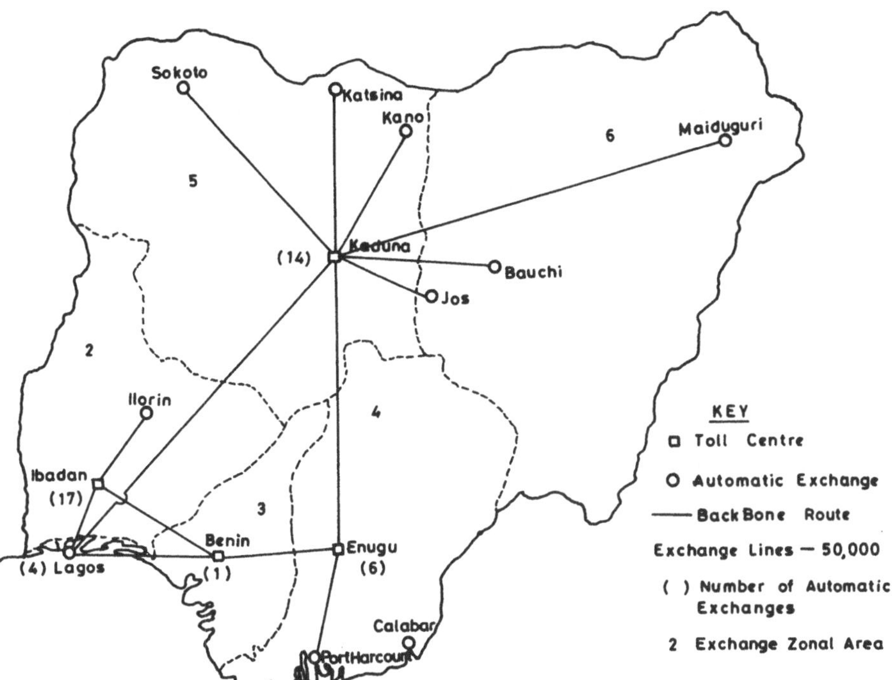

MAP 1: EXISTING AUTOMATIC EXCHANGES IN 1975

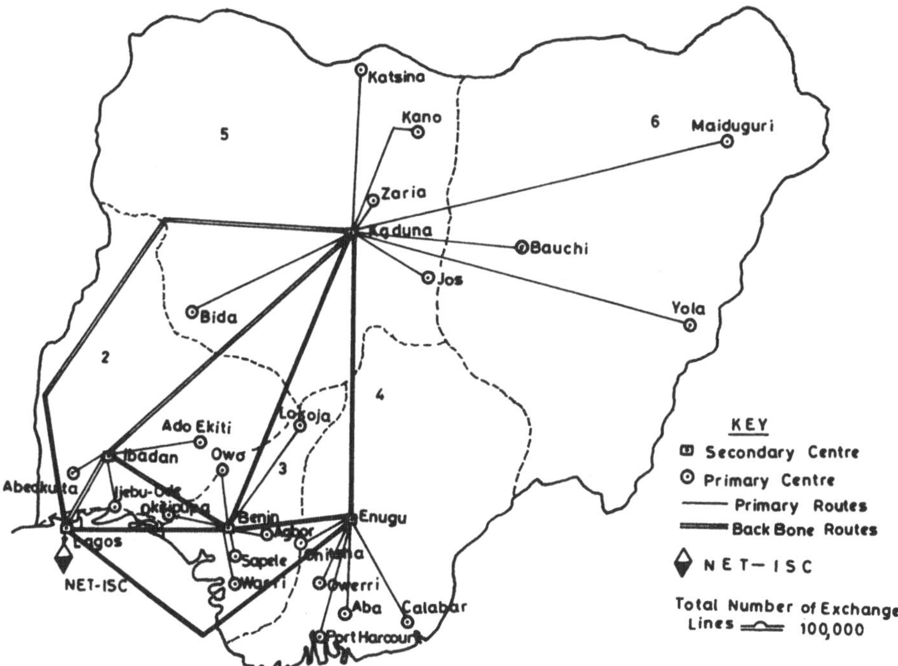

MAP 2: TELEPHONE NETWORK IN 1980

194

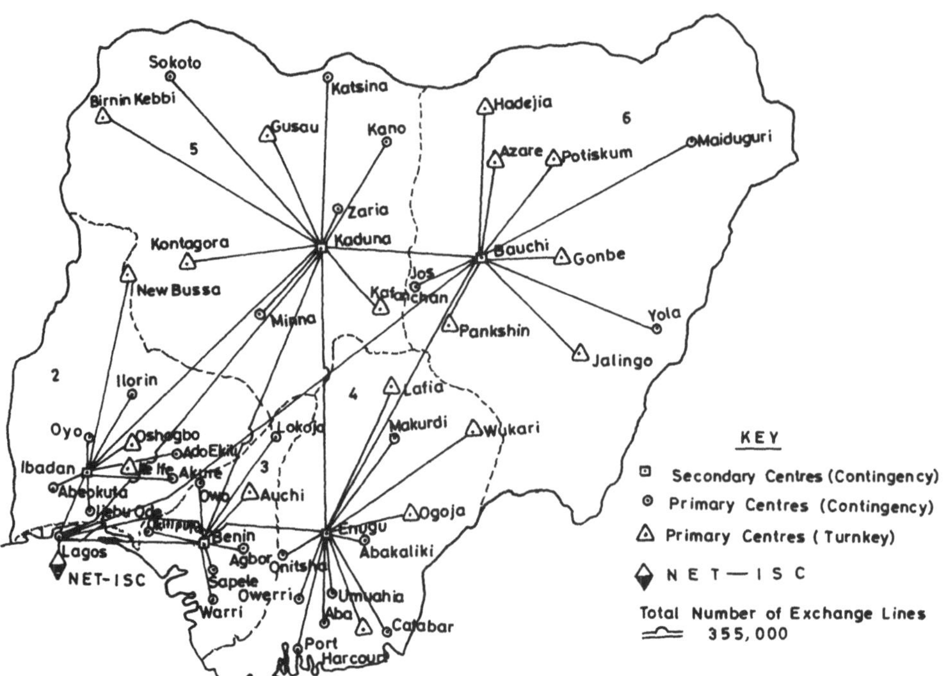

MAP 3: <u>EXPECTED TELEPHONE NETWORK BY 1983</u>

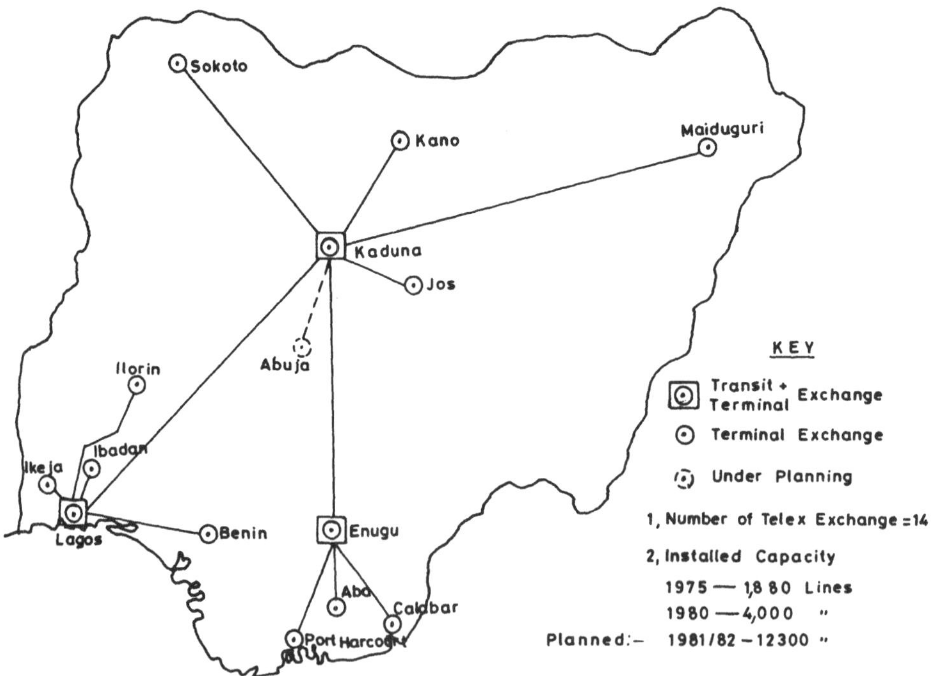

MAP 4 : TELEX SWITCHING CENTRES

communication network for the police and security services to mention a few. The
success achievable in the implementation of a viable telecommunication network in
Nigeria as in other developing countries of Africa and Asia depends largely on the
availability of competent and well trained executive and technical manpower.

TRAINING POSSIBILITIES

The institutions responsible for the training of communications engineers and high
level technicians in Nigeria are the Universities, College of Technology, Polytechnics, Research Institutes and Training Centres attached to Corporations and Industries. Apart from the seven Universities of Technology whose establishment was
announced in the last two and half years, there are thirteen "traditional" Universities in Nigeria. Of these only six grant degrees in Electrical Engineering with
courses in Electronics and Telecommunication. There are twenty six Colleges of
Technology out of which only four are more than ten years old. The P & T Department has seven Telecommunication Training Schools, four of which are newly established. The N.T.A. maintains one Television College while the NET has one Telecommunication Training School.

About twenty years ago when engineering education at the University level in Nigeria
started, the Faculty of Engineering was intended "to produce graduates who will be
qualified to operate and develop the public services, to initiate and carry out
engineering design, to engage in industrial management and to pursue development
and research" /7/. It was also realised that "in a country developing at such a
rapid rate as Nigeria, it is to be expected that University graduates in engineering
will individually need and will utilize a wider range of general engineering
knowledge than is customary in long established industrial communities." In other
words, the planners thought more of a general degree in engineering. Instead the
Faculty of Engineering started with a typical British and in particular London
University Degree curriculum. The Faculty was broken up into Departments of Civil,
Mechanical, Electrical Engineering etc. A student wishing to study communication
engineering will need to take a degree in electrical engineering.

The duration of the degree course was three years. The first year was largely
general studies common to all engineering students. The second year introduced
general courses on electrical engineering subjects. In the third year a **student**
wishing to become telecommunication engineers could select appropriate subjects
for his final examination. Practical training in industry took place during the
two long vacations. At the end of the course the graduate with a bias towards
communication engineering will need to undergo a minimum of two-year training as
a pupil engineer in industry before he could be registered as an engineer by the
Council of Registered Engineers of Nigeria.

As early as the late sixties, industry has been very critical about the effective-
ness of the education of the telecommunications graduate and his attitude to

work. He is reported to be inexperienced and incapable of being of immediate use
to industry. As Oladapo observed, /8/, young pupil engineers regard themselves as
observers during practical training and are unwilling to do any work to which they
are assigned but rather prefer to decide on which type of work is suitable for
their training or not. The situation of the pupil engineer is made more complex by
the fact that most International Telecommunications Companies in Nigeria are engaged
in the implementation of turn-key projects which have a contractual period of completion. They therefore prefer to employ "finished products" to carry out their
various assignments. Participation in the training of young graduates is regarded
as expensive and a reduction in the productivity of their experienced staff who will
necessarily have to supervise the work of such graduates.
The University community reacted to these criticisms by taking a deeper look into
the structure and duration of the engineering degree courses /9/. It was realised
that the average Nigerian engineering student, because of the environment where he
grew up, lacks the necessary technological background and hence finds it difficult
to relate analysis to actuality of both visual and non-visual concepts. The
Faculty of Engineering in the Universities therefore opted for an increase in the
practical content of the training and the extension of the degree course to four
years instead of three. In the University of Lagos for example, a Workshop Technology Course has been introduced in the first year while in the third year the
student is attached to a Telecommunication Establishment during the second semester. In addition industrial training continues during the three long vacations. A
list of Universities in Nigeria which have Faculties of Engineering is shown in
Table I.
Entrance requirements into the Faculty of Engineering stipulate good passes in the
West African School Certificate Examination (WASC) OR the General Certificate of
Education (GCE) Ordinary Level Examination AND principal passes at the Higher
School Certificate (HSC) OR Advanced Level passes in the G.C.E. in Physics, Pure
Mathematics and Applied Mathematics, OR Physics and Mathematics (pure
and applied). This background education involves, after six years of primary
school, five years of Secondary School and two years of Sixth Form work in a
College.
This is now the general pattern of communication engineering education in Nigerian
Universities. There are however slight modifications in details from one University to the other. The situation in the University of Science and Technology,
Kumasi, Ghana and the University of Zambia, Lusaka is essentially the same. On the
other hand, in Ivory Coast and Cameroun for example the structure of engineering
education is different following essentially the French pattern. The degree programme has a five-year duration and consists of two parts, the first part being a
two-year preparatory course in Mathematics, Physics and Chemistry.
The training of the technical middle level manpower for the telecommunications

TABLE 1: NIGERIAN UNIVERSITIES OFFERING ENGINEERING COURSES			
No	Institution	Year Founded	Electrical / Electronic Engineering. U= Undergraduate Courses only G= Undergraduate + Postgraduate
1.	Ahmadu Bello University, Zaria	1962	G
2.	University of Benin, Benin City	1970	G
3.	University of Ife, Ile-Ife	1961	G
4.	University of Ilorin, Ilorin	1975	U
5.	University of Lagos, Lagos	1962	G
6.	University of Nigeria, Nsukka	1960	G

MAP 5: <u>LOCATIONS OF UNIVERSITIES OFFERING ENGINEERING COURSE AND POLYTECHNICS / COLLEGES OF TECHNOLOGY</u>

LIST OF POLYTECHNIC AND COLLEGES OF TECHNOLOGY IN NIGERIA

1.	Auchi Polytechnic, Auchi	2.	Bauchi State College of Arts, Science & Technology Bauchi
3.	College of Science & Technology Maiduguri	4.	College of Science & Technology Sokoto
5.	College of Technology Calabar	6.	College of Technology Minna
7.	College of Technology Owerri	8.	Federal Polytechnic Ado-Ekiti
9.	Federal Polytechnic Bida	10.	Federal Polytechnic Idah
11.	Federal Polytechnic Ilaro	12.	Institute of Management & Technology Enugu
13.	Kaduna Polytechnic Kaduna	14.	Kano College of Technology Kano
15.	Kano State Polytechnic Kano	16.	Katsina College Of Arts, Science & Technology Katsina
17.	Kwara State College of Technology Ilorin	18.	Lagos State College of Science & Technology Isolo Lagos
19	Murtala College of Arts, Science & Technology Makurdi	20.	Ogun State Polytechnic Abeokuta
21.	Ondo State Polytechnic Owo	22.	Oyo State College of Arts & Technology Ile-Ife
23.	Plateau State College of Technology Buruku Via Jos	24.	Ramat College of Technology Maiduguri
25.	The Polytechnic Ibadan	26.	Yaba College of Technology Yaba Lagos

industry is undertaken in the Colleges of Technology. (See list of Colleges of Technology in Nigeria and Map 5 which shows their locations). Admission requirements into a College of Technology demand a good pass at the WASC Examination OR in the GCE Ordinary Level. The course for Telecommunications technician lasts four years. Usually at the end of the first two years the Ordinary National Diploma (OND) is awarded. The student is then made to work in industry for two years after which he returns to the College to complete the final two years of theoretical instructions. At the end he obtains the Higher National Diploma (HND). The HND course is a practical-oriented course which is constantly being adapted to suit local needs. A technician with a good HND has the option of gaining admission into the University to read for a degree. By so doing he has the chance of becoming a Registered Engineer.

The Training Schools and Trade Centres engage in the training of skilled craftsmen to serve the need of industry. The entrance requirement into a Training School is a minimum of four years of Secondary Education. At the moment the number of such schools is too few to meet the needs of the country. Consequently, the semi-illetrate so-called "road side electronic technicians" have emerged in large quantity to handle the "repairs" of thousands of television sets, transistor radios and other consumer electronic equipments in the country. This situation has led majority of the general public to buy new equipments rather than venturing to repair their faulty ones.

The number of electrical engineering graduates produced by the six Nigerian Universities during the decade 1971-1980 is about 1000, making a yearly average of about 100. Assuming that half of this number are telecommunications engineers, about 50 telecommunications engineers are trained annually. The Second National Development Plan shows that as at 1970 there were about 940 electrical engineers in Nigeria. Again assuming that half specialised in communication technology then there were about 470 communication engineers. However studies carried out by the P & T show that "for a planned increase of 750,000 exchange lines and 40,000 telex subcribers alone, 1300 engineers and 26,000 technicians will be required together with 13,000 other staff grades" /10/. This simple illustration shows clearly the necessity for a drastic improvement and expansion of telecommunication training capability particularly at the technicians level.

There is a great awareness of the importance of practical training as an integral part of communication engineering education in Nigeria. Local industry, both foreign and indigenous, has not been too keen on offering practical training to would-be engineers, technicians and craftsmen because it is more pre-occupied with increasing its profit margin. As a means of correcting this situation, government has set up the Industrial Training Fund. Every Company operating in Nigeria is obliged to spend a minimum amount of its profit or turnover on the training of its staff. Failing to do this, the money is paid to the Industrial Training Fund which

then utilises such money in promoting and executing industrial training activities. Experience has shown that this policy is yielding fruitful dividend.
More engineers and technicians are still being trained outside Nigeria in the technologically advanced countries. Recently the Nigerian Government sent a large number of young people to developed countries of Europe and America to train as technicians and craftsmen. It is becoming a vogue in many developing countries to send
a good number of their engineers to the developed industrial countries for practical
training. While this can be a useful exercise, care must be taken to ensure that
training is properly supervised. As Olugbekan, former President of the Nigerian
Society of Engineers, once observed, practical training given overseas tend to make
the young engineer or technician reliant on equipment and organisational facilities
more sophisticated than those that are likely to be available to him when he returns
home /11/. Further, if care is not taken, there is the danger that he may be temp-
ted to stay in the country to which he has been sent and to remain there for many
years after his training period is over although his services are badly needed in
his native country. What will be of help in the case of Nigeria in my opinion is
for the developed countries to offer to young engineers and technicians training on
equipments and systems of advanced design which are being supplied for use in
Nigeria and for which they will be responsible when they return home. Although
there is a need for some training in advanced technologies, the greatest need at
the moment to my mind is for men and women who can reliably design, construct,
operate and maintain unsophisticated equipments and systems.

COMMUNICATION ENGINEERING PRACTICE

The Council of Registered Engineers of Nigeria (COREN) is created by law to regulate
the practice of engineering in Nigeria. It approves the qualifications of engineers
wishing to practice in Nigeria as well as the courses at Faculties of Engineering. A
non-statory body that has shown considerable interest in the training and practice
of engineering at all levels is the Nigerian Society of Engineers (NSE). These two
bodies particularly the latter have played a major role in liassing the efforts of
educational institutions and industries with respect to the training and practice
of engineers.
The problems facing the professional communication engineer in Nigeria like in
other developing countries are many. More often than not he is required to take a
great degree of responsibility at an earlier age than his counterparts in developed
countries. In addition he lacks the support of a sufficient number of well trained
technicians and skilled craftsmen. A study by the Manpower Board /12/ shows that
the output of technicians from the Polytechnics is about the same as that of engineers from the Engineering Faculties. Whereas the economic ratio used in most
developed countries is about eight or ten technicians to one engineer, the Nigerian
telecommunications establishments have to contend with a ratio of one to one. This

means that in spite of his heavy responsibility the communications engineer often has to do jobs for which he has not been trained.

An interesting phenomenon is noticeable particularly in the public sector of telecommunications establishments in developing countries. In a situation where everybody complains of shortage of communications technologists, there is evidence of under-utilisation of the communications engineers available in public organisations in Nigeria including the Universities. Experienced engineers in the P & T for example are often loaded with administrative duties that non-engineers can perform. Executives engineers in public establishments and University teachers in the Faculties of Engineering are not fully or sufficiently involved in the planning, design and implementation of important challenging national projects. It is unfortunate that most of the exciting switching, transmission, satellite communication, Television and Radio Broadcasting and railway signalling projects contemplated in recent times are being planned and designed outside Nigeria. The loss in the acquistion of technological competence and expertise is immeasurable.

One cannot fail to mention the constraint imposed on the performance of the communications engineer in his day-to-day practice by the almost total lack of support services such as buildings, transport, electric power, maintenance tools and spare parts to mention a few. An example which has almost become a joke in Lagos is the case of a reputable international company with a base in Nigeria was commissioned in 1977 to supply, install and commission twenty nine telephone exchanges in the country. Out of these, twelve were to be located in permanent buildings. All equipments were supplied promptly by the company but with the exception of one exchange, all buildings were not ready at the time installation was supposed to commence. In fact up till today (April 1982) some of the buildings are still not ready. Electricity supply by the Electric Power Authority is not regular and this makes it impossible to test equipments except emergency standby generators are supplied in addition to batteries. There is lack of project coordination with other public utilities. Utilities responsible for water, sewage, storm water drainage and roads damage underground cables resulting in the disruption of telecommunication services.

All the above constraints make the already difficult job of a communications engineer in a developing country even more difficult.

POSTGRADUATE EDUCATION AND TRAINING

It has been shown that the establishment of reliable telecommunication networks is contributing immensely towards the realisation of social and economic objectives of developing countries. But new technics in this field are increasing in leaps and bounds. Existing communication networks must be expanded and adapted to new systems to cope with demands of rapid economic growth. Digital switching and transmission systems, for example, are to be introduced into the Nigerian network soon. Professional engineers need therefore be exposed to further training both within the University as well as in the Industry in order that they may be able to meet the challenge of the future.

At present five of the six "older" Universities in Nigeria offer postgraduate degrees and diplomas in communication engineering. Very soon the other one and the newly created Universities of Technology will follow suit. Activity in postgraduate education and training in other African countries is being intensified and the structure of the training programme is constantly being examined.

The Electrical Engineering Department of the University of Lagos has a programme in communication engineering with the objective:

1.   to offer postgraduate courses and research leading to the degree of M.Sc. and Ph.D. and

2.   to update, as need arises, the knowledge of practicing engineers and scientists through industry-oriented Diploma courses.

The Department further encourages research projects on problems of local industry and materials as well as problems of tropical environmental importance.

In communication engineering the emphasis in developing countries of Africa is on DEVELOPMENT. Research activities are concentrated on the application of known technologies to solve problems of direct relevance to the needs of the country. Unfortunately the university-industry link which lies under the success of technology development in advanced countries is lacking. The Universities therefore are now geared to achieving closer working links with industry and to convincing industries that collaboration in research and development programmes will pay them on the long run.

A recent innovation is the establishment of African Network of Scientific and Technological Institutions (ANSTI) under the auspices of United Nations Education, Scientific and Cultural Organisation (UNESCO). The objectives of ANSTI is to coordinate activities on postgraduate technical education and research in all institutions of higher learning in Africa. It is reported that the United Nations Development Programme (UNDP) has earmarked 3.72 million US dollars for ANSTI from its regional programme for 1982/86. The Coordinating Institution for Electrical and Telecommunications Discipline is the University of Science and Technology, Kumasi, Ghana while the University of Lagos is the Back-up Institution. At the International Conference on "Cooperation in Science and Technology between Africa and Europe", which was organised by the German Foundation for International Development (DSE) at Villa Borsig, West Berlin from 27th September to 3rd October 1981, useful guidelines for assistance from developed countries were laid down. Well organised collaboration with industrialised countries has a major role to play in helping the developing countries in their aspiration to train high level technical manpower capable of handling the planning, design and production of communications systems in the future. Institutions of higher learning in developed count-

ries could open their doors a little wider than they have done so far to students
from developing countries. Industries, particularly those connected with the implementation of telecommunication projects in those countries, should increase the
opportunities they offer for effective participation in technological development. In this connection and in the case of the Federal Republic of Germany, the
German Academic Exchange Service (DAAD) and the Carl Duisberg Gesellschaft could
assist Universities and Industries in drawing up training programmes that will en-
hance the competence and expertise of trainees from developing countries. Such
programme should be such that will encourage them to return to their native countries on completion of their training.

COHERENT POLICIES AND THE FUTURE

Experience has shown that the greatest impediment to technological development in
developing countries has been the problem of coordinated policy decisions both in
the field of technological education and in the actual implementation of technological policies. A well conceived policy for communication technology development
should lay a solid foundation for self sufficiency. Objectives should not only be laid
down in National Development Plans, the means of achieving those objectives should
clearly be thought out and implemented in a coordinated fashion.
In a developing country modern technology will need to be imported but Government
must aggressively encourage the acquisition of this technology by its nation-
als. Millions of Naira are being spent every year on the implementation of national
telecommunication projects in Nigeria but the partinent question is, how much indigenous technical expertise is accruing to us as a benefit from such activities ? Planning and design of most of the important projects are being done by
foreign consultants abroad. Government, as a delibrate policy should ensure that
the engineering of such projects is carried out in future on the Nigerian soil,
even if initially the required technical manpower will have to be imported. Simi-
larly it will help the expansion of the technological base if the award of major
telecommunications contracts is tied to a well planned production and manufacturing
programme. In this regard ordering of equipments should be made on a long term
basis to enable the companies plan the production of such equipments in Nigeria. It
is my belief that most reputable International Telecommunications Company will be
agreeable to such a proposal, if sufficient encouragement and fiscal relief are
given by Government.
Finally, in telecommunication like in many other technologies, correct forecasting
is an essential tool to planning. There is therefore a need for a rich and accessible data bank. Coordination with various sectors of the economy such as energy,
industry, education and public works is a necessity. The situation should be
avoided where telephone switching equipments are rusting away in the warehouse
because the exchange building is not ready or where a transmission equipment is

installed in an area where there is no electricity supply. Telecommunications
development is infrastructural and should enjoy policy priority as an essential
social service.

DISCUSSION

The contribution of telecommunications services to all other sectors of national
economic development plans is tremendous. The Nigerian experience in the development of telecommunication networks and the training of skilled manpower to plan,
design, construct, operate and maintain the sytem has been described. The telephone density to day in Nigeria is 1.3 Telephone per one thousand of its population
as against an average of ten per thousand in other comparable developing countries. A lot of work still therefore needs to be done in this field.
There are problems in introducing sophisticated forms of technology to societies to
whose mythology they are quite foreign. But these problems are not insurmounta-
ble. With good planning, adequate resource allocation and the assistance of
industrialised countries, the future of communication technology development in
developing countries will not be as gloomy as it may now appear to be.

ACKNOWLEDGEMENT

My colleagues in the Electrical Engineering Department, University of Lagos and at
Siemens Nigeria Limited, Lagos have been very helpful in the collection of data used
in this paper. Mr. Lawal of the Faculty of Engineering, University of Lagos traced
all the drawings. Finally I am grateful to Mrs. R.O. Onafuye for typing and
proofreading the manuscript.

REFERENCES:

1. OYEBOLU, P.B: "The Failure of Telecommunication Systems in Nigeria", Proc. of the National Engineering Conferene, Nigerian Society of Engineers, Enugu, Dec. 1980, pp. 109-113.

2. OLADAPO, I.O: "Technology and the Harnessing of the Natural and Human Resources for Development", key-note Address, University of Technology, Makurdi, 1982.

3. Outline of the Fourth National Development Plan 1981-1985:
Federal Ministry of Planning, Lagos.

4. OFULUE, J.N: "Telecommunications Services in Nigeria in the Seventies: An Overview", Proc. of the National Engineering Conference, Nigerian Society òf Engineers, Enugu, Dec. 1980, pp 117-139.

5. Third National Development Plan 1975-1980, Volume I:
Central Planning Office, Federal Ministry of Economic Development, Lagos.

6. Second National Development Plan 1970-1974; Federal Ministry of Information, Lagos.

7. Report of UNESCO Advisory Commission on the Establishment of the University of Lagos, 1961.

8. OLADAPO, I.O. "Engineering Curricula Design in Nigeria", UNESCO 1974.

9. Report of Committee on Duration of Engineering Curriculum:
Faculty of Engineering, University of Lagos, 1965.

10. ABIOLA, M.K.O. "Achievements in Nigeria Telecommunications: Their problems and Solutions", Proc. of the National Engineering Conference, Nigerian Society of Engineers, Enugu, Dec. 1980, pp. 17-35.

11. OLUGBEKAN, O. "Response to the Opening Address", Proc. of National Engineering Conference, Nigeria Society of Engineers, Enugu, Dec. 1980, pp. 3-6.

12. "Student In-take and Out-turn in Technical Colleges and Vocational Institutions", Manpower Studies No. 13, Manpower Board, Federal Ministry of Economic Development Dec. 1973.

13. WILLIAMS, V.A.: "Approaches to Objective Formulation Planning and Implementation Procedures For Telecommunications Development in Nigeria". Proc. of the National Engineering Conference, Nigerian Society of Engineers, Enugu, Dec. 1980, pp. 167-183.

Die Ausbildung des Telekommunikations-Ingenieurs in Theorie und Praxis in Entwicklungsländern – Erfahrungen aus Nigeria

Omotayo A. Seriki
Lagos, Nigeria

Der Einfluß der Telekommunikation auf die sozio-ökonomische Entwicklung der meisten Länder der Dritten Welt in den letzten dreißig Jahren war bemerkenswert. Es gibt daher einen großen Bedarf an gut ausgebildeten Nachrichteningenieuren und qualifizierten Technikern, nicht nur für den Betrieb und die Wartung der importierten komplexen Kommunikations-systeme, sondern auch für die interessanten Gebiete der Planung und der Konstruktion solcher Systeme. An dem Beispiel Nigerias behandelt dieser Vortrag die gegenwärtigen Anstrengungen zur Ausbildung von genügender einheimischer Manpower, um mit den schnell wachsenden modernen Kommunikationstechniken fertig zu werden.

Es dürfte bekannt sein, daß die Ausbildung in den Ingenieurwissenschaften in allen afrikanischen Ländern dem Muster der jeweiligen früheren Kolonialmacht sehr angelehnt war. So ist zum Beispiel der Lehrplan in Abidjan eng verwandt mit dem in Paris, wie auch der Lehrplan in Lagos dem von London sehr ähnelt. Wegen der mit nationaler technologischer Entwicklung zusammenhängenden Probleme erklärt dieser Vortrag, warum zur Zeit Lehrpläne entworfen und eingeführt werden, die die besonderen Bedürfnisse eines Entwicklungslandes berücksichtigen.

Die für Training von Nachrichteningenieuren und hochqualifizierten Technikern verantwortlichen Institutionen in Nigeria sind die Universitäten, Ingenieurschulen, Institute und Industriebetriebe. Die Lehrpläne und Ausbildungsprogramme dieser Institutionen werden beschrieben, und Versuche, den Inhalt der Kurse an lokale Bedürfnisse anzupassen, werden besonders herausgestellt. Darüber hinaus wird gezeigt, daß man sich des Bedarfs praktischer Weiterbildung nach abgeschlossenem Hochschulstudium sehr wohl bewußt ist. Ständig werden neue Techniken eingeführt. Vorhandene Kommunikationsnetze müssen erweitert und neuen Systemen angepaßt werden, um mit den Anforderungen eines rapiden wirtschaftlichen Wachstums Schritt zu halten. Praktizierende Ingenieure brauchen deshalb Weiterbildung sowohl innerhalb der Universität als auch in der Industrie. Mit anderen Worten, um die kurzfristigen und langfristigen Ziele für die Entwicklung der Telekommunikationstechnik zu erreichen, wie sie im vierten Nationalen Entwicklungsplan für Nigeria angestrebt werden, ist eine enge Zusammenarbeit zwischen Universitäten und Industrie unbedingt notwendig. In Bezug darauf wird die Rolle behandelt, die eine sinnvolle Zusammenarbeit mit entwickelten Ländern spielen kann.

Schließlich behandelt der Vortrag die Probleme des Telekommunikationsingenieurs in der Praxis. Weiterhin wird die Notwendigkeit betont, kohärente Richtlinien zu entwerfen, die das Erreichen von nationalen Zielen im Bereich der Kommunikationstechnologie und damit verbundene benötigte Manpower-Entwicklung beschleunigen sollen. In diesem Zusammenhang werden die verschiedenen gemeinsamen Verträge zwischen nigerianischen und internationalen nachrichtentechnischen Industriegesellschaften gesehen, als eine fruchtbare Basis für die optimale Verwirklichung solcher Ziele.

Die Wandlung des Anforderungsprofils für den Ingenieur der Nachrichtentechnik – Konsequenzen für Aus- und Weiterbildung

Hans Gissel
Frankfurt

Die Nachrichtentechnik hat in den letzten Jahren eine weitreichende
Wandlung erfahren. Auf den klassischen Arbeitsgebieten wie Kabel-,
Vermittlungs-, Multiplex-, Übertragungstechnik haben durch neue
Technologien Innovationen stattgefunden, die vom Nachrichtentech-
niker fortwährende Lernbereitschaft und Neuorientierung fordern.
Die klassischen Arbeitsgebiete werden darüber hinaus durch neue
Aufgabenstellungen erweitert. Die Verzahnung von Einzelprodukten zu
Systemen und neue anwenderorientierte Problemlösungen gewinnen für
den Nachrichtentechniker zunehmend an Bedeutung.

Die Wandlung oder besser - die Erweiterung - der traditionellen
Arbeitsbereiche hat für ein Unternehmen mit einem Arbeitsschwerpunkt Nachrichtentechnik weitreichende Konsequenzen.
Die Unternehmensstrategie muß neu definiert werden, Forschung und
Entwicklung neue Impulse gegeben werden und nicht zuletzt die Aus-
und Weiterbildung der Mitarbeiter den sich wandelnden Gegebenheiten
angepaßt werden.
Das Anforderungsprofil für den neu eintretenden Forscher/Entwickler
und später dann den Ingenieur im Unternehmen hat im Laufe der Jahre, ja Jahrhunderte eine grundlegende Wandlung erfahren.
Vor 350 Jahren, zu Zeiten Galileo Galileis, war es nicht ungewöhn-
lich, als sechzehnjähriger mit dem Studium zu beginnen. Galileo
studierte anfangs Philosophie, wechselte zur Medizin und schließlich zur Mathematik. Als Professor für Mathematik in Pisa und Padua
arbeitete er nicht nur auf dem Gebiet der Mathematik, sondern wid-
mete seine Zeit auch der Beobachtung der Himmelskörper (er wurde
zum glühenden Kopernikus-Anhänger und untermauerte dessen Lehre),
der Verbesserung des Fernrohrs, er stellte die Gesetze von Fall und
Wurf auf, konstruierte den Proportionalzirkel, befaßte sich mit
Mechanik, um nur einige Arbeiten zu nennen. Er forschte in einer
Wissensbreite, die uns heute in Erstaunen setzt.

Bekannte Forscher neuerer Zeit studierten und arbeiteten auf "nur"
einem Gebiet, wie z.B. Otto Hahn (Chemie), der die Spaltung des
Urankerns entdeckte oder Marconi (Physik), der Vater der drahtlosen
Telegraphie.

Die Fortschritte in Forschung und Entwicklung haben jedoch im Laufe
der Zeit zu einer Wissensexplosion geführt, die schon das vollständige Beherrschen eines Gebietes - ob Chemie, Physik oder Elektrotechnik - nicht mehr möglich macht.
Dennoch kann auch heute ein Ingenieur auf Wissen in einer ganzen
Reihe von naturwissenschaftlichen Fächern nicht verzichten.

Die Lehrpläne für das Studium des Elektroingenieurs verdeutlichen
dies. Der zukünftige Elektroingenieur belegt im ersten Semester
Fächer wie Mathematik, Grundlagen der Elektrotechnik, Experimental-
physik, Chemie, Mechanik, später dann Datenverarbeitung, Nachrichtentechnik, Halbleiter, Rechts- und Wirtschaftswissenschaften. Der
Bogen ist weit gespannt, ähnlich wie bei Galilei, mit dem Unterschied, daß durch Fortschritt in Wissenschaft und Technik ein Student, der in den genannten Fächern mit Erfolg abschneidet, kein
Universalgenie ist, sondern Diplom-Ingenieur.

1. Grundsätze der Wandlung des Anforderungsprofils

Die fundamentale Wandlung, die das Anforderungsprofil für Ingenieure
durchmacht, liegt einerseits
- in der ständig steigenden Anforderung an das (Fach-) Wissen
  andererseits
- in der weiterhin notwendigen Beherrschung von w e s e n t -
  l i c h e m Grundlagenwissen.

Dieser offensichtliche Widerspruch ist z. Zt. ein Problem sowohl
für Studenten und Hochschulprofessoren als auch für Industrie-Unternehmen.

Mit der Entscheidung für ein Studium der Elektrotechnik erheben wir
die Forderung, "die Elektrotechnik zu erlernen" und sie anwenden zu
können und wissen doch gleichzeitig, daß das in einer begrenzten
und ökonomisch vertretbaren Studienzeit gar nicht möglich ist. Der
Widerspruch kann nicht aufgelöst werden, aber wir müssen mit ihm leben.

Wir wissen aus unserer täglichen Arbeit, daß bei anstehenden Problemen eine Analyse des Sachverhaltes - was ist bisher erarbeitet worden ? wo stehen wir heute ? - wesentlich zur Klärung der augenblicklichen Position beiträgt. Ein Studium sollte ähnliche Funktionen erfüllen.

Ein Studium ist Analyse und Aufarbeitung des vorhandenen Grundlagenwissens. Die wesentlichen Erkenntnisse des Basiswissens müssen erarbeitet und verstanden werden. In der weisen Beschränkung auf das Wissens-Notwendige liegt der Schlüssel für ein erfolgreiches Studium und späteren Beruf.

Der Lernende soll sich nach dem Studium sicher auf dem Boden der Grundlagen bewegen können ohne Anspruch auf Spezialistentum. Von einer klar definierten Position heraus kann dann der Weg der weiteren Spezialisierung sicher beschritten werden. Bei den Abschlußarbeiten sollte der Student lernen, das Grundlagenwissen für die Lösung eines speziellen Problems anzuwenden.

Für ein Unternehmen wie AEG-TELEFUNKEN mit einem Arbeitsschwerpunkt Nachrichtentechnik ergeben sich aus diesen Überlegungen vier Anforderungsgrundsätze:

a) Ein Ingenieur der Nachrichtentechnik muß insbesondere heute über ein breites Grundlagenwissen verfügen mit soliden mathematischen, physikalischen und elektrotechnischen Kenntnissen. In einem so innovationsfreudigen Arbeitsgebiet wie der Nachrichtentechnik können neue Entwicklungen nur begriffen und für ein Unternehmen erfolgreich eingesetzt werden, wenn das Grundlagenwissen sicher beherrscht wird.

b) Das Handwerkszeug zur Lösung fachspezifischer Aufgaben muß beherrscht werden.
    Die Be- und Verarbeitung von Information muß mit Hilfe der Datenverarbeitung, Kleincomputern, Terminals und auch Planungstechniken genutzt werden können.
    Die Nutzung dieser Möglichkeiten entlastet von Routinearbeiten, für die wir mit zunehmender Komplexität unserer Aufgaben keine "Denk-Kapazität" mehr zur Verfügung haben.

c) Für die zunehmende Komplexität nachrichtentechnischer Systeme
    werden Ingenieure mit Fähigkeit zum Systemdenken benötigt. Das
    Können und Wissen auf dem Gebiet der Nachrichten t e c h n i k
    ist nicht unbedingt gleichzusetzen mit System-Denken.
    Die Einführung neuer Dienste durch die Deutsche Bundespost ist
    ein Beispiel für die Notwendigkeit von System-Denken. Beim
    geplanten Teletex-Dienst z.B. muß einerseits die Übertragungs-
    prozedur reibungslos abgewickelt werden, andererseits das
    Teletex-Endgerät vom Benutzer problemlos bedient werden können.
    Der Nachrichtentechniker als System-Denker muß die Systemteile
    und -funktionen durch wohldefinierte Kommunikationsprozeduren
    in Verbindung treten lassen, aber er muß auch darüber nachden-
    ken, wie der zur Kommunikation notwendige Baustein sinnvoll in
    die Schreibmaschine oder in das Büro integriert werden kann.
    Mit der Abwicklung der rein technischen Prozeduren ist seine
    Aufgabe nicht beendet. Er muß seine Arbeit als Bestandteil
    eines Systems verstehen, das erst durch sorgfältige Abstimmung
    und Angleichung der verschiedenen System-Partner untereinander
    vom Anwender sinnvoll genutzt werden kann.

An unseren Netzen sind eine Vielzahl von Geräten angeschlossen
- vom Fernsehapparat, Teletexgeräte, Terminal bis zum Rechner -
für die nur eine begrenzte Anzahl von Betriebsmitteln - Sender,
Empfänger und Übertragungswege - zur Verfügung stehen. Was
geschehen könnte, wenn jeder nach Belieben diese Betriebsmittel
in Anspruch nimmt, ohne sich um Systemzusammenhänge zu kümmern,
kann Bild 1) verdeutlichen.

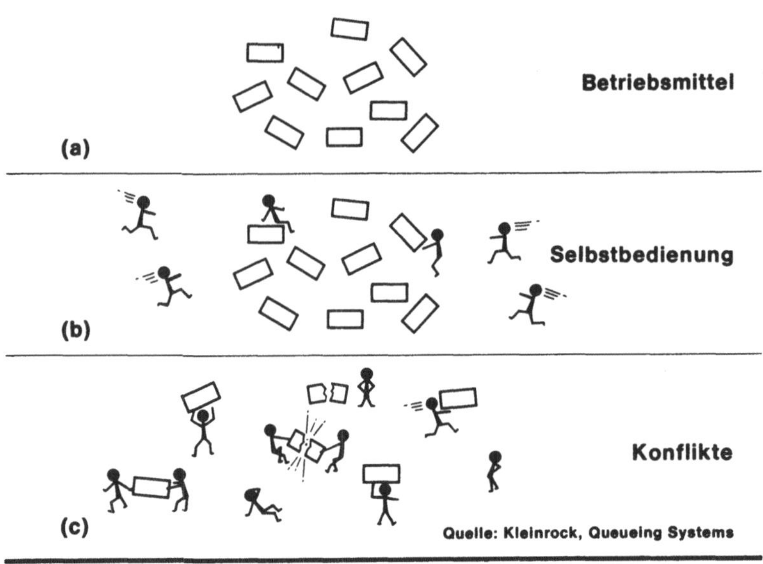

Ungeordnete Betriebsmittelverwaltung

Die Betriebsmittel (Bild 1a) werden in einer Art Selbstbedie-
nung benutzt (Bild 1b). Jeder greift zu, wie es ihm in den
Sinn kommt. Sehr schnell kommt es zu Interessenkonflikten
(Bild 1c) - Übertragungswege sind besetzt, Sender ausgelastet,
Empfänger für Nachrichten nicht empfangsbereit, usw. - die
ohne Systemplanung nicht gelöst werden können.
Ein wesentlicher Bestandteil eines Systemplans ist die räum-
liche und zeitliche Zuordnung der Betriebsmittel, so daß keine
unerträglichen oder gar vermeidbaren Engpässe entstehen. Das
Handwerkszeug hierfür liefert z.B. das Fach Operations-Research.

d)   Zum qualifizierten Ingenieur gehört nicht nur eine fundierte
     Aus- und Weiterbildung sondern auch eine Persönlichkeit, die
     sich mit ihrem Beruf identifiziert und der Umwelt ihre Arbeit
     und Ideen mitteilen kann. Die Nachrichtentechnik ist Binde-
     glied zwischen Menschen und für den Menschen. Der Nachrichten-
     techniker, der sowohl technischer Fachmann als auch Mitglied
     unserer Gesellschaft ist, ist der Mittler zwischen Technik
     einerseits und Umwelt andererseits.

Die Diskussion der letzten Jahre über Fluch und Segen der
Mikroelektronik, über neue Medien, über Satellitenfernsehen
und vieles mehr, wurden oft fernab jeglicher Realität und
emotionsgeladen geführt. Die Aufgabe als Mittler zwischen
Technik und Umwelt wurde bisher noch nicht befriedigend ge-
meistert. Der Nachrichtentechniker oder Kommunikationstech-
niker der Zukunft muß aus Versäumnissen der Vergangenheit
lernen.

2. Konsequenzen der Wandlung

Die fachliche und persönliche Entwicklung ist mit der Beendigung
des Studiums nicht abgeschlossen. Als Ingenieur mit langer Berufserfahrung muß ich sagen: die Arbeit fängt dann erst richtig an.

Mit Beginn der Tätigkeit in der Industrie stellen sich neue Auf-
gaben:
- Eingewöhnung in eine völlig andere Arbeitsatmosphäre
- Einarbeitung in unbekannte Arbeitsgebiete
- Zusammenarbeit in sehr heterogene Teams
- Erfahrungen als Vorgesetzter

Diese Anforderungen, die mit Eintritt in das Berufsleben auf den
Hochschulabsolventen zukommen, sind nicht grundsätzlich neu und
ließen sich vor 20 Jahren ähnlich formulieren.
Grundsätzlich gewandelt haben sich jedoch die Inhalte der Anforde-
rungen.
Wir lassen uns gerne dazu verleiten, einmal aufgestellte Postulate
für immer gültig zu erklären.
Das Erwartungsprofil eines Studenten der **Nachrichtentechnik** an sein
Studium und seinen zukünftigen Beruf kann am Beginn seines Studiums
durchaus mit dem Anforderungsprofil der Industrie für Nachrichten-
technik übereinstimmen.
Aber im Rahmen neuer sozialer, technischer und wirtschaftlicher
Erkenntnisse vollziehen sich Wandlungen, die Anpassungsprozesse
notwendig machen.

Das Anforderungsprofil eines Nachrichtentechnikers von heute ist
nicht das eines Nachrichtentechnikers von morgen.
Wir würden uns die Zukunft verbauen, wenn wir hier <u>das</u> Anforderungsprofil des Ingenieurs der Nachrichtentechnik festschreiben würden,
denn unser Maßstab von heute ist u.U. nicht der Maßstab von morgen.
Wenn wir auch nicht in die Zukunft blicken können, so müssen wir
doch <u>heute</u> mit den geänderten Anforderungen fertig werden. Die
besten Chancen der Zukunft liegen dort, wo das Heute bekannt und
durchdacht ist.
Das Grundlagenwissen sollte während des Studiums vermittelt werden.
Die Vertiefung dieses Wissenstandes ist u.a. Aufgabe der Industrie.
Die Bewältigung der Lernprozesse, die durch die sich ständig än-
dernden sozialen, technischen und wirtschaftlichen Rahmenbedingungen
hervorgerufen werden, liegen ebenfalls im Aufgabenbereich der Industrie. Hier kommt der betrieblichen Weiterbildung eine große Bedeutung zu.
Mit Hilfe flexibler und aktueller Weiterbildungsangebote kann die
Qualifikation der Mitarbeiter neuen Anforderungen angepaßt werden.
Wir wollen nicht nur mit dem Entwicklungstempo Schritt halten,
sondern das Tempo mitbestimmen.

3. Weiterbildung in einem Unternehmen der Elektrotechnik
   am Beispiel AEG-TELEFUNKEN

Das Zusammenwirken in einem Unternehmen wird im allgemeinen durch
Leitlinien für die Zusammenarbeit geregelt. Bei AEG-TELEFUNKEN sind
die Grundgedanken des angestrebten Führungsverhaltens und der Zusammenarbeit im Konzern in den folgenden sechs Leitsätzen festgehalten:

    1. Vorbild sein
    2. Zusammenarbeit vertiefen
    3. Kommunikation verbessern
    4. Verantwortung übertragen
    5. Motivation stärken
    6. Mitarbeiter fördern

Die Bedeutung, die der Förderung der Mitarbeiter im Unternehmen
beigemessen wird, wird durch die Formulierung des 6. Leitsatzes
besonders unterstrichen.

Wir sind jedoch noch einen Schritt weitergegangen und haben Förderung der Mitarbeiter nicht nur zu einem Führungsprinzip erhoben,
sondern in einer Betriebsvereinbarung zwischen dem Vorstand und dem
Gesamtbetriebsrat der AEG-TELEFUNKEN AG Weiterbildungsrichtlinien
verabschiedet. In diesen Richtlinien sind firmeneinheitliche Grundsätze für die Weiterbildung festgelegt, die in langen Diskussionen
erarbeitet wurden.

3.1 Entwicklungsphasen der Weiterbildung

Nach Beendigung des Aufbaus der deutschen Wirtschaft nach dem Kriege
gewann in den 60er Jahren die Weiterbildung der Mitarbeiter zur
Erhaltung der nationalen und internationalen Wettbewerbsfähigkeit
zunehmend an Bedeutung.

Vortrag Dr.-Ing. Gissel   **Bild 2**

Phase	1. Aufbauphase	2. Angebots-orientierung	3. Problem-orientierung
Kennzeichen	Institutionali-sierung der Weiterbildung neben der Ausbildung	Systematische und differenzierte Bildungsarbeit	Analyse von Bereichsproblemen und Entwickeln von Problemlösungen
Aufgaben	Themenkatalog erstellen Seminare durch-führen	Bedarf ermitteln Adressaten festlegen Lernziel definieren Lernprozeß durchführen Lernerfolg kontrollieren	Prozeßberatung vor Ort Probleme erkennen Problemorientierte Weiterbildungs-maßnahmen Transferhilfen
Ergebnis	Nur beschränkt feststellbar	Qualität u. Effektivität der Weiterbildungs-maßnahmen werden verbessert	Erfolg wird an der Problemlösung gemessen, Rückkoppelungs-maßnahmen

Entwicklung der Weiterbildung im Unternehmen

In der Aufbauphase der Weiterbildung in den 60er Jahren mußte die
Weiterbildung neben der Ausbildung institutionalisiert werden (Bild
2). Es wurden Themenkataloge erstellt und Seminare durchgeführt,
ohne direkt auf die Probleme im Unternehmen einzugehen. Die Beurteilung eines Seminars beschränkte sich auf Äußerungen des Teilnehmers, ob der Kurs gefallen hatte oder nicht.

In den 70er Jahren wurde die Weiterbildungsarbeit durch gezielte
Bedarfsermittlung, Definition des Lernziels, Kontrolle des Lerner-
folgs weitgehend systematisiert. Mit Hilfe von pädagogischen Er-
folgskontrollen wie Tests und Übungsaufgaben konnten Maßstäbe für
Qualität und Effektivität der Weiterbildungsmaßnahmen entwickelt
werden.

Die 3. Phase möchte ich als <u>problem</u>orientierte Weiterbildung bezeichnen, sie wird die 80er Jahre bestimmen. In den von AEG-TELE-
FUNKEN verabschiedeten Weiterbildungsrichtlinien werden die Grund-
züge dieses Weiterbildungskonzepts festgehalten.
Bevor ich jedoch Konzeption und Inhalte unserer Weiterbildung ver-
tiefe, möchte ich Ihnen einen Überblick über die Größenordnung der
Weiterbildung und Themenschwerpunkte bei AEG-TELEFUNKEN vermitteln.

3.2 Internes Bildungsangebot

Für die Gestaltung und Koordinierung der Weiterbildung bei AEG-TELE-
FUNKEN ist die Zentralabteilung Aus- und Weiterbildung zuständig,
alle Weiterbildungsmaßnahmen im Konzern werden mit dieser Abteilung
abgestimmt (Bild 3).

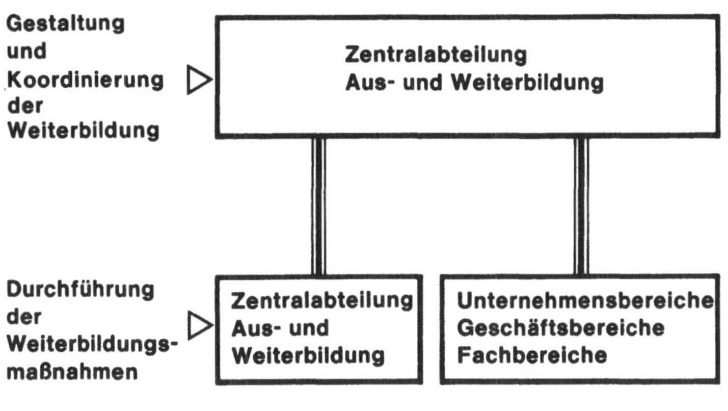

Zuständigkeiten in der Weiterbildung

Die Zentralabteilung plant und führt selbst Veranstaltungen durch,
die sich an Mitarbeiter des gesamten Unternehmens richten wie Seminare über Konferenztechniken, Fremdsprachenkurse und Seminare zur
Unternehmensführung (ca. 25 % aller Weiterbildungsmaßnahmen werden
von der Zentralabteilung durchgeführt).
Die fachspezifische Weiterbildung ist Aufgabe der Unternehmens-,
Geschäfts- und Fachbereiche, die aufgrund ihrer Praxisnähe und Erfahrung über das notwendige Know-how verfügen. Alle Veranstaltungen
werden von internen Lehrbeauftragten durchgeführt, externe Berater
werden sehr selten hinzugezogen.
Der Schwerpunkt der Themen liegt bei Technik und Naturwissenschaften (56%), wobei dieser Bereich am Veranstaltungsangebot weiter an
Bedeutung gewinnen wird (Bild 4).

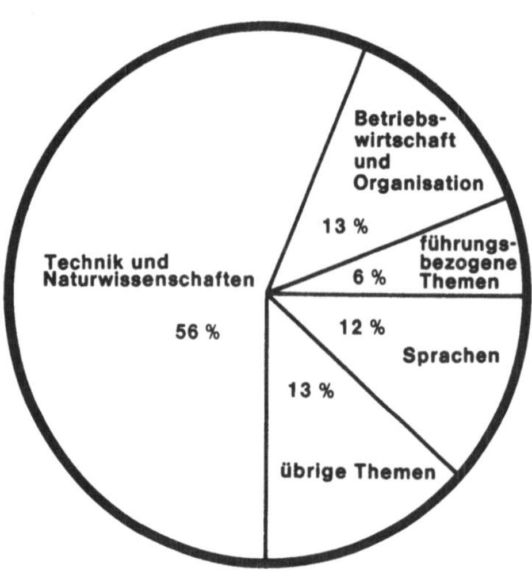

Themenverteilung
des internen Weiterbildungsangebotes

Die Angebote zu den Themen Betriebswirtschaft und Organisation, die
auch die Vertriebsschulung beinhalten, Sprachen und übrige Themen
sind mit jeweils 13% bzw. 12% vertreten.
Unter den "Übrigen Themen" finden wir u. a. Konferenz- und Vortrags-
techniken, die sich großer Beliebtheit erfreuen.
Im Jahre 1980 nahmen ca. 23.500 Beschäftigte oder 23% aller Beschäftigten an internen Weiterbildungsveranstaltungen teil (Bild 5). Der
Personalabbau der letzten Jahre, veranschaulicht an der in Bild 5
eingezeichneten Kurve, wirkte sich nicht oder nur geringfügig auf
die Teilnehmerzahlen aus. Selbst in schwierigen wirtschaftlichen
Situationen war sich AEG-TELEFUNKEN immer bewußt, daß die Qualifikation der Mitarbeiter ein wichtiges Potential für das Gesunden
eines Unternehmens ist. Das zunehmende Interesse der Mitarbeiter an
unserem Weiterbildungsangebot zeigt, daß wir den richtigen Weg
beschreiten.

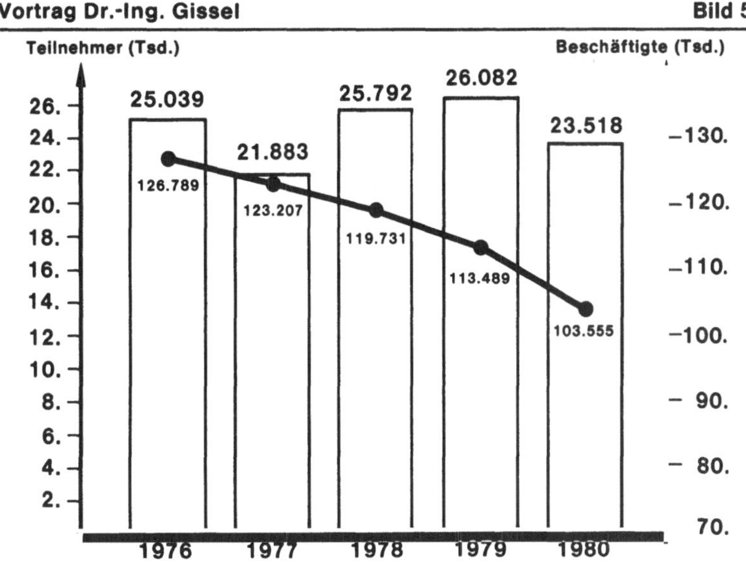

AEG-TELEFUNKEN (Inland)
Teilnehmer an internen Weiterbildungsver-
anstaltungen, Zahl der Beschäftigten

3.3. Weiterbildungskonzept der 80er Jahre

Die Weiterbildung der 80er Jahre wird von AEG-TELEFUNKEN mit einem
neuen Weiterbildungskonzept gestaltet.
Mit Hilfe dieses Konzepts sollen die Ziele der Weiterbildung realisiert werden:

-    die Erhaltung, Verbesserung und Erweiterung der fachlichen,
     persönlichen und führungsmäßigen Qualifikation der Mitarbeiter
     auf allen Stufen

-    die Förderung der Motivation der Mitarbeiter durch Teilnahme
     an Weiterbildungsmaßnahmen

-    die Unterstützung der Eigeninitiative der Mitarbeiter zur
     Weiterbildung

-    die Erweiterung der Grundlagen zur Steigerung der Leistungs-
     fähigkeit.

Die Erarbeitung der zur Zielrealisierung notwendigen Weiterbildungsmaßnahmen beruht auf einer Bedarfsermittlung, die alle zwei Jahre
durchgeführt wird (Bild 6). Vorgesetzte und Mitarbeiter werden nach
ihren speziellen Weiterbildungswünschen und Problemen befragt, die
Resonanz auf diese Befragung ist immer sehr groß. Der Anlaß einer
Weiterbildungsmaßnahme kann im Unternehmen selbst liegen wie die
Einführung neuer Fertigungstechniken oder Rationalisierungsmaßnahmen
mit denen die Mitarbeiter vertraut gemacht werden müssen. Häufiger
ist durch technische Innovationen und neue Produkte eine Weiterbildung erforderlich.

Vortrag Dr.-Ing. Gissel   **Bild 6**

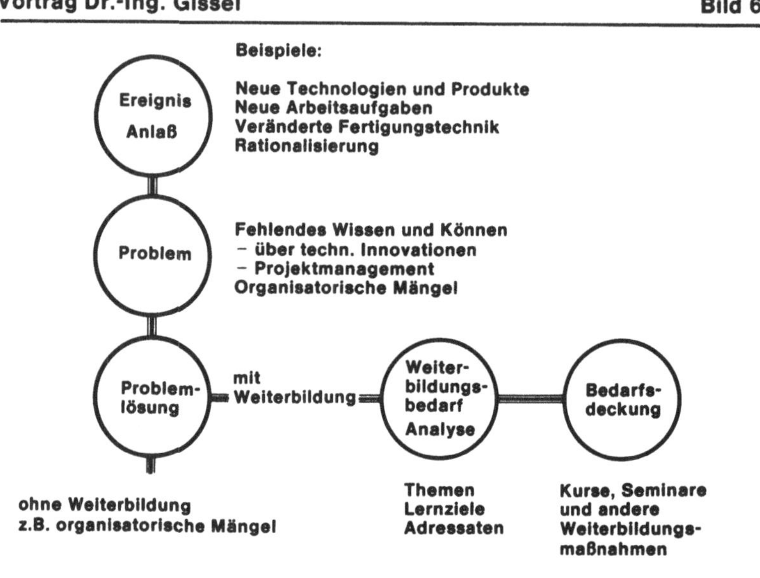

Problemorientierte Weiterbildung nach Bedarfsermittlung

Für technische Mitarbeiter in Forschung, Entwicklung, Vertrieb,
etc. hat die <u>technische</u> Fortbildung vorrangig Bedeutung.
Wissenlücken dürfen auf einem Gebiet wie der Nachrichtentechnik,
das gerade in den letzten Jahren eine wesentliche technologische
Wandlung erfahren hat, erst gar nicht auftreten. Die Mitarbeiter
müssen laufend zielgerichtet über neue Entwicklungen informiert
werden.

Die Mitarbeiterbefragung und die Resonanz auf die angebotenen Kurse
und Seminare signalisieren, wo Informationslücken sind und welche
Probleme verstärkt bearbeitet werden müssen. In der Zusammenarbeit
der Weiterbildungsbeauftragten in den Unternehmensbereichen und der
Zentralen Weiterbildung werden Maßnahmen zur Problemlösung festgelegt. Themen, Lernziele und Adressaten werden auf die unternehmens-
internen Belange abgestellt und entsprechende Kurse und Seminare im
nächsten Weiterbildungssemester angeboten.
Lassen Sie mich als Beispiel das Weiterbildungsprogramm des Geschäfts-
bereiches Nachrichtentechnik aus dem Unternehmensbereich Kommunikationstechnik anführen.

3.4 Weiterbildungsangebot in einem Geschäftsbereich

Mit dem Weiterbildungsangebot der AEG-TELEFUNKEN Nachrichtentechnik
GmbH (Backnang) werden wir - so glaube ich - den technischen Ent-
wicklungen gerecht.
Im Herbst 81/Frühjahr 82 wurden neben drei allgemeinen und drei
kaufmännischen Themen 13 technische Themen angeboten. Schwerpunkte
der technischen Themen sind u.a.:
- Erlernen von Programmiersprachen wie Basic/Pascal
- Arbeitsweise des Mikroprozessors
- CAD-Anwendungen
- Digitale Nachrichtennetze
- Optische Nachrichtentechnik

Der Kurs "Optische Nachrichtentechnik" wird von Entwicklern aus der
Grundlagenentwicklung gestaltet. Vier Referenten vermitteln Kennt-
nisse über
- Grundlagen der optischen Wellenleiter, Sendeelemente und
  Empfangselemente
- Beschreibung und Berechnung optischer Systeme
- Optische Messtechnik
- Einführung in die optische Verbindungs- und Koppeltechnik,
  Grundlagen der Integrierten Optik.
Das Ziel des Kurses ist das Verstehen der Funktion optischer Bau-
elemente und das Erkennen der Möglichkeiten optischer Nachrichten-
systeme. Dieser letzte Punkt bedarf besonderer Beachtung.

Ziel der Weiterbildung sollte nicht nur das Vermitteln reinen Faktenwissens sein, sondern auch das Aufzeigen von Strukturen und möglicher Entwicklungspfade. Dem Mitarbeiter, dem Ingenieur der Nachrichtentechnik soll ein Instrumentarium an die Hand gegeben werden, das ein Wissenstransfer, d.h. eine Umsetzung von der Theorie (Kurs) in die Praxis (Arbeitsplatz) ermöglicht.
Hier sehe ich gewisse Probleme, aber auch Chancen unserer Weiterbildungsarbeit.
Im zunehmenden Maße klagen Hochschulprofessoren und unsere internen Weiterbildungsexperten über Schwierigkeiten der Studenten bzw. Hochschulabsolventen, Zusammenhänge und Wechselbeziehungen zu erkennen.
Ohne diese Transformationsleistungen ist jedoch die Kommunikationstechnik der Zukunft nicht denkbar.
Die Nutzung der Glasfaser zur Nachrichtenübertragung hat einen tiefgreifenden Wandel der Kommunikationstechnik zur Folge, deren Konsequenzen heute noch nicht absehbar sind.
Der Nachrichtentechniker ermöglicht die Übertragung von Daten, Text, Bildern und Sprache über eine haarfeine Glasfaser und eröffnet neue Dimensionen der Informationsübertragung. Informationen können schneller, gezielter, umfassender und langfristig auch billiger über Glasfaser übertragen werden. Aber wie jede neue Technologie muß auch die Glasfasertechnik in sinnvollen Schritten eingeführt werden.
Wir können nicht von heute auf morgen unser bestehendes Übertragungsnetz außer Betrieb nehmen. Es gehört auch zu den Aufgaben eines Nachrichtentechnikers, unter Berücksichtigung technischer, wirtschaftlicher und sozialer Gesichtspunkte an einem realisierbaren Einführungskonzept dieser neuen Technologie mitzuarbeiten.
Dieser Aufgabe werden einseitig technologisch ausgerichtete Ingenieure ohne Fähigkeit zur Teamarbeit und Systemdenken sicher nicht gerecht.

3.5 Trainee-Programme

Mit zunehmender Integration der Netze für Sprach - Bild - Text -
und Datenkommunikation und den damit verbundenen Anforderungen an
Übertragungs-/Vermittlungstechniken und Teilnehmerendgeräte gewinnt
die Software-Technologie in der Kommunikationstechnik an Bedeutung.
Welche Geräte über welche Netze mit welcher Geschwindigkeit mitein-
ander kommunizieren können, wird letzlich durch entsprechende
Software realisiert.
Hier hat sich in den letzten Jahren ein akuter Mangel an Software-
Spezialisten bemerkbar gemacht.
Die Hochschulen haben zwar die Bedeutung der Software für die
künftige technologische Entwicklung erkannt, konnten jedoch nur
begrenzt auf die steigende Nachfrage der Industrie nach Software-
Spezialisten reagieren.
AEG-TELEFUNKEN zog daraus die Konsequenzen und richtete ein Software-
Trainings-Programm für Hochschulabsolventen ein (Bild 7).

Vortrag Dr.-Ing. Gissel **Bild 7**

Programm / Ausrichtung	Sonderprogramme für Fachkräfte	Traineeprogramme für Führungsnachwuchs	Förderungsprogramme für Führungskräfte	Programm / Teilnehmer
Technik	Neueinstellungen Software-Training	Neueinstellungen für Vertrieb Projektierung Entwicklung	Mitarbeiter von/für Zentral-Unternehmens-Geschäfts-Fachbereiche	Ingenieure Informatiker Naturwissenschaftler
Kaufleute	Mitarbeiter (Industriekaufleute) Betriebsw.-Förderung	Neueinstellungen für Marketing Controlling Personal	Mitarbeiter von/für Zentral-Unternehmens-Geschäfts-Fachbereiche	Wirtschaftswissenschaftler Juristen Sozialwissenschaftler
Ausrichtung / Zeit	Wochen Monate	max. 1 Jahr	Monate Jahre	Teilnehmer / Zeit

Die Traineeprogramme in Schwerpunkten

Nach einer Einarbeitungszeit erfolgt die Software-Schulung im Soft-
ware-Zentrum in Frankfurt sowie in der Prozesstechnik in Seligen-
stadt oder Konstanz.
Themen der Schulungsphase z.B.:

- FORTRAN Grund-/Fortgeschrittenenkurs
- Methoden in der Software-Entwicklung
- Mikroprozessoren (INTEL) Hardware
- Mikroprozessoren Assembler-Programmierung

Mit diesem Programm erhalten Hardware-Ingenieure eine fundierte
Software-Ausbildung, die auf die Bedürfnisse des Unternehmens abgestimmt ist.

Die Möglichkeiten einer Software-Ausbildung möchten wir jedoch
nicht nur auf Hochschulabsolventen beschränken. Ab Herbst diesen
Jahres läuft ein internes Umschulungsprogramm an. Jüngere Mitarbeiter, die sich bisher mit Hardware-Problemen befaßt haben, werden
mit der Software-Technik vertraut gemacht und zukünftig neuen Aufgaben im Unternehmen zugeführt.
Zur Zeit hat sich die Lage auf dem Markt für Software-Spezialisten
etwas entspannt. Durch den gedrosselten Staatshaushalt, insbesondere des Verteidigungshaushalts, ist das Angebot an Software-In-
genieuren relativ gut und der Bedarf an Fachkräften kann durch den
Markt befriedigt werden.

Auch bei der Personalplanung müssen die Grundsätze der Wirtschaftlichkeit gewahrt werden.
Trainee-Programme sind Ergänzung einer an sich schon qualifizierten
Ausbildung. Sie sind für das Unternehmen sehr teuer. Wir veranschla-
gen für die Einarbeitung eines Hochschul-Ingenieurs mittels Trainee-Programm einen Betrag zwischen DM 100.000,-- und DM 120.000,--.

Bei der Auswahl der für ein Trainee-Programm infrage kommenden
Nachwuchskräfte werden daher hohe Maßstäbe angelegt.
Wenn der Bedarf an qualifizierten Mitarbeitern durch den freien
Arbeitsmarkt gedeckt werden kann, werden die Trainee-Programme
flexibel dieser veränderten Marktsituation angepaßt.

Das Software-Traineeprogramm ist nur ein Schwerpunkt im gesamten
Traineeprogramm (Bild 7).
Ingenieure, Informatiker und Naturwissenschaftler werden für ihren
Einsatz im Vertrieb, für Projektierungsaufgaben oder einer Tätigkeit in der Entwicklung ebenfalls durch ein Traineeprogramm optimal
vorbereitet, vor allem wenn sie für Führungsaufgaben vorgesehen
sind.

4. Resümee

Zum Abschluß möchte ich ein kurzes Resümee ziehen:
Weiterbildung ist für ein Unternehmen wie AEG-TELEFUNKEN, das sich
in einem Prozess der Neuorientierung befindet, von maßgeblicher
Bedeutung.
- Dieser Erkenntnis wurde durch umfassende Weiterbildungs-
  maßnahmen Rechnung getragen.
- Qualifizierte Mitarbeiter sind unser Potential, mit dem
  wir die gesteckten Unternehmensziele erreichen können.
- Ein Großunternehmen wie AEG-TELEFUNKEN hat die Möglichkeit, maßgeschneiderte Weiterbildung anzubieten, die sowohl auf die Belange des Unternehmens als auch auf Interessen der Mitarbeiter zugeschnitten ist.
Diese Weiterbildungsmaßnahmen bauen auf der Ausbildung in Hoch- und
Fachschulen auf. Mit diesen Instituten und ihren Leitern stehen wir
in engem Kontakt sowohl in fachlicher Zusammenarbeit als auch im
Gespräch über die Anforderungen der Praxis an den Ingenieur-Nach-
wuchs. Wir brauchen keine Technokraten, sondern den fachlich gut
ausgebildeten Ingenieur, der seiner Aufgabe im Bewußtsein nicht nur
des technischen Wandels sondern auch der Veränderungen seiner Umwelt gewachsen ist.

Changes in the Concept of Requirements Imposed upon an Engineer in Telecommunication Engineering – Consequences for Education and further Training

Hans Gissel
Frankfurt

Telecommunication engineering has undergone considerable changes during the last few years, mainly under the influence of microelectronics. In the traditional sectors such as cabling, communication, mulitplex and transmission technology, innovations brought about by the new techniques require a permanent readiness to learn as well as reorientation. The traditional sectors are furthermore being extended by new targets. The linkage of individual products to systems and new user-orientated problem solutions are becoming ever more important for the telecommunication engineer.

1. Principles of the change in the concept of requirements

The fundamental change which the concept of requirements for telecommunication engineers is undergoing consists on the one hand
- of the steadily increasing demands upon specialist knowledge
and on the other hand
- of the possession of that basic knowledge which is just as necessary as ever.
This obvious contradiction is a problem at the present time, not only for students and university professors, but also for industrial enterprises. Four principles can be formulated on this basis:

a) A telecommunication engineer nowadays must still possess a good store of general knowledge and be thoroughly versed in mathematics, physics and electrical engineering.

b) He must be capable of handling the instrumentation for the solution of specialist problems (Knowledge of EDP and planning techniques such as operations research).

c) For the increasing complexity of telecommunication systems, engineers with a capacity for systematic thinking are required.

d) A qualified engineer must see himself in the role of connecting link between

technology and the environment. In the performance of his duties he must be
duly conscious of the needs and requirements of his environs.

2. Consequences of the change

Technical and personality development do not cease with the completion of studies.
Within the framework of new social, technical and economic knowledge, changes
are taking place which are also reflected in the concept of demands made upon
engineers in the telecommunication sector.

The concept of demands upon a telecommunication engineer cannot be laid down
hard and fast for the future. The best chance for successful working in a continually changing world consists of the optimal utilization of the present-day scientific
standards. One of the keys to the solution of the permanent learning process lies
for large companies in a flexible scheme for personnel training and development.

3. Training in the firm

Developments in the 1980's will be problem-oriented so as to lead to new methods
and types of training.

The necessary measures are preceded by a problem analysis on the spot, in
which managers, the staff members involved and internal training experts jointly
- identify the problem
  (sudden innovations, new technologies),
- define the target
  (what results should the training produce),
- work out training measures
  (seminaries, courses, other methods)
- offer aids for realization
  (the application of acquired knowledge to actual practice).
Staff training has been steadily extended since the 1960's in order to remain
competitive on a national and international scale. To-day we require qualified
and motivated personnel, not only to keep up with the pace of development but
to participate in the setting of this pace.

Neue Berufe durch Wandel in der Informationstechnik

Bernhard Dorn
Stuttgart

Einleitung

1. In den vergangenen Jahren ist es augenscheinlich geworden:
die Kommunikationstechnik ist ein integrativer Bestandteil
unserer Umwelt, ein wirtschaftlicher und sozialer Faktor,
dem ein absoluter Stellenwert zukommt. Verdeutlicht wird
dies durch spektakuläre Ereignisse in der Raumfahrt, wie die
Mondflüge, Space Shuttle, Nachrichtensatelliten und Ereignissen in unserem unmittelbaren Umfeld, wie z. B. die Einführung von Bildschirmtext. So meint dann auch Alwin
Toffler, daß Telekommunikation nicht nur die Abläufe in Industrie, Büro und Geschäft verändern wird, sondern auch maßgeblichen Einfluß auf die Gestaltung der Freizeit, Erziehung, medizinische Versorgung und der Medien nimmt.

1.1 Stapel- und Vorgangsbearbeitung

Erinnert man sich der Anfänge der elektronischen Datenverarbeitung, die auch Teil der heutigen Kommunikationstechnik
ist, so sind schon bemerkenswerte Schritte in der Entwicklung seit Ende der fünfziger Jahre festzustellen.

Normalerweise finden bei solchen Schilderungen Gegenüber-
stellungen technischer Merkmale und Leistungen statt, die
den Entwicklungsprozeß technisch beschreiben.

Eine andere Betrachtung, man könnte den Gegenstand hierbei
als den sozialen Prozeß bezeichnen, gibt den gleichen Einblick in die technische Entwicklung, nämlich die Weiterent-

wicklung der korrespondierenden Berufe in der Informations- und Datenverarbeitung, die sich aus der Nutzung der Technik und der daraus resultierenden Möglichkeiten ergeben.

Zu Beginn der elektronischen Datenverarbeitung Anfang der sechziger Jahre bestand das Personal aus Programmierer, Bediener und Datentypistin, die die Massenanwendungen als Stapelverarbeitung auf die Anlage brachten. Da es sich bei den Anwendungen generell um nachvollziehende Abrechnungssysteme handelte, wurden zeitlich nicht aktuelle Daten verarbeitet. Die zwangsläufige Redundanz in den Daten der unterschiedlichen Anwendungen und der Engpaß bei der Datenerfassung kennzeichnen darüber hinaus diese Nutzungsform; damals trotzdem ein unerhörter Fortschritt. Der Datentypistin kam bei dieser Form der Datenverarbeitung die Aufgabe zu, die Eingabedaten in eine computer-lesbare Form zu bringen, wobei das Medium in der Regel die Lochkarte oder der Lochstreifen war. Manch angestrebte Organisationslösung scheiterte in dieser Zeit gerade am Mangel dieser Fachkräfte. Heute ist der Beruf der Datentypistin bereits weitgehendst verschwunden, der Lochsaal ein historischer Begriff. Dieses Berufsbild existierte eine Periode von 25 Jahren, in der technisch Wünschenswertes, das vor allem wirtschaftlich noch nicht machbar war, überbrückt werden mußte.

Die sogenannte 3. Generation der Rechner, z. B. die IBM 360, die Mitte der 60er Jahre angekündigt wurde, ist funktional geknüpft an die Nutzungsform der Vorgangsbearbeitung. Hierbei erfolgte die Prüfung der erfaßten Daten sofort. Die Daten-Eingaben werden bei dieser Nutzungsform entweder vom DV-Sachbearbeiter oder aber vom Sachbearbeiter der Fachabteilung durchgeführt, wobei für die nunmehr aktuellen Datenbe-

stände die Veränderungsverantwortung eindeutig festgelegt
ist.

Für diesen Einstieg in das interaktive Arbeiten wurden Be-
triebssysteme entwickelt, die die Steuerung der Systeme und
der Anwendungen übernahmen. Dementsprechend änderten sich
bestehende Berufsbilder bzw. es kamen neue hinzu. So zerfiel
das des Programmierers in die Bereiche Anwendungs- und Sy-
stemprogrammierung, wobei das Design der Anwendung selbst
von ·dem sich neu herauskristallisierenden Berufsbild des Systemanalytikers organisatorisch und systemtechnisch abge-
deckt wurde. Die Überführung des funktionalen Designs in
eine rechnergerechte Form übernahm nun der Anwendungsprogrammierer, wobei er sich neuer Werkzeuge und Methoden bediente,
die es vor der Differenzierung der Tätigkeiten noch nicht
gab und die im weitesten Sinne den Bereich der interaktiven
Programmierung umfassen.

Für den Anwendungsprogrammierer entsteht durch die Spezialisierung in seinem Gebiet die Aufstiegsschance zum Chefpro-
grammierer, da die fachliche Steuerung der hochqualifizierten Mitarbeiter den Rahmen des personellen Manage-
mentsystems sprengt.

Auch der Bereich der Bediener erfährt eine Auffächerung.
Durch die Vielfalt und die steigende Anzahl von Komponenten
entsteht das Berufsbild des Eingabe-/Ausgabe-Bedieners und
des Konsolbedieners, der über das Betriebssystem das Zusammenspiel zwischen System und Anwendung steuert.

In diesen Jahren entsteht auch das Berufsbild des Arbeitsvor-
bereiters. Im Bestreben, System und periphere Komponenten

optimal auszulasten, versucht der Arbeitsvorbereiter die An-
wendungsanforderungen an Rechnerleistung und Ein-/Ausgabeein-
heiten pro Zeiteinheit zu optimieren.

1.2 Informationsverarbeitung - Daten

Mit dem Einsatz der virtuellen Konzepte in den Rechnern im
Jahre 1970, beginnt die Ära der Informationsverarbeitung.
Die zentrale Planung, Steuerung und Kontrolle der komplexen
Datenbankanwendungen sowie deren zentrale als auch dezentral-
individuelle Realisierung bedingen neue Berufsbilder. Der
Benutzerorganisator, der als Repräsentant der anwendenden
Abteilung zusammen mit dem Systemanalytiker Anwendungen oder
Anwendungsgebiete bearbeitet, entsteht. Bei dieser Zusammen-
arbeit wird das abteilungsspezifische Fachwissen mit dem In-
formationssystemwissen des Systemanalytikers ergänzt.

Durch die Vielfalt der bei dieser Nutzungsform entstehenden
komplexen redundanzfreien physischen Datenbanksystemen, entwickelt sich das Berufsbild des Datenbankkoordinators. Er
koordiniert Datenanforderungen, entwickelt logische Daten-
strukturen für alle Anwendungen und pflegt Datenkataloge,
die das Gesamtdatenvolumen eines Unternehmens nach Ursprung
und Verwendung wiedergeben.

Die Verteilung der Informationen zum Benutzer hin erfolgt
durch Netzwerke. Durch diesen Service der Rechenzentren entwickelt sich eine weitere Facette der informationsbezogenen
Berufsbilder, die des Netzwerkkoordinators. Dieser entwickelt Netze oder modifiziert sie nach Mengengerüsten, geo-
graphischen, technischen und anwendungsspezifischen Anforderungen und legt sie auf Sicherheit und Verfügbarkeit

aus. Das softwaremäßige Betreiben besorgt der Systemprogrammierer für Datenfernverarbeitung, womit das Berufsbild des Systemprogrammieres eine Spezialisierung nach systemnaher und datenfernverarbeitungsmäßiger Akzentuierung erfährt.

Die hohe Verfügbarkeit, die von Anwendungen in Netzen gefordert wird, ist Anstoß für das Installieren von Mehrrechner- oder Multiprozessorkomplexen, um im Fehlerfalle sogenannte Backup-Möglichkeiten zu besitzen. Hierbei wird die Anwendung von einem zweiten Rechner übernommen, um den Informationsservice aufrecht zu erhalten.

Gleich welcher Umschaltphilosophie man in diesen Fällen folgt, ob Hochfahren der Anwendung auf einen anderen Rechner oder Aktivieren der generell vorgehaltenen Zweitversion der Anwendung auf einem anderen Rechner, der Umschaltprozeß bedarf gewisser Kontrollen, die von Netzwerkbedienern und/oder speziell für Anwendungs-Subsysteme, z. B. eines IMS Datenbank-Systems, verantwortlichen Rechenzentrumsmitarbeitern übernommen werden. Diese Spezialisierung im Bereich des Bedienerpersonals hat sich in der Praxis als sinnvoll erwiesen, um bei zunehmend komplexer werdenden Netzen die Anwendungsverfügbarkeit bei den Endanwendern im Rahmen festgeschriebener Maßzahlen zu gewährleisten.

1.3 <u>Informationsverarbeitung - Text</u>

Parallel zur Informationsverarbeitung auf der Grundlage reiner Daten entwickelt sich Informationsverarbeitung auf der Basis von Texten. Wenngleich hier Ansätze zur Integration von Daten aus Datenbanken in Texte festgestellt werden können, so handelte es sich doch in der Regel um Insellösungen. Hierbei wurden durch Schriftgutanalysen Häufigkeiten bestimmter Brieftypen, statistisch ermittelte Änderungsfrequenzen etc. ermittelt, um eine wirtschaftliche Textbearbeitung zu organisieren.

Mit den Möglichkeiten der Verarbeitung von Textbausteinen wurde die Textbearbeitung zur Textverarbeitung weiterentwickelt, bildete in der Regel aber immer noch eine in sich geschlossene Verarbeitungsart.

Den Status dieser Verarbeitungsform reflektieren auch damit verknüpfte Berufsbilder. Der Leitbediener, in der Praxis eine Mitarbeiterin des Schreibbüros, übernahm das Starten des Textsystems, das Ändern und Pflegen von Zugriffsberechtigungen und kleinere administrative Tätigkeiten unter Zurhilfenahme von bereitgestellten Dienstprogrammen.

Die Gebiete des Systemanalytikers und des Anwendungsprogrammierers erfahren durch den Bereich 'Text' eine spezielle Ausrichtung auf eben diesen Anwendungsbereich, um hier Ergänzungen und/oder Modifikationen zu den gegebenen Standards der Hersteller vornehmen zu können.

Die hierbei anfallenden Programmieraufwendungen reflektieren administrative Gegebenheiten und angestrebte Organisationsvorstellungen bezüglich der Bürofunktion innerhalb der Struktur des Gesamtunternehmens und seiner Abläufe. Diese Einbindung übernimmt der Büroorganisator. Es handelt sich hierbei um ein bekanntes Berufsbild, das allerdings in der DV-geprägten Umwelt eine sehr stark modifizierte Aufgabenstellung in den Bereichen der Arbeitsplatzgestaltung und der Ablauforganisation erfährt.

1.4 Informationsverarbeitung - Sprache

Die technische Informationsverarbeitung auf der Basis der Sprache ist so alt wie das Telefon, wenngleich 'Kommunikation' hier der korrekte Terminus wäre. Da aber formatierte Kommunikation, d. h. festen Regeln folgend, Informationsverarbeitung darstellt, wird hier primär der Zeitraum angesprochen, indem die reine Sprachkommunikation durch darüber hinausgehende Funktionen ihre Grundlegung erfuhr.

Dieser Zeitraum, z. B. mit elektronischen Vermittlungssystemen in 1969 beginnend, brachte ein stetiges Wachsen an Telefonfunktionen, wie Konferenzschaltung, Mitnahme der eigenen Telefonnummer auf fremde Apparate, Rufweiterschaltung etc. und Funktionen, die von der Sprache losgelöst waren. Die Datenanwendungen, wie Aktenverfolgung, Zugangskontrolle, Kantinenabrechnung, u. ä. brachten in diesem Bereich den Kommunikationsanalytiker, der neben dem technischen Lay-out eines Vermittlungssystems, den Bereich der Datenanwendung ebenfalls einer Analyse unterzog.

Die Auswertungen und die Weiterverarbeitung der auf einem Vermittlungssystem erzeugten Daten erfolgt in der Regel auf Datenverarbeitungsanlagen, gleich ob diese miteinander verbunden sind oder Datenaustausch über Datenträger vollzogen wird.

Hier entstand in der Vergangenheit eine weitere Spezialisierung auf dem Gebiet des Anwendungsprogrammierers, nämlich des Anwendungsprogrammierers 'Sprache'. Die Aufgabenstellung beinhaltet die Programmierung der Anwendung vermittlungssystem- und datenverarbeitungssystemseitig oder aber das Hinarbeiten auf bekannte Schnittstellen auf der Rechenanlage, die die Daten in einer vorgeschriebenen Art und Weise erwartet.

Soweit die Vermittlungsanlage selbständig arbeitet, bedarf sie bei Modifikationen der Betriebsspezifikationen eines Bedieners, der diese vornimmt. Diese Tätigkeit, die nicht als Berufsbild bezeichnet werden kann, wird in der Praxis einem Mitarbeiter der Verwaltung übertragen. Er hat hierbei die Aufgabe, z. B. Telefonnummern für bestimmte Telefonapparate softwaremäßig zu ändern, wenn der Teilnehmer innerhalb eines Gebäudes den Raum wechselt, seine Telefonnummer aber mitnehmen möchte. Ferner muß er Zugangsberechtigungen über Konsoleingabe ändern oder diese sperren, wenn sich die Berechtigung verändert hat respektive der Ausweis verloren ging, um hier nur zwei Beispiele aufzuführen. Was hierbei festgehalten werden muß, ist die Tatsache, daß neben dem Terminalarbeitsplatz mit Bildschirm und Drucker hier das normale Telefon und gegebenenfalls Industriemonitore als Bildschirme informationsverarbeitende Funktionen übernommen haben.

1.5 <u>Informationsverarbeitung - Graphics</u>

Da es sich in der Praxis eingebürgert hat, den Terminus 'Graphics' der deutschen Bezeichnung 'graphische Datenverarbeitung' vorzuziehen, soll dies auch hier Eingang finden. Bereits Ende der 60er Jahre wurde - hier allerdings in Stapelverarbeitung - der Bereich Graphics für die Industrie nutzbar gemacht. Die Aufgabe, für komplizierte Frästeile in der Flugzeugindustrie die großen Datenmengen für die Lochstreifeneingabe der numerisch gesteuerten Werkzeugmaschinen zu erzeugen, wurde die Datenverarbeitung eingesetzt. Die Geometrie des Werkstückes wurde hierzu in einer graphischen Sprache auf FORTRAN-Basis beschrieben. Die speziellen neueren graphischen Bildschirme, wie z. B. IBM 3250 und IBM 3277-GA (Graphischer Anschluß) taten ein Übriges, den Weg in die Informationsverarbeitung zu ebnen. Für die Zwecke der farbigen Datenpräsentation kam später z. B. der Bildschirm IBM 3279 hinzu.

Es ist in diesem Zusammenhang völlig gleich, ob der Bereich CAD (Computer Aided Design) als graphisch-interaktive Anwendung Teile und Baugruppen papierlos entwickeln und konstruieren läßt, um sie anschließend zeichnen zu lassen oder CAM (Computer Aided Manufacturing) Steuerbefehle für numerisch gesteuerte Werkzeugmaschinen erstellt. Der Bereich der computerunterstützten graphischen Datenverarbeitung erbrachte als Spezialtypus des Konstrukteurs den des Konstrukteurs am Bildschirm. Dieser bedient sich bei seiner Tätigkeit Anwendungsprogrammen, die in der Phase einer weiteren Spezialisierung im Bereich Anwendungsprogrammierung durch den Anwendungsprogrammierer "Graphics" erzeugt wurden. Die Benutzerführung dieser Programme beschränkt sich in der Regel auf die Steuerung des funktionalen Ablaufs des Konstrukteurs. Wiederkehrende Konstruktionsmerkmale wie Einzelteile nach DIN- oder Werksnormen vereinfachen die Aufführung und erhöhen die Produktivität. Für diesen Bereich der vorprogrammierten DIN- und/oder Werksnormen hat sich das Berufsbild des Programmierers für DIN- und Werksnormen entwickelt. Diese weitere Spezialisierung des Anwendungsprogrammierers stellt eine wesentliche Funktion im Bestreben der Unternehmen dar, Standards für alle konstruktiv tätigen Bereich eines Unternehmens durchzusetzen. Dies ermöglicht ferner, die "papierlosen" Konstruktionen via Rechner auch für Detailkopien in andere Konstruktionen zu verteilen, da hier eine generelle Normung zugrunde liegt.

2. Integration zum Informationssystem

Die vorangestellten Beschreibungen der Informationsverarbeitungsformen Daten, Text, Sprache und Graphics zeigen einen gemeinsamen Trend: die gegenseitige Hinwendung zu den anderen Gebieten der Informationsverarbeitung, da der Umfang der isolierten Informationsbereitstellung sich den Anforderungen nicht mehr gewachsen zeigt. So bedarf die Textverarbeitung zunehmend Daten aus Datenbanksystemen, um sogenannte Textvariable wie z. B. Name und Kontostand in Textbausteine einzufügen, graphische Zeichnungen der erläuternden Beschreibung aus Textsystemen, die Sprache den Kontakt zur direkten Textverarbeitung usw.

Die Forderung zur Integration, ob zentral oder mit zentralgesteuerten Rechnern verteilter Intelligenz, ist die Basis zur Realisierung von Informationssystemen.

Die heute verfügbare Technik und die Integration der Nut-
zungsbereiche und Nutzungsformen sind die Aufgabenstellung
der Informationstechnik. Es ist hierbei gleichgültig, in
welcher Reihenfolge die einzelnen Bausteine des Infor-
mationssystemes zusammengefügt werden, nur ist darauf zu achten, daß die geplante Architektur des Informationssystems
die einzelnen Schritte der Implementierung reflektiert, um
ein nahtloses Ineinandergreifen zu garantieren.

Unterstellt man somit einen Plan zur Entwicklung eines Informationssystems, seine Architektur und einen zeitlichen Rahmen der Entwicklungsstufen, so ist zunächst primär nur der
Bereich der Anwendung adressiert.

Der Bereich der Anwendung kann allerdings nicht ohne Bezug
zu der sie realisierenden Hardware-Umgebung und des software-
mäßigen und technischen Betriebs gesehen werden.

So gliederten sich dann auch die im Wandel der Informationstechnik entstandenen Berufsbilder, die im vorangegangenen
verbal von ihrer Funktion her erläutert wurden, in diese
drei Bereiche. Man kann hierbei generell drei Berufsbild-
typen unterscheiden:

a)   betriebsorientierte (z. B. Bediener)
b)   anwendungsorientierte (z. B. Programmierer)
c)   technikorientierte (z. B. Systemplaner).

Neben diesen drei Grundorientierungen, die ihre Spezialisierung in sich vornehmen, gibt es Berufsbilder, die be-
reichsübergreifend ausgelegt sind.

Zu diesen gehört das Berufsbild des Projektmanagers, des Datensicherheits- und des Datenschutzbeauftragten. Während das Berufsbild des letztgenannten durch gesetzliche Bestimmungen in Richtung des einzelnen Individuums beschrieben wird, bezieht sich das Berufsbild des Datensicherheitsbeauftragten auf die Sicherheit der Daten eines Unternehmens, wobei hier nicht nur der Schutz gegen Mißbrauch, sondern ggf. auch der für technische Unversehrtheit subsumiert wird.

Das Berufsbild des Projektmanagers beinhaltet das verantwortliche Leiten und Steuern von Informationssystem-Projekten. Durch diese Tätigkeit ergeben sich eine Reihe von weiteren Berufsbildern, die durch Delegation von Verantwortung und/oder Tätigkeiten innerhalb eines Projektes entstehen.

Da ein Thema 'Projektmanagement' ein eigenes Referat rechtfertigen würde, können hier nur einige Projektbereiche genannt werden, die implizit neue Berufsbilder generieren:

- Qualitätssicherung
- Performance-Kontrolle
- Systemtest
- Anwendungsplanung/Benutzer-Liaison
- Projektsteuerung etc.

Diese Tätigkeiten im Rahmen des Projektmanagements sind es, die das geordnete Wachsen in und von Informationssystemen ermöglichen und die den notwendigen Integrationsprozeß strukturiert ablaufen lassen. Das "mal schnell ein Programm schreiben" muß der Vergangenheit angehören.

Der Integrationsprozeß bezieht sich aber nicht nur auf das
'Was' integriert wird, z. B. Daten, Text usw., sondern auch
auf das 'Wie'. Hierbei werden den Projektbereichen Berufsbilder zugewiesen, die funktional notwendig sind. So werden
Systemanalytiker, Systemprogrammierer, Anwendungsprogrammierer, Datenbank-Designer, Netzwerkkoordinatoren usw. in
den adäquaten Projektaufgaben eingesetzt, um ihr speziali-
siertes Wissen dem Integrationsprozeß zur Verfügung zu stellen.

2.1 Wissens- und Erfahrungsanforderungen

Durch das Hinzukommen spezialisierter Anforderungen, die aus
dem Wandel der Informationstechnik erwuchsen, entstanden
neue Berufsbilder, die auf dem Wissen und der Erfahrung
eines generellen Berufsbildes aufbauten.

Aus diesem Grunde war es im Verlauf des Referates auch zu-
lässig, von neuen Berufsbildern zu sprechen, die als Derivat
eines als erste Orientierung im Sprachgebrauch akzeptierten
Berufsbildes vorgestellt wurden.

Durch die ständige Weiterentwicklung der DV-Systeme in Technologie und Anwendungen lassen sich Berufsbilder und Funk-
tionsbilder m. E. im Bereich der Datenverarbeitung und der
Informationstechnik auch schwerlich anders fassen, als auf
eine erste Orientierung zurückzugreifen.

Da somit die Termini 'Bediener, Programmierer, Systemanalytiker, Organisator, Koordinator' etc. die Basis einer weiter-
reichenden Spezialisierung darstellen, bauen die daraus abge-
leiteten Berufsbilder sprachlich wie inhaltlich auf Wissen

und Erfahrung ihrer Grundlegung auf und sind somit keine ab-
solut neuen Berufsbilder.

Bringt man die drei Bereiche Betrieb, Technik und Anwendung
in die Relation zueinander, die sie bei der Entwicklung eines Informationssystems einnehmen, so entstehen Überschneidungsbereiche, wie sie in der folgenden Abbildung dargestellt sind:

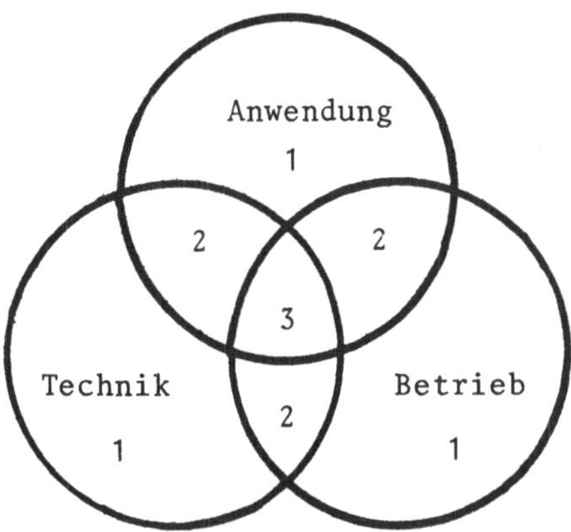

Vernachlässigt man die Tatsache, daß die Überschneidung will-
kürlich ist und keine quantitativ Aussage darstellt, so ist
folgende Interpretation möglich:

1.   Die Kreisinhalte ohne Überschneidungsbereiche repräsen-
     tieren ein erlernbares theoretisches Wissen.

2.   Die Überschneidungsbereiche verdeutlichen die Erfah-
     rung in einem oder den beiden anderen Funktionsberei-
     chen und

3. der allen gemeinsame Überschneidungsbereich beinhaltet additiv die Kenntnis, die bei dem Aufbau von Informationssystemen erworben wird, weil hier der Integrationsaspekt vorrangig ist, ganz gleich um welchen Anwendungstypus es sich handelt.

Hieraus folgt, daß die Integration von Daten, Text, Graphics und Sprache unabhängig von der Zielsetzung des Informationssystems erfolgt, d. h. die Informationen technischer und/oder kaufmännischer Natur sein können.

3. <u>Zusammenfassung in Thesen</u>

1. Die Komplexität von Informationssystemen setzt eine zunehmende Spezialisierung auf der Basis existierender Berufsbilder voraus.

2. Das Zusammenwachsen von Techniken und Informationsverarbeitung zur Informationstechnik schafft 'Mischberufe' auf der Basis von Wissen und praktischer Erfahrung.

3. Die Adressierung der Endbenutzer in Netzwerken der Informationsverarbeitung schafft Berufsbilder, die diesem Trend entsprechen, wie man es bei dem Berufsbild des Benutzerorganisators feststellen kann.

Die heute angebotene Technik und die Integration der Anwendungsbereiche und Nutzungsformen ergeben die Aufgabenstellung an die Informationstechnik der nächsten Jahre - mit neuen und veränderten Berufsbildern und Berufen.

New Professions within Change of Information Technique

Bernhard Dorn
Stuttgart

Usually the evolution of data processing equipment is described
by the comparison of technical facts. Another sight is the
change of jobs corresponding to the evolution.

At the start of the electronic data-processing at the beginning
of the sixties the personnel to run a machine were programmers
and operators. The batch processing accomplished data manipu-
lation with non-actual information and a high redundancy within
the different kind of applications. The data input was achieved
by data typists who brought the information on punched cards or
paper tapes. The profession of data typists has rapidly disap-
peared in the meantime.

With the announcement of the 3rd generation of computers trans-
action processing took place. The data become actual and the responsibility for changes were with the official in charge.
Through the interactive processing operating systems were necessary to handle the system and the applications, a diversification into application programmers and system programmers took
place. Because of the increase in peripherals a divarication
into consol operators and I/0 operations was necessary.

With the implementation of the virtual concept complex data
bases came along. The user organisator representing his department worked together with the system analyst to organize the application. The profession of the data base coordinator was created to develop logic data base structures and to maintain data
catalogues.

The distribution of the information was achieved by networks.
The network coordinator, the TP-programmer and network operator
come up as new professions.

Due to the information-processing in the data area information-
processing in text environment emerged. The profession of text
application programmer was founded, the profession of the system
analysist was spezialised in this area and the former profession
of an office organisator was modified towards the organization
of the place of work including human factor considerations.
While the functions of line switching systems was increasing an
additional need for data applications occured. The profession of
the communication analyst came up to design integrated applications, which are programmed by the application programmer
"voice". The telephone became a normal terminal.

Corresponding to the evolution in the data text and voice environment a mostly isolated development of graphic data- processing happened. Besides the profession of an application programmer "graphics" a specialisation in the area of standard specifi-
cation was necessary to increase the productivity of the design
engineer who changed from the drawing-board to a graphic screen.
Through the various interconnections of data, text, voice and
graphics and the necessary information flow between those application areas avoiding data redundancy the base of information-
systems is defined. To achieve well-designed systems with
clearly determined interfaces and harmonized implementation
steps a solid project control is mandatory. New professions in
the area of project control are e.g.:
- quality controller
- performance controller
- system test coordinator etc.

<u>Conclusion:</u> The complexity of information-systems demands an
increase in specialisation on the base of existing professions.
The envolvement of endusers in networks of information
processing provides new professions which correspond with the
appropriate trend.

Der Telekommunikationsberater – Architekt für elektronische Kommunikationssysteme

Peter Schnupp, Max Schulze-Vorberg jr.
München

Der Mensch und sein technisches Umfeld

Technische Systeme können - nach ihren Anwendern und Zielen - in verschiedene Kategorien eingeteilt werden:

Zum einen gibt es Systeme, die ausschließlich zur Nutzung durch technische Fachleute konzipiert sind, etwa Werkzeugmaschinen, medizinisch-technische Geräte oder industrielle Großanlagen.

Eine zweite Kategorie bilden Systeme, die so einfach sind, daß die technische Allgemeinbildung jedes modernen Menschen zum Verständnis ihrer Funktionen und damit zu ihrer Benutzung ausreicht. Beispiele hierfür sind die Systeme des täglichen Lebens wie Haushaltsgeräte, Fahrräder oder Hobby-Werkzeuge.

Die dritte Kategorie sind technisch anspruchsvolle Systeme, die zwar von jedermann benutzt werden, die jedoch technisch und organisatorisch so komplex sind, daß der Benutzer die eigentlichen Systemabläufe kaum verstehen oder begreifen kann. Dazu gehören beispielsweise öffentliche Verkehrsmittel wie Eisenbahn oder Flugzeug - oder auch unsere gewohnten Kommunikationsmittel wie Telefon, Rundfunk und Fernsehen.

Um Systeme der dritten Kategorie einführen und betreiben zu können, sind verschiedene Grundvoraussetzungen zu erfüllen: Die Benutzerschnittstelle dieser Systeme muß so einfach zu handhaben sein, daß auch tatsächlich jedermann damit umgehen kann.

Um ein Kommunikationsnetz wie beispielsweise das Telefon benutzen zu können, wird vom Teilnehmer nur verlangt, daß er weiß, wie man eine Wählscheibe oder Nummerntasten bedient, wie man mit einem Telefonhörer umgeht und wie man auf akustische Signale reagiert. Die technischen Funktionen, die notwendig sind, um eine Verbindung herzustellen, blei-

ben dem Teilnehmer verborgen. Er kann darauf vertrauen, daß ihm die
damit verbundenen technischen Probleme abgenommen werden.

Das technische Umfeld und seine Organisation

Derart komplexe technische Systeme erfordern deshalb eine Einbettung
in kaum weniger komplexe organisatorische Systeme: Jene Vielzahl teils
staatlicher, teils öffentlich-rechtlicher und teils privatwirtschaft-
licher Institutionen, die heute unsere Verkehrs- und Kommunikationssysteme bereitstellt, regelt und wartet.

Diese verschiedenen Organisationen mußten sich bilden, weil sonst die
problemlose Nutzung des technischen Systems durch jedermann nicht gewährleistet werden konnte. Daß es nicht immer gelingt, durch organisatorische Maßnahmen den Benutzer eines technischen Systems völlig von
seinen Schwierigkeiten und Gefahren abzuschirmen, zeigt das System
des privaten Straßenverkehrs:

Es ist ein komplexes technisches System - mit Kraftwagen verschiedener
Art, Verkehrswegen und Verkehrssteuerungs-Einrichtungen - das von einem
zwar großen, aber auch sehr inhomogenen und wenig koordinierten organisatorischen System betreut wird. Dieses organisatorische System umfaßt die unterschiedlichsten privatwirtschaftlichen Firmen zur Herstellung und Wartung der technischen Einrichtungen ebenso wie die zahlreichen, betroffenen Behörden und Interessengruppen sowie die Instanzen
zur Überwachung und Kontrolle, etwa TÜV oder Polizei.

Es ist offensichtlich, daß das System "Kraftfahrzeug-Verkehr" wesentlich schlechter funktioniert und größere Gefahrenquellen erzeugt als
andere, ähnlich komplexe Transport- oder Kommunikationssysteme, die
von geschlosseneren und besser koordinierten Organisationssystemen
betrieben werden, beispielsweise die großen Luftverkehrsgesellschaften,
die Bundesbahn oder die Bundespost.

Gegenwärtig befinden wir uns in einer Phase, in der sehr rasch, im Verlauf weniger Jahre, ein neues technisches Großsystem entsteht - ein
übergeordnetes, praktisch weltweites Kommunikations- und Informationssystem, dessen Nutzer deshalb auch fast jedermann ist oder bald sein
wird.

Dieses System entsteht durch den Synergismus zweier Entwicklungen:

- von Computern, die für sich allein genommen bereits mit einem extrem
  breiten Spektrum in ihrer Größenordnung und ihren Nutzungsmöglich-
  keiten aufwarten

und

- von Verbundsystemen fast aller existierenden Kommunikationsnetze
  mit diesen Computern, wobei das so entstehende "integrierte" Kommu-
  nikations- und Informationssystem sowohl einen weit höheren Komplexi-
  tätsgrad als die Einzelsysteme als auch gänzlich neue Funktions-
  und Anwendungsmöglichkeiten erhält.

Die Organisation für integrierte Kommunikationsnetze

Diese neu entstehenden, weltweiten Kommunikationssysteme werden kaum
durch ein vergleichbar integriertes Organisationssystem wie etwa bei
den bisherigen öffentlichen oder halböffentlichen Verkehrs- und Kommu-
nikationseinrichtungen betreut werden können. Politische Probleme stehen dem ebenso entgegen wie die bereits existierenden und weiterbeste-
henden Organisationsstrukturen, wirtschaftliche Interessenvielfalt ebenso wie die wachsende "Systemfeindlichkeit" weiter Bevölkerungskreise.

Da die technische Entwicklung nicht aufgehalten werden kann und sicher
auch nicht aufgehalten werden soll,   muß ein Weg gefunden werden,
die an der Entwicklung und der Realisierung dieser neuen Kommunikationssysteme beteiligten Personen, Unternehmen und Organisationen zu koordi-
nieren - mit dem Ziel, trotz der Vielzahl der interessierten, zuständigen oder mitarbeitenden Instanzen möglichst problemlos und kosten-
günstig ein von den Endbenutzern anwendbares und akzeptiertes System
zu installieren und zu betreiben.

Die frühesten Systeme, bei deren Herstellung sich sowohl komplexe technische Entwurfs- und Konstruktionsaufgaben als auch die Koordination
vieler unabhängiger Instanzen als notwendig erwies, waren Bauwerke.
Und entsprechend früh entstand so ein Spezialberuf, der genau diese,
teils technische, teils organisatorische Koordinations- und Abwick-
lungsaufgabe zum Gegenstand hatte - der Architekt.

Integrierte Kommunikationsnetze und ihre Systemarchitekten

Folgerichtig entstand auch mit der Entwicklung dieser neuen, komplexen
Informationssysteme eine entsprechende, neue Fachdisziplin - der Systemarchitekt. Sein Aufgabengebiet ist die "Systemarchitektur". Dies war
ursprünglich der Entwurf der "Anwenderschnittstelle", des "Interface"
eines Computers, die Beschreibung dieser Schnittstelle und die Planung
und Überwachung ihrer technischen Realisierung.

Mit der zunehmenden Einbindung der Computer in die verschiedenen Kommunikationssysteme wird heute der Elektronenrechner weniger als "Infor-
mations-" denn als "Kommunikationsmaschine" verstanden. Entsprechend
versteht man jetzt auch unter dem "Systemarchitekten" vorwiegend den
Architekten für ein Kommunikationssystem.

Wie der klassische Architekt ist auch der Systemarchitekt zwar zuweilen
im Angestelltenverhältnis tätig - der Architekt bei Baufirmen oder
Organisationen mit ständigem Baubedarf, der Systemarchitekt bei Compu-
terherstellern oder DV-Großanwendern. Zunehmend ist heute jedoch auch
der Systemarchitekt freiberuflich oder in "System-Architekturbüros"
tätig - als "Kommunikationsberater" für die überwiegende Mehrzahl der-
jenigen Institutionen und Firmen, die nur fallweise und nicht regelmäßig Kommunikationsnetze "bauen".

Wie sehr sich in ihren jeweiligen Bereichen die Kundenkreise, die Leistungen und die zu koordinierenden Personen und Institutionen des klassischen Architekten und des neuen, als Telekommunikationsberater tätigen Systemarchitekten entsprechen, zeigt Bild 1.

Wie bei der Arbeit des Architekten sollte auch für den Systemarchitekten "der Mensch im Mittelpunkt stehen", der Nutzer, der sich in seiner
"Kommunikationsumgebung" genauso wohl fühlen sollte wie in seiner Wohn-
oder Arbeitsumgebung.

Wie vielfältig und komplex diese Kommunikationsumgebung inzwischen
sein kann, deutet Bild 2 an. Ihre potentielle Komplexität hat sicher
die üblicher "architektonischer" Umwelten erreicht oder gar über-
schritten.

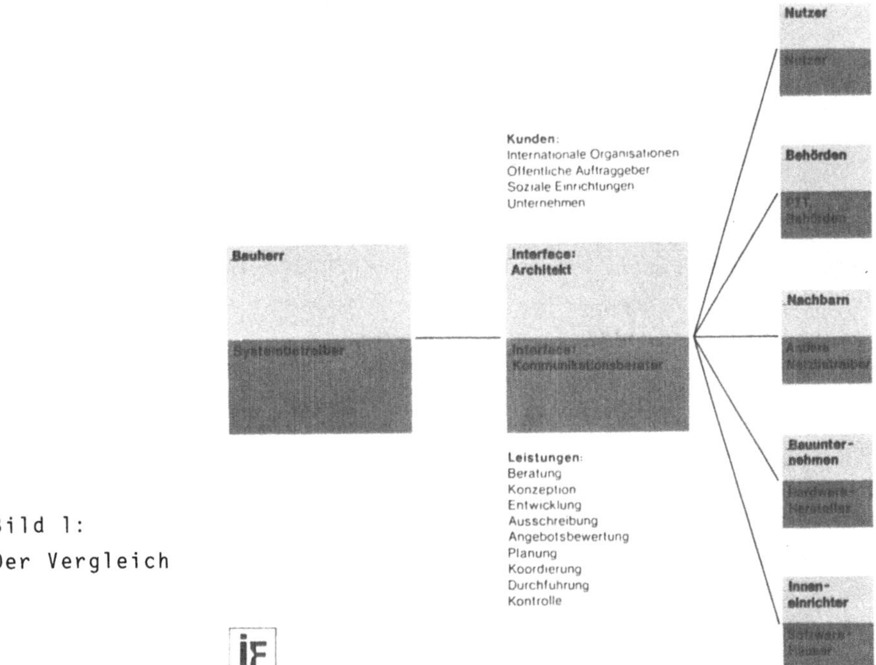

Bild 1:
Der Vergleich

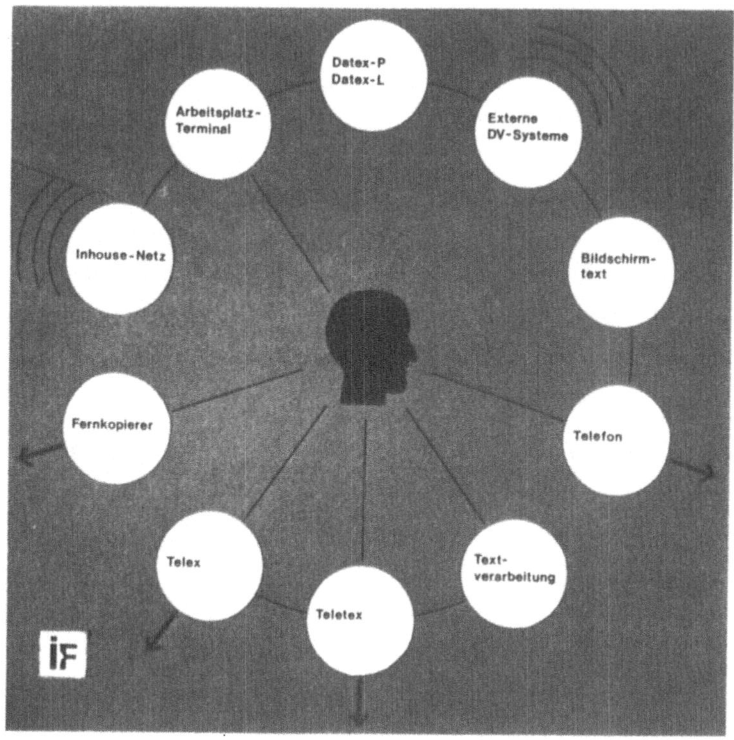

Bild 2:
Die Umgebung

Die Arbeit des Systemarchitekten unterscheidet sich allerdings in einem
wesentlichen Punkt von seinem traditionellen Vorbild. Der herkömmliche
Architekt kann sich darauf verlassen, daß jeder der von ihm beratenen,
konsultierten oder beauftragten Projektbeteiligten eine zumindest gro-
be Vorstellung von den Eigenschaften, Qualitätsmerkmalen und Funktionen
des zu erstellenden Werks - des Gebäudes - sowie von den Aufgaben,
Interessen und Tätigkeiten der anderen Beteiligten hat. Bauherr, Mieter
(= Nutzer), Behörden, Nachbarn, Bauunternehmen, Inneneinrichter haben
im Grunde die gleiche Vorstellung von dem, was ein Haus ist, welchem
Zweck es dient und wie es erstellt wird.

Bei einem Kommunikationsnetz ist dies nicht der Fall. Dafür gibt es
verschiedene Gründe:

- Die Technologie ist noch sehr jung; seit etwa 5000 Jahren werden
  komplexe Gebäude errichtet, aber erst seit etwas mehr als 50 Jahren
  komplexe Netze (das weltweite Telefonnetz war wohl das erste, und
  erst seit knapp 20 Jahren entstehen Kommunikationsnetze, in denen
  Computer wesentliche Funktionen übernehmen).

- Es gehört deshalb noch nicht zur "Allgemeinbildung" zu wissen, was
  ein Kommunikationsnetz ist und was es leistet (während selbst von
  einem ausgefallenen Gebäude wie einem Museum, einem Theater, einem
  Observatorium jeder Mensch eine recht zutreffende Vorstellung hat).

- Dieses grundlegende Kommunikationsproblem gilt nicht nur für den
  Laien sondern auch für die Fachleute, welche einzelne technische
  oder organisatorische Elemente des Gesamtvorhabens zu schaffen oder
  zu beurteilen haben. (So ist es etwa noch keineswegs selbstverständlich, daß ein Computer-Spezialist auch nur weiß, was ein Datenüber-
  tragungs-Protokoll ist.)

Um ein Kommunikationsnetz zu planen, muß deshalb die Sicht verschiedener Beteiligter berücksichtigt werden. Bild 3 versucht, diese völlig
unterschiedlichen "Sichten" auf ein Kommunikationssystem zu visuali-
sieren:

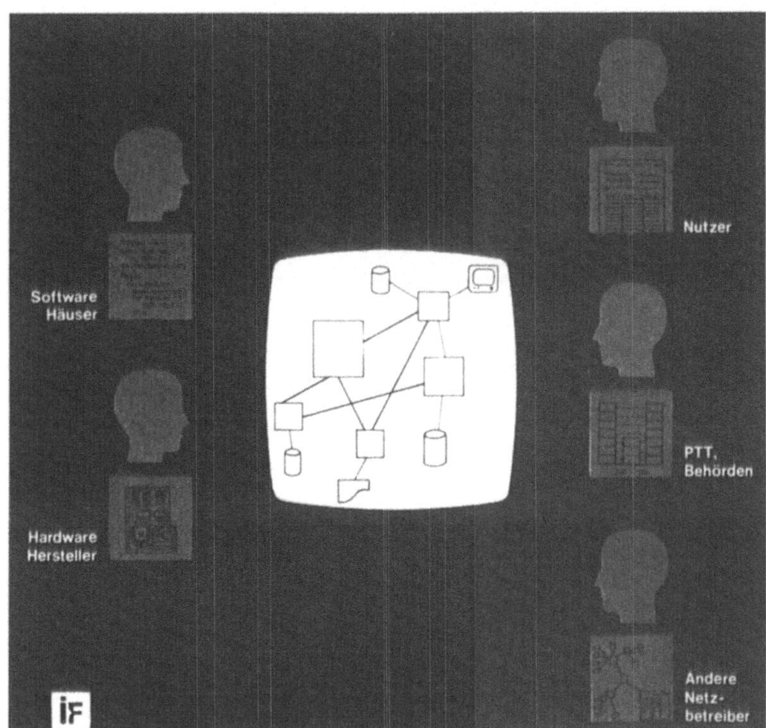

Bild 3:
Die "Sichten"

- Der Nutzer sieht im Kommunikationsnetz eine Dienstleistung, die ihm
  Informationen liefert oder vermittelt. Wie das geschieht, ist ihm
  meist mindestens so unverständlich wie die aerodynamischen Effekte,
  die das Flugzeug in der Luft halten, in dem er fliegt. (Aber er wird
  auch das Kommunikationssystem nur akzeptieren, wenn er das Gefühl
  hat, sich selbstverständlich darauf verlassen zu können.)

- Behörden - vor allem die Post-, Telefon- und Telegraphen-Anstalten
  (PTT) - sehen, als Betreiber der wesentlichen "Transporteinrichtun-
  gen" für Informationen, vor allem die betriebsnotwendigen Normen,
  Standards und Gesetze (die sie sowohl gestalten als auch erzwingen
  müssen, teils in Abstimmung mit den Nutzern und den das Netz realisierenden Technikern, teils aber auch, aus wirtschaftlichen und politischen Zwängen, im Gegensatz zu ihnen).

- <u>Andere Netzbetreiber</u>, die ihre bestehenden oder geplanten Netzdienste
  in das neue Kommunikationsnetz integrieren wollen - die "Nachbarn" -
  sehen das Netz zwangsläufig entweder als Fortsetzung und Erweiterung
  ihres ursprünglichen Netzes oder als Störung ihres eigenen Netzbe-
  triebes (Beispiele sind die Erweiterung der existierenden Rundfunk-
  und Fernsehnetze durch Satelliten oder Kabelsysteme oder die Einbindung des existierenden Buchungsnetzes einer Fluggesellschaft in ein
  allgemeines Reisebüro-Buchungsnetz).

- <u>Hardware-Hersteller</u>, handle es sich hier um Hersteller von Kommuni-
  kationshardware wie Leitungen, Sender, Empfänger oder von Computer-
  hardware, sehen das Netz als ein sehr komplexes Aggregat der unterschiedlichsten technischen Bausteine, die zuverlässig miteinander
  wechselwirken müssen (wobei die daraus entstehenden Abstimmungs-,
  Abnahme- und Gewährleistungs-Schwierigkeiten zwischen den verschiedenen beteiligten Hardware-Herstellern ein wesentliches praktisches
  Problem darstellt).

- <u>Software-Hersteller</u>, wie Softwarehäuser, Programmierbüros und Soft-
  wareabteilungen der Hardware-Hersteller und Betreiber von Netz-Sub-
  systemen, haben schließlich die wohl "esoterischste" Vorstellung
  vom Netz. Dies schon deshalb, weil ihr Anteil am Gesamtsystem grundsätzlich "unsichtbar" und deshalb für die anderen Beteiligten kaum
  zu verstehen ist. Für die Software-Hersteller ist das Netz eine sich
  ständig ändernde Vielzahl miteinander wechselwirkender "Prozesse",
  die in den verschiedenen "intelligenten Instanzen" des Netzes - in
  den Computern ebenso wie bei dem menschlichen Benutzer - ablaufen,
  und die es bis ins Kleinste korrekt zu planen und zu beschreiben
  gilt (wobei, ebenfalls wegen der Jugend der Technologie, die verfügbaren Beschreibungsmittel wie Programmier- und Spezifikationssprachen
  noch weit weniger ausgereift sind als etwa die Beschreibungsmittel
  eines Bauingenieurs, die verschiedenen Arten von Plänen, Zeichnungen
  und Übersichten).

Systemarchitekten als Dolmetscher und Makler

Diese Vielfalt und teilweise Unverträglichkeit der Sichten, der "Mo-
delle" eines modernen, integrierten Kommunikationsnetzes bei den verschiedenen Personengruppen, die sämtlich am Projekterfolg wesentlichen
Anteil nehmen müssen, fordern vom Telekommunikationsberater als Systemarchitekten eine Funktion, die bei traditionellen Architekten zwar
auch vorhanden sein muß, jedoch in weit geringerem Maße gefordert wird.

Diese Funktion ist eine Kombination von Dolmetscher und Makler: Er
muß als "Dolmetscher" die Vorstellungen und Forderungen jedes der beteiligten Partner in die Sprache und Ausdrucksmittel der anderen über-
setzen, damit sie überhaupt annähernd verstanden werden können. Und
er muß als "Makler" jedem der Partner die Interessen der anderen glaubwürdig vertreten können, glaubwürdig sowohl von der technischen Kompetenz als auch von der eigenen Unabhängigkeit her. Denn im allgemeinen
kann auch der Fachmann für einen Bereich die Konzepte und Bedenken
des anderen nicht wirklich "verstehen", sondern nur "glauben".

Ähnlich und mehr noch als der Architekt ist damit der Telekommunikationsberater einer der anspruchvollsten, aber auch faszinierendsten
Berufsbilder unserer Zeit. Ein Beruf, der das fundierte Gespräch mit
vielen verschiedenen Menschen ebenso erfordert wie breite technische
und organisatorische Kenntnisse sowie ein grundlegendes Verständnis
für die Aufgabenstellungen und Abläufe, die mit modernen Kommunikations-
netzen realisiert oder unterstützt werden können.

Telecommunication Consultants –
the Architects for Electronic Communication Systems

Peter Schnupp, Max Schulze-Vorberg jr.
München

The development of modern, complex information systems gave birth to
a new kind of specialist - the systems architect. His area of activity
is that of system architecture, embodying the design of the user interface of a computer, i.e. the description of this interface as well as
the planning and supervision of its technical implementation.

With the increasing connection of computers to various different types
of communication systems the digital computer is being regarded less
as an information than as a communication machine. Accordingly, the
"systems architect" is now considered primarily as the architect for
a communication system.

Like the classical architect the systems architect works at times as
a permanent employee - the architect with building companies or companies with permanent building requirements, the systems architect with
computer manufacturers or important users. Today, however, the systems
architect is typically engaged on an independent basis or in "systems
architecture bureaus" - as "communications consultant" for the majority
of institutions and companies which build communications networks only
occasionally and not regularly.

Figure 1 depicts the high degree of correspondence between the activities of the classical architect and of the communications consultant,
with respect to the coordination of clients and services on the one
hand and persons and institutions on the other.

Just as in the case of the architect, it is crucial that the systems
architect focus his attention on the end user, to insure that a communications environment is produced in which he will feel as comfortable

as in a properly designed house or workplace.

Figure 2 indicates how manifold and complex this communications environment can be. Its potential complexity has surely reached or even exceeded that of typical architectural environments.

In order to plan a communications system, the differing views of various parties concerned must be considered. Figure 3 is an attempt to illustrate these radically divergent "views" of a single communications network:

- The user considers the communications system to be a service, furnishing him a variety of information. How this works is as incomprehensible to him as the aerodynamic effects that hold the airplane in which he sits, in the air.

- Public institutions - especially post office authorities - being the providers of the main "transportation services" for information, consider above all the necessary norms, standards and laws.

- Other network carriers - the "neighbours", who want to integrate their existing or planned network services into the new communications systems, automatically consider the network either to be a continuation and extension of their original network or to be an interference to their own network.

- Hardware manufacturers, whether manufacturers of communications hardware such as transmission cable, senders or receivers, or of computer hardware, consider the network to be a complex unit of very different technical elements which have to interact reliably.

- Software producers, such as software houses, programming bureaus and software departments of the hardware manufacturers as well as carriers of network sub-systems have probably the most esoteric view of the network. Their part of the whole system is fundamentally "invisible" and therefore incomprehensible to the other parties concerned. The software producers consider the network to be a multitude of interacting "processes" in the various "intelligent nodes" of the network - in the computers as well as in the human user - that have to be planned and described with the utmost precision and regard for detail.

Die Auswirkungen von Telekommunikation auf die Berufsstrukturen und Qualifikationen für Angestellte

Herbert Nierhaus
Hamburg

Meine Damen und Herren,

nach einigen einleitenden Anmerkungen zur Abgrenzung meiner Ausführungen möchte ich diese gerne in drei Teile gliedern, und zwar

- in den Versuch einer Beschreibung der Strukturveränderungen bei den Angestelltentätigkeiten als Folge von technologischen Veränderungsprozessen,

- in die Beschreibung daraus resultierender Qualifikationsanforderungen für diejenigen Menschen, die solche Berufe zukünftig ausüben,

- sowie in einige Anmerkungen - und dies wollen Sie mir bitte als Repräsentant der Deutschen Angestellten-Gewerkschaft gestatten - zu den dargelegten Problemen aus der Perspektive meiner Gewerkschaft und daraus für sie resultierende gewerkschaftspolitische Konsequenzen.

Was die personale Abgrenzung meiner Ausführungen angeht, so möchte ich mich auf die Folgen der Telekommunikation für Angestelltentätigkeiten vorwiegend auf den kaufmännischen und Verwaltungsbereich beschränken und dabei gleichzeitig zwei Gruppen ausklammern: sowohl die technischen Berufe, wie auch die Tätigkeiten im weiten Gebiete der Medien, für die es bei dieser Veranstaltung sicherlich sehr viel berufenere Referenten gibt.

Meine Damen und Herren,
technologische Veränderungsprozesse in unserer Wirtschaft und damit durch sie bedingte Konsequenzen für Inhalt und Form von Berufstätigkeiten sind nicht neu, sie verändern bereits seit weit mehr als 1o Jahren die Beschäftigungsstruktur und die Qualifikationsanforderungen an die Mitarbeiter.

So unterschiedlich die Auswirkungen der verschiedenen Techno -
logien sein mögen, es gibt allerdings eine Anzahl von Wirkungen, die eine breitere Allgemeingültigkeit haben und deshalb auch
im Zusammenhang unserer Themenstellung von Belang sind. Dazu gehören
als Folge der Einführung neuer Technologien die

- quantitative Einsparung von Arbeit,

- Veränderung der Qualität der Arbeit,

- Veränderung der Qualifikationsanforderungen der Beschäftigten,

- Veränderungen der Organisationsstrukturen und

soweit es die unternehmerische Perspektive betrifft

- die Erhöhung des Kapitaleinsatzes.

Konzentriert man die hieraus resultierenden Betrachtungen auf den per-
sonalpolitischen Ansatz, so deuten sich für die kommenden Jahre ganz
beachtliche Verschiebungen an. Und in der angenommenen Voraussetzung,
daß sich die modernen Technologien mit geringst denkbarer Durchset-
zungsgeschwindigkeit in die Bereiche von Produktion und Dienstleistung
einführen werden, hat das Institut für Arbeitsmarkt- und Berufsforschung der Bundesanstalt für Arbeit in Nürnberg in einer im vergangenen Jahr veröffentlichten Untersuchung geschätzt, daß durch die zunehmende Einführung moderner Technologien - und Telekommunikation gehört
für mich immer dazu - im kommenden Jahrzehnt

- rund 1/3 aller jetzigen Beschäftigten auf neu geschaffenen
  Arbeitsplätzen tätig seien,

- rund 1/5 den Arbeitsplatz innerhalb des Betriebes wechseln und

- rund 1/1o seinen Arbeitsplatz im bisherigen Betrieb verloren haben
  wird.

Dies sind Konsequenzen, die unsere gegenwärtige prekäre Arbeitsmarkt-

situation eigentlich erst in ganz geringen Ansätzen beeinflussen,
folgerichtig also zukünftig auf die Beschäftigungslage viel erhebli-
chere Auswirkungen haben werden. Um so wichtiger ist es,
daß wir ihr unsere Aufmerksamkeit frühzeitig zuwenden und insbesondere
die Frage stellen, aufgrund welcher Bedingungen denn solche personellen Umschichtungen unserer Wirtschaft vonstatten gehen können.

Eine ganz wesentliche Bedingung für sie ist in dem - wiederum als Folge der zunehmenden neuen Technologien - stattfindenden Wandel der Tä-
tigkeitsinhalte zu sehen.

Wenn man dabei von der von mir bereits genannten Tatsache ausgeht -
und das gilt insbesondere für die Telekommunikation -, daß das hervor-
tretende Arbeitsergebnis in diesem Bereich Produktion oder Verarbeitung von Daten und Informationen ist, ergibt sich daraus eine doppelte
Möglichkeit:

- Einerseits besteht die Gefahr, daß als Ergebnis der Technikanwendung
  zunehmende Routine und Monotonie, verbunden mit einem höheren Ar-
  beitsdruck, sich einstellen werden;

- andererseits aber steht ihr die Möglichkeit entgegen, daß die Verringerung des Arbeitsinhaltes bei der Produktion von Daten und Informationen zugleich die Arbeitsplätze zunehmend mit anderen Inhalten anreichern läßt.

Daraus könnte sich ein erhöhter Dispositions- und Handlungsspielraum
für die betroffenen Angestellten ergeben. Um nur ein Beispiel zu
nennen: So kann ihnen z.B. verstärkt die Möglichkeit der selbständi-
geren Informationshandhabung geboten werden.

In der jüngsten Vergangenheit haben sich ja schon vergleichbare Vorgänge angedeutet, die verursacht wurden durch das steigende Leistungs-
Preis-Verhältnis der neuen Kommunikationstechnologien und eine durch
sie verursachte zunehmende Tendenz zur Differenzierung der Informationshandhabung. Damit ist die bisherige Spezialisierung und Zentralisierung der Systeme aufgrund ihrer Inflexibilität sehr problematisch
geworden. Statt ihrer bietet sich die Chance der Rückverlagerung
technischer Informationsbearbeitungen an die Arbeitsplätze, deren
primäres Ziel eigentlich die Informationsverarbeitung selbst gar
nicht gewesen ist. Als Beispiel verweise ich hier nur auf die Direkt-

eingabe von Zeitungstext durch die Redakteure in einen Textspeicher.
Dieses Beispiel belegt allerdings auch meine oben getroffene Feststellung, daß nämlich die Vergrößerung des Arbeitsinhaltes für die
Redakteure verbunden ist mit einer Steigerung der Arbeitsintensität -
und vielleicht auch monotonen Belastungszunahme.

Mit einem Blick in die jüngste Vergangenheit kann man einen großflächi-
gen Veränderungsprozeß erkennen: Vor mehr als einem Jahrzehnt wurde
bei dem Einsatz neuer Informations- und Verarbeitungstechniken vor
allem in den Verwaltungen mit einer Zentralisierung bestimmter Funktionen in den Verwaltungsabläufen begonnen, die bis dahin dezentralisiert
waren. Heute zeichnet sich - und dies nicht zuletzt auch als Folge des
stärkeren Einsatzes neuer Technologien einschließlich der Telekommunikation - ein gegenläufiger Prozeß dergestalt ab, daß man nun wieder
versucht, bis jetzt zentralisierte Vorgänge und Funktionen zu dezentra-
lisieren und auf die einzelnen Arbeitsplätze zurückzuverlagern.

Der eben beschriebene Vorgang in seinem letzten Zyklus wird erhebliche
Veränderungen in den Tätigkeitsstrukturen vor allem der Angestelltenbe-
rufe haben. Wenn man von der Voraussetzung ausgeht, daß die neuen Informationstechniken wesentliche Möglichkeiten zur Entflechtung, Verteilung und Dezentralisierung von Arbeit bieten, so kann sich als Folge
davon stärkere Autonomie einer großen Zahl von Arbeitsplätzen im oben
genannten Bereich einstellen. Andererseits aber sind - neben anderen-
drei wesentliche negative Effekte mit dieser Entwicklung verbunden:

- eine Abnahme der individuellen Gestaltungsmöglichkeit am einzelnen
  Arbeitsplatz,

- eine Polarisierung beruflicher Qualifikationen, die sich als Folge
  der zunehmenden Spezialisierung sowie der Trennung von planenden und
  ausführenden Tätigkeiten ergeben wird,

- eine Veränderung in vielen Fällen der innerbetrieblichen Führungs-
  und Weisungsstrukturen.

Bezogen auf den Teil der Tätigkeiten, über die ich hier zu referieren
habe, wird sich bei den Verwaltungsberufen neben dem Abbau einiger
monotoner Teilarbeitsvorgänge sicherlich eine Zunahme physischer und
psychischer Belastungen zwangsläufig ergeben. Daraus werden sich für

einen großen Teil der Beschäftigten in diesen Tätigkeiten neue
intellektuelle Anforderungen abzeichnen, die sicherlich mit der Gefahr
eines zunehmenden Leistungsdrucks verbunden sein werden.

Dies wird zwangsläufig eine Umschichtung in der Beschäftigtenstruktur
zur Folge haben dergestalt, daß der ohnehin schon seit einiger Zeit
in vielen Bereichen unserer Wirtschaft bestehende Trend zum Abbau unge-
lernter Arbeitnehmer sich verstärken wird und andererseits die Nachfrage nach sehr qualifiziertem Personal, allerdings nur für relativ
schmale Beschäftigungsbereiche, zunehmen wird.

Die beiden Teile dieser Dualität müssen entsprechende Konsequenzen zur
Folge haben: einerseits muß denjenigen Angestellten, die von steigenden Qualifikationsanforderungen betroffen sind, die Möglichkeiten gegeben werden, solche zusätzlichen Qualifikationen laufend zu erwerben -
auf dieses Problem komme ich noch einmal zurück -, andererseits muß
dem fortschreitenden Prozeß der Monotonisierung durch "sinngebende"
Maßnahmen, wie etwa "job-enlargment" oder "job-enrichment", entgegengesteuert werden.

Und noch eine andere Beobachtung muß hier genannt werden: einerseits
wird sich der Anteil der Arbeiten, die sich mit der Erzeugung, Distri-
bution und Verarbeitung von Informationen befaßt, vor allem auch als
Folge zunehmender Telekommunikation, deutlich vergrößern.
Demgegenüber aber steht die Tatsache, daß Kompetenzen und Verantwortung von Einzelpersonen im Laufe der zunehmenden Einführung der neuen
Technologien ständig abnehmen werden. So scheint mir die Telekommunikation auch die Gefahr mit sich zu bringen, daß die persönlich-humanen
Beziehungen zwischen den Angestellten mehr und mehr verlorengehen. Ein
Extrempunkt dieser Entwicklung wäre die durch die Weiterentwicklung der
Telekommunikation durchaus mögliche Verlagerung eines Teiles der Tätigkeiten aus dem Betrieb hinaus in eine Art neuer "Heimarbeit", denn der
zukünftig leichtere Transport von Informationen zum "Heimarbeitsplatz"
mit Hilfe der Telekommunikationssysteme wird die in der Vergangenheit
erschwert vorhandenen Transportzeiten auf ein Minimum reduzieren.

Ein weiterer Gedanke sei hier - wenn auch nur splitterhaft - erlaubt:
Wenn durch eine solche Form von neuer Arbeitsbeschickung es zu einer
erheblichen Ausweitung eines möglichen zusätzlichen Arbeitskräfteange-
botes kommen kann, dann sind die Konsequenzen für die zukünftige ar-
beitsmarktpolitische Situation heute überhaupt noch nicht absehbar.

Schließlich deutet sich ja jetzt schon an, daß nicht nur der eine
oder der andere Wirtschaftsbereich von diesen verstärkten Wirkungen
von Telekommunikation betroffen sein wird, sondern daß sich sehr wichtige Felder zukünftig mit diesem Problem auseinandersetzen müssen:

- Da ist zuerst der Bereich des Handels zu nennen, insbesondere des
  Versandhandels, für den die Telekommunikation eine besonders gute
  Möglichkeit bietet, die räumliche Distanz zwischen Versandhaus und
  dem Kunden zu überbrücken. Sowohl die dezentrale Kundenbetreuung
  wie auch eine intensive Einkaufsberatung eröffnen für den Versand-
  handel der Zukunft unter Zurhilfenahme von Telekommunikation In-
  tensivierungsmöglichkeiten, die in ihrem ganzen Umfang heute noch
  nicht abzusehen sind.

- Bei den Banken z.B. führt die Terminalisierung dazu, daß
  ein großer Teil der bisherigen Routineaufgaben nicht mehr von den
  in den Unternehmen selbst Beschäftigten wahrgenommen wird, die ihrer-
  seits aber dann verstärkt für andere Tätigkeiten, so z.B. der Kundenberatung und Kundenbetreuung, eingesetzt werden können. Das wiederum bedeutet – und hier bestätigt sich das, was ich weiter oben
  festgestellt habe –, daß für diesen Kreis der Mitarbeiter sich neue
  Anforderungen und Schwerpunkte in anderen Tätigkeiten ergeben, was
  von ihnen zusätzliche und neue Qualifikationen verlangt.

Dies, meine Damen und Herren, ist nicht etwa eine erschöpfende Aufzäh-
lung, dies sind nur zwei Beispiele aus einer Vielzahl anderer, vornehmlich im Dienstleistungsbereich anzusiedelnder. Die Versicherungen gehören dazu, das Reisebüro- und Touristikgewerbe, weil sie gleichermaßen belegen können, daß eine breite Anwendung der neuen Technologien
zu veränderten internen Arbeitsabläufen, aber auch gleichzeitig zu
einer bedeutenden Veränderung der Kunden- oder Konsumentengewohnheiten
führen werden.

Nicht nur eine Änderung der Berufsstrukturen würde als Folge zunehmender Telekommunikation für einen großen Teil der Angestelltentätigkeiten in Wirtschaft und Verwaltung stattfinden, es werden eine Reihe
neuer Berufe und eine Anzahl neuer Gruppen von Beschäftigten auf den
hier in Rede stehenden Arbeitsplätzen tätig werden.

Zu den ersten, zu den sich neu entwickelnden Berufen gehören einmal

die, die jetzt schon als formalisierte, mit anerkannten Abschlüssen
versehene den Interessierten offenstehen. Ich meine da z.B. den Da-
tenverarbeitungskaufmann, den Elektroniker oder den Programmierer.
Hinzu kommen andere, die sich aus bisherigen Randberufen zu neuen Tätigkeiten in der Kommunikationstechnologie entwickeln werden, wie z.B.
der Wirtschaftsinformatiker. Der Widerspruch, daß der Zugang zu diesem
Beruf bisher ungeregelt ist, wenngleich im Bundesministerium für Bildung und Wissenschaft eine Verordnung zum Abschluß als "geprüfter
Wirtschaftsinformatiker" vorbereitet wird, daß an einer Reihe von
Universitäten oder Technischen Hochschulen Studiengänge für "Wirtschaftsinformatiker" mit dem Abschluß eines Diploms angeboten werden,
daß andererseits aber der Bedarf an solch qualifizierten Mitarbeitern
in vielen Bereichen der Wirtschaft heute sehr groß ist, dieser Widerspruch kennzeichnet die im Augenblick noch sehr diffuse Situation der
neuen Berufe auf dem Felde der Kommunikationstechnologien.

Ich bin allerdings ziemlich zuversichtlich, daß sich schon in absseh-
barer Zeit hier eine Reihe von formalisierten Ausbildungsgängen heraus-
kristallisieren wird, wie das in der Vergangenheit - etwa vor zwei
Jahrzehnten mit der vergleichbaren Situation nach der Einführung der
Datenverarbeitung - bei uns ja auch der Fall war.

Schließlich sei der Hinweis erlaubt, daß sich seit kurzer Zeit auch
immer mehr Frauen für die Informationsberufe interessieren und ihre
Zahl in ihnen zunimmt. Dies ist ein relativ untrügliches Indiz dafür,
daß sich klarere Berufskonturen abzeichnen, denn die Erfahrung zeigt,
daß Frauen eher geneigt sind, sich solchen Tätigkeiten zuzuwenden,
für die es geregelte Ausbildungsgänge und -abschlüsse gibt.

Ich hatte schon mehrfach darauf hingewiesen, daß veränderte Berufsstrukturen zwangsläufig veränderte Qualifikationsanforderungen - und
dies meist im Hinblick auf eine erhebliche Zunahme der letzten - zur
Folge haben. Dies ist relativ leicht einzusehen. Denn die mit verant-
wortungsvollen Tätigkeiten zukünftig Konfrontierten müssen im Sinne
ihrer Höherqualifizierung ständig neue technische Kenntnisse erwerben,
wo hingegen ein anderer Kreis, dessen Arbeiten routinierter werden,
zwar nicht mehr ihren Primärqualifikationen entsprechend beschäftigt
sind, aber dafür den verstärkten psychischen und physischen Belastungen genügen müssen.

Angestellte, die mit neuen Kommunikationssystemen arbeiten müssen, haben eine Anzahl von sehr wichtigen Basisqualifikationen nachzuweisen. Dazu gehört die Fähigkeit

- des Analysierens eingehender Informationen,

- des Erarbeitens neuer Informationen,

- des gezielten und zweckgerichteten Verteilens der von ihnen neu erarbeiteten Informationen.

Sie müssen darüber hinaus lernen, abstrakte, lediglich durch Information oder Signal dargestellte Befunde zu begreifen und zu bearbeiten. Dies zu leisten, ist nicht ganz einfach. Denn gemeinhin sind solche Fähigkeiten in unserer Bevölkerung nicht weit verbreitet bzw. werden nicht sonderlich gepflegt: nämlich abstraktes, theoretisches sowie planerisches Denken oder Systemdenken.

Ich sehe das Problem noch gravierender: denn bislang ist nur in wenigen Fällen unser Bildungs- und Ausbildungssystem geeignet, den Menschen die zum Erwerb der eben genannten Qualifikationen notwendigen Voraussetzungen zu bieten, ihnen die Möglichkeit zu geben, sogenannte "Schlüsselqualifikationen" zu erwerben, wie sie der Leiter des Instituts für Arbeitsmarkt- und Berufsforschung der Bundesanstalt für Arbeit in Nürnberg, Dieter Mertens, beschreibt.

Da wären im wesentlichen funktionsneutrale Fähigkeiten und Verhaltensweisen zu nennen, wie Kooperationsfähigkeit, Kreativität, Technikverständnis, gesellschaftswissenschaftliches Grundverständnis, Befähigung zur Kommunikation, zur Konzentration, zur Verantwortung. Aber im Grunde genommen sind das ja eigentlich alles nur ganz normale Komponenten von intelligentem Verhalten, jedenfalls nach unserem langläufigen Verständnis.

Wie notwendig die Vermittlung solcher Schlüsselqualifikationen nicht etwa nur für den relativ kleinen Kreis der im Bereich der Kommunikationstechnologien tätigen Menschen sein wird, sondern für alle Bürger, wird dann deutlich, wenn man sich vor Augen führt, daß die Informationsverarbeitungskapazität - vor allem auch durch die Telekommunikationssysteme - zukünftig ständig zunehmen und damit die menschliche Kommunikation ganz allgemein und das Informationsverhalten des einzelnen im besonderen erheblich verändern werden.

Stellt man solche Überlegungen an und versucht, sich die daraus erge-
benden Konsequenzen hinsichtlich der Möglichkeit des Erwerbs erforder-
licher Qualifikationen vor Augen zu führen, so muß man die erschrecken-
de Feststellung machen, daß die Einrichtungen, bei denen man langläu-
fig heute Qualifikationen erwerben kann, kaum auf die zukünftigen Entwicklungen eingestellt sind. Ich meine die Institutionen unseres Bildungswesens. Dieses Bildungswesen muß die vorhandenen und sich entwickelnden Informations- und Telekommunikationstechniken überhaupt
erst einmal zur Kenntnis nehmen. Das ist bisher in unserem berufsbil-
denden kaum, im allgemeinbildenden Bereich überhaupt nicht der Fall.
Und was die Möglichkeiten des Erwerbs neuer Qualifikationen durch die
Weiterbildung angeht, so hat man festgestellt, daß neben einer insti-
tutionellen Beschränkung zugleich auch die Fortbildungsbereitschaft
der Betroffenen - obwohl als dringend notwendig erachtet - eher gering
ist.

Was ist daraus zu folgern? Zuerst doch einmal die grundlegende Forderung, daß bereits im allgemeinbildenden Schulwesen, vornehmlich im
letzten Jahr der Sekundarstufe I oder zu Beginn der Sekundarstufe II
der Umgang mit den einschlägigen Geräten und Apparaten, ggf. auch
Kleincomputern, bereits in der Schule trainiert werden muß. Zum andern
müssen die Ausbildungsordnungen für einen großen Teil der Angestellten-
berufe, die von den Auswirkungen der Informations- und Telekommuni-
kationstechnologien besonders betroffen sind, um die Teile angerei-
chert werden, die als Voraussetzung zur Ausübung der neuen Tätigkeiten
angesehen werden müssen. Zum dritten schließlich müssen die instituti-
onellen Voraussetzungen zu einer Qualifikationsvermittlung in den
Bildungseinrichtungen dergestalt hergestellt werden, daß die notwendigen Einrichtungen zur Verfügung stehen. Daß dies in Zeiten allgemeiner
prekärer öffentlicher Haushaltslage eine sehr heikle Forderung ist,
dessen bin ich mir bewußt.

Wenn schließlich das öffentliche Bildungswesen so schnell nicht in
der Lage sein wird - und dies steht zu vermuten -, die Voraussetzungen
für den Qualifikationserwerb zur Ausübung von zukünftigen Tätigkeiten
in Informations- und Kommunikationsberufen zu schaffen, dann stellt
sich hier eine neue und zusätzliche Aufgabe für die Institutionen
der beruflichen Fortbildung. Auch sie müssen dazu beitragen, daß die
zukünftig wichtigen "Lernziele" erreicht werden können: nämlich bei
den Menschen ein hinreichendes Maß an Kommunikationsfähigkeit sowie
auch ein den neuen Informations- und Kommunikationssystemen angemesse-

nes "soziales Verhalten" zu vermitteln.

Meine Damen und Herren,
erlauben Sie mir bitte an dieser Stelle einen kleinen Exkurs zu dem
Stichwort "Akzeptanz":

Akzeptanzprobleme bei den von der Einführung neuer Technologie Betroffenen hat es seit eh und je gegeben. Das begann bei der Verwendung der
ersten elektrischen Schreibmaschine und setzt sich fort bis zur Einführung von Bildschirmen an den Arbeitsplätzen.

Wesentliche Ursachen für das Zustandekommen solcher Akzeptanzschwierig-
keiten sind - neben anderen - vor allem:

- Die Unkenntnis der Anwendungsmöglichkeiten der neuen Technologien,
  ihres Funktionierens, ihrer positiven und negativen Folgen, und
  dies sowohl bei direkt Betroffenen wie auch bei den Führungskräften
  in den Betrieben;

- die - mitunter sehr begründete - Angst des betroffenen Angestellten
  vor dem Verlust seines Arbeitsplatzes oder zumindest doch dem
  Obsoletwerden seiner bisherigen Qualifikation;

- die - sicher auch begründete - Angst vor der nahezu unbegrenzten
  Kontrolle von Arbeitsleistung und Arbeitsverhalten durch die Rück-
  meldungsmöglichkeiten der Geräte.

Nimmt man gar das in letzter Zeit in Mode gekommene Problem der sogenannten "sozialen Akzeptanz" der neuen Kommunikationstechnologien hinzu, die voraussetzt, daß die Einführung der neuen Technologien der
Zustimmung der breiten Bevölkerung bedarf, so wird deutlich, daß
allein schon die bislang noch allgemein verbreitete Unkenntnis ein
schier unüberwindbares Hindernis zur Verwirklichung solcher Akzeptanz
bedeutet.

In beiden Zusammenhängen, sowohl was die persönliche Akzeptanz der
von der Einführung neuer Informations- und Telekommunikationstechnolo-
gien betroffenen Angestellten angeht, wie auch der Annahme der neuen
Verfahren durch die Menschen ganz allgemein, ist eine wichtige und
nahezu unersätzliche Bedingung vor allem die weitgehende, frühzeitige
und umfassende Information. Diese sowohl über Sinn und Wirkung neuer

Verfahren, wie auch über ihre positiven und negativen Konsequenzen.
Unnötig zu betonen, daß in diesem Zusammenhang sich auch eine sehr
wichtige Aufgabe für die Gewerkschaften stellt.

Mit diesem Hinweis möchte ich zum letzten Teil meiner hier vorzutra-
genden Überlegungen überleiten, nämlich zu einigen Gedanken zum ge-
werkschaftlichen Aspekt im Zusammenhang mit zunehmender Telekommunikation.

Dies scheint mir u.a. auch deshalb wichtig zu sein, weil man die Gewerkschaften ja mitunter der Inaktivität in der Auseinandersetzung
um die neuen Technologien bezichtigt. So z.B. noch vor wenigen Wochen
anläßlich des Hearings der Enquete-Kommission des Deutschen Bundestages "Neue Informations- und Kommunikationstechniken", in dessen
Verlauf von einem befragten Wissenschaftler unwidersprochen ausgeführt wurde:

   "Die Untersuchung der gegenwärtigen Situation auf möglicherweise vorhandene Gegeninteressen führt zu der paradox anmu-
   tenden Feststellung, daß die zu erwartenden größten Veränderungen arbeitsmarktpolitischer und arbeitsorganisatorischer
   Art sein werden, dementsprechende gewerkschaftliche Artiku-
   lation oder Aktivitäten aber noch nicht festzustellen sind; ..."

Ich meine, dies ist ein Vorwurf, der - wenn zu Recht gemacht -
schnellstens widerlegt werden muß. Ein wenig dazu beitragen will ich
auch hier.

Beginnen möchte ich aber dennoch mit dem - Ihnen sicherlich auch
nicht neuen - Hinweis, daß eine moderne Gewerkschaft technischen Neuerungen durchaus aufgeschlossen gegenüberstehen muß, wenn sie wirklich
eine Interessenvertretung ihrer Mitglieder im umfassenden Sinne wahr-
nehmen will. Grundtendenz gewerkschaftlicher Technologiepolitik ist
keine Maschinenstürmerei. Denn wir wissen sehr wohl, daß ohne eine
sinnvolle Weiterentwicklung neuer Technologien ein Wachstum unserer
Wirtschaft zukünftig nicht mehr möglich sein wird.

Dies heißt im Zusammenhang mit den Problemen der Telekommunikation,
daß sie auch durchaus unter positiven Gesichtspunkten diskutiert
werden können. So z.B. mit dem Hinweis, daß eine Verstärkung der neuen

Informationstechnologien durchaus die Sinnentleerung der Arbeit zu-
rückdrehen kann, weil z.B. an Mischarbeitsplätzen die Tätigkeit durch
neue Formen der Kommunikation inhaltsreicher und zugleich auch humaner
gestaltet werden kann.

Allerdings ist solchen Humanisierungseffekten gegenüber auch Skepsis
angebracht. Zwar kommt die Dezentralisierung in vielen Fällen dem
Individualitätsbedürfnis der Angestellten scheinbar entgegen, das
Zusammenwirken aber innerhalb eines Unternehmens bedarf dennoch einer
sehr aktiven Gestaltung. Eine absolute Dezentralisierung nämlich
könnte ebenso eine totale Isolierung bedeuten wie eine absolute
Zentralisierung - um nur dies als Beispiel zu nennen.

Wir müssen dann, wenn wir eine gewerkschaftliche Strategie im Zusammenhang mit der Weiterentwicklung der Telekommunikations- und Informationstechnologien konzipieren wollen, zuerst großen Wert auf die genaue Erforschung und Erfassung der Auswirkungen solcher Entwicklungen
legen. Erst auf dieser Grundlage können wir uns der Aufgabe einer
breitgefächerten Information für die Betroffenen zuwenden. Denn nur
auf der Basis eines gleichen und fundierten Kenntnis- und Wissenstandes kann auch unsere Vorstellung der Beteiligung der Betroffenen (im
Sinne von Mitbestimmung und Mitwirkung) bei zukünftigen verstärkten
Einführungen von Telekommunikations- und Informationstechnologien
verwirklicht werden. Eine institutionalisierte Mitbestimmungs- und
Mitwirkungsmöglichkeit - mehr, als wir zur Zeit davon haben -, folgerichtig eine Änderung in Richtung auf Erweiterung der gesetzlichen
Grundlagen, d.h. des Mitbestimmungsgesetzes, ist unabdingbare Voraussetzung aus der Perspektive der Gewerkschaften. Nur so kann verhindert
werden, daß eine Konzentration des Produktionsmittels "technische Informationsverarbeitung" allein in der Hand der Arbeitgeber stattfindet und daß der Arbeitnehmer überhaupt zukünftig keine Möglichkeit
mehr haben wird, jeweils geeignete technische Hilfsmittel auszuwählen
und in angemessener Weise in den Arbeitsprozeß einzubringen.

Selbst wenn im oben dargelegten Sinne die Mitbestimmungs- und Initia-
tivrechte der Betriebsvertretungen erweitert werden, reicht das allein
nicht aus. Zur Vermeidung betriebsbedingter Freisetzungen von Angestellten und Arbeitern als Folge der Einführung und Ausweitung neuer
Technologien müssen darüber hinaus gewerkschaftliche Forderungen auf-
gestellt und verwirklicht werden mit Zielsetzungen, wie

- vorgezogenem Eintritt in den Ruhestand,

- vorübergehende Kürzung von Arbeitszeiten,

- Senkung der Anzahl von Arbeitsvorgängen,

- Erweiterung der Möglichkeiten des Besuchs von Qualifizierungs-
  maßnahmen.

Schließlich muß der Betriebsvertretung die Möglichkeit gegeben werden,
ihre Vorstellungen und Vorschläge zur Vermeidung negativer Auswirkungen neuer Technologien auf Arbeitsmethoden, Arbeitsbelastungen und
Qualifikationsanforderungen einzubringen und deren Berücksichtigung
garantiert zu bekommen.

Letztendlich muß den Gewerkschaften eine Interventions- und Mitwirkungsmöglichkeit auch bei der Behandlung der geschlechtsspezifischen
Probleme gegeben werden. Solche Probleme stellen sich in den vom
Batelle-Institut getroffenen Feststellungen dar, daß von den technologischen Entwicklungen positiv betroffenen Berufen 99 % im traditionellen Verständnis "Männerberufe" sind, während die negativ betroffenen Berufe zu 53 % den sogenannten "Frauenberufen" zuzurechnen sind.
Auch diese Tatsache erfordert dringend gewerkschaftliche Aktivitäten.

Meine Damen und Herren,
ich habe versucht, mit ganz wenigen Strichen einen Teil des Bildes
hier zu skizzieren, das sich uns als Gewerkschaften zur Zeit bei der
Betrachtung der Fragen und Probleme verstärkter Einführung von Tele-
kommunikations- und Informationstechnologien darstellt. Zwangsläufig
habe ich dabei einen Teil zumindest gleichgewichtiger Fragestellungen
außer acht gelassen, wie z.B. die der Auswirkungen durch zunehmende
Telekommunikation bewirkten Veränderungen auf der Arbeitsmarktsituation.

Hier, wie auch in den angedeuteten Bereichen, können wir sicherlich
den ganzen Umfang der stattfindenden Veränderungen heute noch nicht
absehen, aber wir können einen wesentlichen Teil davon - und dies
nicht nur in Ansätzen - doch schon erkennen. Eine elementare Erkenntnis ist die, daß zunehmende Kommunikationstechniken ganz entscheidenden und wesentlichen Einfluß auf nahezu alle unsere Lebens- und Tätig-
keitsbereiche ausüben werden. Die technischen Möglichkeiten, die Glas-

faser- und Breitbandverkabelung bieten, sind ja schier unerschöpflich.

Wenngleich der begründeten Einschränkung zuzustimmen ist, die der Bundespostminister in diesem Zusammenhang im vergangenen Jahr gemacht hat, daß sich

> "...die Frage stellen ..." werde, "... ob die dann theoretisch denkbare totale Kommunikation von den Menschen tatsächlich gewünscht und akzeptiert würde ...",

ist dennoch Klaus Haeffner zuzustimmen, der feststellt:

> "Die informierte Gesellschaft der Zukunft ist eine Gesellschaft, in der möglichst viele Bürger Zugang zur globalen und individuellen Information haben und diese zum Verstehen und zur Kommunikation nutzen."

Daraus folgert, daß die Informationen und ihre Verarbeitungskapazitäten, die heute noch in wenigen Zentren und bei wenigen Organisationen konzentriert sind, sich zunehmend dezentral auf andere Bereiche von Wirtschaft und Verwaltung verstärkt ausdehnen, aber insbesondere auch der Hand des Bürgers verfügbar sein werden.

Hier liegen sowohl große Verantwortung wie auch neue Aufgaben der Zukunft für uns alle.

Ich danke für Ihre Aufmerksamkeit.

Impact of Telecommunications on Professions and Qualification Structures for Employees

Herbert Nierhaus
Hamburg

The introduction and enhanced application of new information and communication technologies will lead to

- quantitative reductions of labour

- alterations in the quality of labour

- modified qualification requirements for the employees

- changes in organizational structures.

The actual consequence in the employment policy will be that

- about one third of the now employed persons will be shifted to newly created positions and

- about one fifth of them will change their working place within the firm.

At the same time it has to be taken into account that about 10 % of the employees of today will loose their job in the present company.

A growing application of new communication technologies will change the contents of activities for many employees such that the generation and processing of data and information will play an important role.

This may - as a positive consequence - have the result, that the reduction in labour volume for the individual employee will enable the taking up of new parts of activities together with an increased range of responsibility and competence, but on the other hand that - as a negative consequence - the enhanced application of these technologies will lead to increased routine and monotony, combined with a higher work load.

The centralization of formerly decentralized functions carried out about two decades ago - at that time also as a consequence of new

techniques - will in the future again be changed back to new forms
of decentralization.

For future professional activities a number of chances and risks are
resulting:

- New communication technologies cause a split-up and decentralization
  of functions and thereby may give a stronger autonomy to a great
  number of jobs;
  but they will also lead to a polarization of professional qualifications and modified management functions.

- In many commercial and administrative professions monotonous portions
  of activity are reduced;
  but on the other side the psychical and physical stress increase and
  may cause new intellectual requirements.

- As a consequence of the increased use of the telecommunications many
  activities are enriched by information distribution and processing;
  on the other hand the human and personal relations among the employees are more and more endangered.

- In important sectors of the economy telecommunications will have
  positive professional effects, as for instance

    in the mail order business, where a decentralized customer service
    and a purchase advice may overcome the "customer's distantness",

    in banking offices, where the employees can be relieved of routine
    activities and concentrate on advising the customers;

  on the other side in these and other fields a risk of reducing the
  number of working places by new technologies exists.

The new technologies will not only cause alterations in the contents
of activities, but furthermore create new jobs in a wide scale, ranging
from the "communications scientist" to graduates in informatics and
economic sciences.

The changes in the qualification requirements will in the future com-
prise necessary abilities in

- analysing incoming informations,

- handling new informations,

- efficiently distributing informations

as essential points.

The importance of the acquisition of key qualifications, i. e. abilities which are not restricted to specific functions, will increase and become a significant task of educational institutions.

For many activities of employees the acquisition of abilities concerning the application and optimal utilization of the communications equipment will afford a special and permanent training.

To create facilities for the acquisition of additional qualifications, which are necessitated by the enhanced introduction of information and communication technologies, becomes an important task of future education policy.

The solution of this task is at the same time essential to overcome the acceptance problems which have surely to be expected. If this is not successful, the professional chances inherent in the development of communication technologies will be endangered.

Redakteur für Videotext und Bildschirmtext

Alexander Kulpok
Berlin

1. Einleitung

Die Mikroelektronik und die auf ihr basierenden neuen Informations-
und Kommunikationstechniken haben erhebliche Auswirkungen auf die
 journalistische Praxis. Sie verändern Arbeitsplätze und Berufsbilder.

Etwa 500 Jahre dauerte die "Bleizeit" im Druckgewerbe seit Gutenbergs
Erfindung der in Blei gegossenen beweglichen Lettern. Seither löst
der Computersatz den Handsatz (die Bleisatztechnik) nach und nach ab.
Von der Texterfassung bis zur Herstellung der Druckplatte verarbeiten
Zeitungen und Zeitschriften Informationen heute elektronisch. Der Redakteur schreibt und redigiert am Bildschirm. Oft genug ist er Autor,
Korrektor und Setzer in einer Person.
Das "richtige Funktionieren" wird hierbei gewiß bedeutungsvoller als
in früheren Zeiten. Und wenn der Computer einmal "spinnt", dann kann
es schon vorkommen, daß eine ganze Zeitungsseite oder eine Spalte
leer bleibt. Doch das gehört wohl zu den notwendigen Anfangserfahrun-
gen. Festzuhalten bleibt, daß Zeitungen und Zeitschriften bei ihren
Produktionsabläufen in das elektronische Medium - einst eine Domäne
von Hörfunk und Fernsehen - hineingewachsen sind.
Seit nun Anfang der siebziger Jahre britische Ingenieure den Fernsehinformationsdienst "Teletext" entwickelten (in der Bundesrepublik

Deutschland eingeführt unter der Bezeichnung "Videotext"), seit mit dem gleichen technischen System unter Verbindung von Telefon und Fernsehapparat ein neuer Fernmeldedienst entstand (hierzulande als "Bildschirmtext" bekannt, international geläufiger als "Viewdata"), seit also Textinformationen daheim am Fernsehgerät abrufbar sind, wurde selbstverständlich die Frage gestellt, ob hier nicht künftige Vertriebswege für Presse - für Druckerzeugnisse - entdeckt wurden. Die in unserem Land mitunter sehr heftige medienpolitische Auseinandersetzung zwischen Zeitungsverlegern und Rundfunkanstalten um Videotext/Teletext wird dadurch verständlicher.

Beim "Bildschirmtext" der Deutschen Bundespost haben Zeitungen und auch Zeitschriftenverlage in den beiden Erprobungs- und Versuchsgebieten von Düsseldorf und Berlin (West) Aussehen und Charakter des derzeitigen BTX-Angebots sehr stark geprägt. Nach den verfügbaren Zahlen sind etwa vier Prozent aller Bildschirmtext-Anbieter gegenwärtig Zeitungsverlage.

An dem auf zunächst drei Jahre - bis zum 31. Mai 1983 - ausgelegten bundesweiten Feldversuch von ARD und ZDF mit dem Tele-Informationsdienst Videotext sind fünf überregionale Zeitungen beteiligt: "Die Welt", die "Frankfurter Allgemeine", die "Frankfurter Rundschau", das "Handelsblatt" und die "Süddeutsche Zeitung". Sie sollen und wollen in dieser Zeit mit Videotext pressespezifische Erkenntnisse und Erfahrungen sammeln. Sie liefern Pressevorschauen auf ihre nächsten Ausgaben - von Schlagzeilen bis zu Auszügen aus Kommentaren und Berichten.

Ein neues journalistisches Berufsbild ist so im Entstehen begriffen: das des Videotext- und/oder Bildschirmtext-Redakteurs - ein-

zigartig wohl dadurch, daß in ihm aus allen bislang bekannten journalistischen Tätigkeiten bei Presse, Hörfunk und Fernsehen Teile und
Teilbereiche vereint sind.

1.1. Internationaler Überblick

Den Anfang machte seit 1974 in Großbritannien "Ceefax", der Teletext-
Dienst der BBC. "Oracle" der kommerziellen britischen Fernsehgesell-
schaft ITV kam wenig später hinzu. Die britische Postverwaltung in-
stallierte mit "Prestel" den ersten Bildschirmtext-Dienst.
Auf dem europäischen Festland folgten mit derartigen Telekommunika-
tionsdiensten Schweden, Österreich, die Niederlande, Belgien und im
Juni 1980 die Bundesrepublik Deutschland. Zu diesem Zeitpunkt began-
nen ARD und ZDF mit der täglichen Ausstrahlung eines Videotext-Pro-
gramms und die Bundespost mit ihren auf rund 7000 Teilnehmer begrenzten BTX-Tests in Düsseldorf und Berlin.

Andere europäische Länder haben seitdem gleichfalls reguläre Video-
text-Dienste eingerichtet - wie Finnland und die Schweiz. In Osteu-
ropa sind in Ungarn und Bulgarien erste technische Erprobungen im
Gange. Erwähnt sei bei diesem Kurz-Überblick außerdem das französi-
sche System ANTIOPE, das aus der Datenverarbeitung entwickelt wurde
(also nicht an Fernsehzeilen gebunden ist) und in Frankreich in einigen Städten und Regionen mit Informationsangeboten verfügbar ist.

Unter dem Dach der Europäischen Rundfunk-Union (EBU) ist derzeit eine aus europäischen Teletext-Redakteuren bestehende Sachver-
ständigengruppe dabei, ein erstes internationales "Workshop" vorzube-
reiten, bei dem im Herbst 1982 in der irischen Hauptstadt Dublin Vi-
deotext-Redakteure aus den Pionierländern ihre praktischen Erfahrun-

gen austauschen und an ihre in diesen Beruf nach und nach hineinwach-

senden Koleginnen und Kollegen weitergeben können.

2. Technische Voraussetzungen der Redaktionsarbeit

Zum besseren Verständnis seien vor der Beschreibung der praktischen Arbeit eines Videotext- oder Bildschirmtext-Redakteurs - so kurz wie möglich - die technischen Voraussetzungen dieser Tätigkeit skizziert.

Die Videotext-Informationen werden zusammen mit dem Fernsehsignal in bisher ungenutzter Übertragungskapazität der in Europa üblichen 625 Fernsehzeilen ausgestrahlt - codiert, verschlüsselt, ein Decoder im Empfangsgerät entschlüsselt sie und macht sie sichtbar, allein oder die bewegten Bilder überlagernd.

Die bislang ungenutzte Übertragungskapazität fand sich in der sogenannten "Austastlücke" - zwei Zeilen davon werden zur Videotext-Ausstrahlung in der Bundesrepublik Deutschland verwendet. In Großbritannien, in Österreich und den Niederlanden sind es seit dem letzten Winter vier Zeilen - entsprechende technische Versuche werden auch bei uns demnächst eingeleitet.

Da Videotext in einer Schleife - einem Sendezyklus - ausgestrahlt wird, und der Videotext-Teilnehmer daher umso länger auf eine gewünschte, von ihm abgerufene Texttafel warten muß, je mehr Tafeln sich in dem Sendezyklus befinden, bedeutet eine Erweiterung der Videotext-Zeilen in der "Austastlücke" entweder die Möglichkeit zur Ausweitung des Gesamtangebots oder eine Verkürzung der Warte- und Zugriffzeit für den Zuschauer. (Zur Wartezeitverkürzung sind schon heute wichtige Meldungen und Mitteilungen häufiger in der Sendeschleife

enthalten als "Normaltafeln" - ein technisches Hilfsmittel zur Stüt-

zung der Aktualität.)

Zusammengefaßt: Videotext ist (theoretisch) immer dann zu empfangen,

wenn ein Fernsehbild gesendet wird, auch wenn es nur ein Testbild

ist. Zusätzliche Sendeanlagen, Kanäle oder Frequenzen sind für diesen

Textinformationsdienst des Fernsehens nicht notwendig - er wird sozu-

sagen "huckepack" transportiert.

ARD und ZDF strahlen das Videotext-Gesamtangebot für die Dauer des

bundesweiten Feldversuchs ab 16 Uhr bis Sendeschluß, an Wochenenden

und an Feiertagen bereits von 15 Uhr bis Sendeschluß aus. Seit dem

11. Januar 1982 wird täglich ab 10 Uhr eine Videotext-Zusammenfassung

mit ausgewählten Einzelinformationen gesendet. Die Videotext/Tele-

text-Dienste in anderen europäischen Ländern - zum Beispiel in Groß-

britannien, Österreich oder den Niederlanden - beginnen allerdings

schon in den frühen Morgenstunden.

Rund um die Uhr verfügbar, über die Telefonleitung abzurufen, am hei-

mischen Bildschirm abzulesen (wobei der Fernsehapparat gewissermaßen

zum Datensichtgerät wird), ist der Bildschirmtext der Deutschen Bun-

post. Für die Dauer der Bildschirmtext-Nutzung durch den Teilnehmer

ist die Telefonleitung blockiert, vom Fernsehprogramm kann nur der

Ton empfangen werden.

Beschränkungen in der Angebotsmenge unterliegt Bildschirmtext hinge-

gen aus technischen Gründen nicht: Der Anbieter - etwa eine Zeitung

oder Zeitschrift - liefert sein Angebot an eine BTX-Zentrale, eine

Datenbank, von dort ruft sie der BTX-Teilnehmer beliebig oft ab. So ist jedenfalls das Verfahren bei den im Bildschirmtext vorhandenen "Informationen für mehrere" - und hierzu zählen auch die "publizistisch relevanten Inhalte", obschon eine gesetzliche bzw. medienrechtliche Regelung auch in diesem Punkt noch offen ist.

2.1. Charakteristika von Videotext und Bildschirmtext

Charakteristisch sowohl für Videotext als auch für Bildschirmtext sind Schnelligkeit und Aktualität, die ständige Verfügbarkeit von Nachrichten und Informationen unabhängig von irgendwelchen festen Sendezeiten oder einem fixen Programmschema. Der Zuschauer und Teilnehmer erhält Informationen auf Abruf, einen Redaktionsschluß im bislang üblichen Sinne gibt es für die Redakteure nicht.

Unterschiede zwischen beiden Diensten liegen für den Journalisten fast nur am Rande:

- Videotext wird von den Rundfunkanstalten kostenlos geliefert, ohne eine Zusatzgebühr. Bildschirmtext verursacht beim Nutzer Kosten, für den Telefonanruf, unter Umständen für die abgerufene Information oder für die Teilnahme überhaupt.

- Videotext ist, zumindest in der Bundesrepublik Deutschland, frei von Wirtschaftswerbung (bei "Oracle" der ITV in Großbritannien ist das selbstverständlich nicht der Fall). Für Bildschirmtext ist Werbung dagegen ein wichtiger Bestandteil des Gesamtangebots.

Schließlich gibt es noch ein ganz wesentliches Unterscheidungsmerkmal in der Anwendung von Videotext und Bildschirmtext. Das sind die nur beim Videotext möglichen Untertitel, deretwegen diese Medientechnik ursprünglich entwickelt wurde - nämlich um Hörbehinderten eine sinnvolle Verständnishilfe für Fernsehsendungen zu liefern. Erst später

fanden die Programm-Macher heraus, daß sich daraus mehr machen ließ:
ein ganzer, überaus aktueller Informationsdienst.

Dieser aktuelle Informationsdienst umfaßt (und hierin gleichen sich
Videotext und Bildschirmtext und somit die praktische Arbeit der
Journalisten wieder) neben der Unterrichtung über das, was sonst an
bewegten Bildern am Fernsehgerät abläuft, vor allem Nachrichten - aus
Politik, Sport, Kultur, international, national und - bei einer künftigen Regionalisierung oder gar Sub-Regionalisierung - aus der Nahwelt, der unmittelbaren Umgebung des Teilnehmers, vom Apotheken-
dienst bis zum Veranstaltungskalender. Serviceleistungen wie der Wetterbericht, die Fluginformation oder die Devisenkurse gehören ebenso
zum Programmangebot wie die in Videotext und Bildschirmtext geradezu
vorbildlich zu betreibende Verbraucheraufklärung.

2.2. Nutzung durch die Teilnehmer

Nach allen Erkenntnissen und Umfrageergebnissen - national und inter-
ternational - stehen politische Meldungen, der Wetterbericht und die
Sportinformationen bei den Zuschauern und Teilnehmern ganz obenan in
der Beliebtheitsskala. Beim Videotext kann obendrein als sicher gelten, daß die VT-Teilnehmer sich tagtäglich mit einer kleinen Auswahl
von etwa einem halben Dutzend Tafeln aus dem Gesamtangebot begnügen,
die sie immer wieder anwählen und abrufen - als willkommene Zwi-
schenmahlzeit beim Fernsehkonsum. Jeder wählt nach seinem Spezialin-
teresse direkt das an, was er bevorzugt. Der Sportfan marschiert direkt auf die Ergebnistafeln der Eishockey-Weltmeisterschaft zu und
läßt wahrscheinlich die Meldungen zum Falkland-Konflikt unbeachtet
(selbst wenn ihm das durchaus nichts schaden würde) und umgekehrt.

Jeder Zuschauer kennt die Nummern "seiner" Tafeln oder Seiten auswendig.

Im übrigen ist es ja - wie wir wissen - für die Einstellung des Rezipienten - des Lesers, Sehers, Hörers - zu seinem Informationsmedium nicht ohne Bedeutung, ob er nun frei ist in der Wahl der Zeit, in der er eine Kommunikation herbeiführt (wie bei seiner Zeitung, einer Schallplatte oder einer Videocassette) oder ob er wie herkömmlich bei Hörfunk und Fernsehen an ein festes Programmschema gebunden ist. Videotext und Bildschirmtext liefern ihm Informationen, wann er es als Zuschauer will, und der Journalist muß sich darauf bei seiner Arbeit einstellen.

Und: die Teleschrift ist - im Gegensatz zu allem, was sonst und bisher am Bildschirm offeriert wurde und wird - dauertüchtig. Wort und Bild rauschen nicht flüchtig vorbei. Man kann den Text wieder und wieder lesen, bis man ihn verstanden hat, ihn auswendig kennt oder die Erinnerung bestätigt ist. Zudem ist vorstellbar, daß solche Textinformationen eines Tages mit Sprache oder Musik "unterstützt", besser: unterlegt, werden. Dennoch ist das Lesen vom Bildschirm wohl nicht so ohne weiteres als "Fernlesen" zu bezeichnen - und sei es nur, weil es eine neue, ungewohnte Art des Lesens ist. Manche haben schon jetzt für Videotext die etwas verwirrende Bezeichnung "Blickmedium" geprägt. Sie wollen dadurch offenbar eine Verbindung herstellen zwischen dem Wenigen, was der Textredakteur auf einer solchen Tafel oder Seite aus Platzgründen unterbringen kann und einer neuen Art von Informationsaufnahme durch den Rezipienten.

3. Die praktische Arbeit des Videotext- und Bildschirmtext-Redakteurs

Für die zu übermittelnden Inhalte stehen dem Videotext- oder Bild-
schirmtext-Redakteur auf einer Tafel oder Seite maximal 24 Reihen mit
jeweils höchstens 40 Anschlägen zur Verfügung. (Würde er dieses Maxi-
malangebot tatsächlich nutzen, wäre es für den Zuschauer allein aus
optisch-ästhetischen Gründen kaum zumutbar.) Das Drumherum, die Ver-
packung, das Layout sowie die Aufteilung in Absätze und eine vor-
sichtig zu wählende Farbgebung schränken die knappe Textmenge weiter
ein.

Der Platzmangel erfordert einen möglichst ökonomischen Einsatz von
Worten und somit eine Besinnung auf ureigene journalistische Tugenden: Klarheit und Prägnanz im Ausdruck, Konzentration auf das Wesentliche - Notwendigkeiten, die nur der Objektivität der Nachrichtenge-
bung und der Verständlichkeit dienen können. Hinzu kommt eine sonst
nicht in diesem Maße von Redakteuren geforderte hohe Zuverlässigkeit
in Rechtschreibung und Silbentrennung.

Das Schreiben am Terminal - an der elektronischen Schreibamschine,
dem Keyboard - erfordert einige Umstellung. Der Videotext- oder Bild-
schirmtext-Redakteur kann selbst schreiben (wenn sein Arbeitgeber oder
seine Gewerkschaft es zulassen). Bei "Ceefax" der BBC schreibt jeder
Redakteur selbst, bei "Oracle" der ITV gibt es dafür eigens Typisten
(die überwiegend Typistinnen sind), beim Videotext von ARD und ZDF
ist ebenfalls das Selbstschreiben die Regel, ähnlich wie in den meisten Bildschirmtext-Redaktionen.

Der Redakteur am Terminal schreibt zu seiner Meldung auch die Über-
schrift selbst. (Manche Zeitungskollegen werden ihn vielleicht darum

beneiden, denn Überschriften macht nach alter Arbeitsaufteilung bei

der Presse meist ein anderer als der Autor, für den oft ein Ärger-

nis.) Außerdem kann der Redakteur bei Videotext und Bildschirmtext

seinen eingegebenen Text am Terminal selbst illustrieren, grafische

Elemente einbringen (sofern er sich die Kenntnisse dazu aneignet.)

Bei der Eingabe am Terminal hat der Redakteur einen Lichtpunkt,

den "Curser" - mit ihm geht er an die Stelle, wo er arbeiten, schrei-

ben will. Ein über der Tastatur angebrachter Bildschirm dient als

Kontrollmonitor. Er kann Altes, Überholtes oder Falsches überschrei-

ben, ganze Absätze und Zeilen austauschen oder fortlassen, sie mit

einem Tastendruck nach oben oder unten, nach rechts oder links rük-

ken, und er gibt an den Computer Befehle zur Speicherung oder für

den Transport. So bestimmt der Redakteur den Termin der Veröffentli-

chung, indem er die Knöpfe zur Übertragung des Geschriebenen in den

VT-Sendezyklus oder an die BTX-Datenbank auf der Tastatur seines Key-

boards drückt.

"Ein verwirklichter Journalistentraum" - so beschrieb der erste Tele-

text-Chefredakteur der Welt, der Brite Colin McIntyre von "Ceefax"

der BBC diese in der Informationsübermittlung bis dahin einmaligen

Vorgänge; denn zum erstenmal in der Geschichte des Journalismus - so

McIntyre - könne ein Autor direkt im Augenblick des Schreibens sein

Publikum erreichen. Sicher steckt in diesen Äußerungen viel Euphorie,

doch bemerkenswert in ihrer Geschwindigkeit ist solche Journalisten-

arbeit schon.

Es ist ein beliebtes und, wie ich finde, gutes Argument der Rundfunk-

anstalten darauf hinzuweisen, daß sie mit dem Fernsehinformationsdienst Videotext ja gar nicht den Tageszeitungen, sondern vielmehr sich selbst - dem Hörfunk und Fernsehen - erhebliche Konkurrenz machen. Denn tatsächlich ist eine Videotext-Meldung schneller im Äther und auf den Bildschirmen in den Wohnstuben als irgendeine Live-Übertragung oder eine Ansage aus einem Studio vorbereitet und ausgestrahlt werden kann.

In bestimmten Fällen kann der Redakteur am Terminal dem Ereignis sogar vorgreifen: Bei einer Wahl, zu der sich zwei oder drei Kandidaten stellen - bei einem Boxkampf oder einem Tennismatch, bei dem zwei Konkurrenten aufeinandertreffen - vor dem nächsten Tor, das bei einem Fußballspiel fällt (oder fallen müßte). Der Sieger bei der Wahl, beim Boxkampf, beim Tennis, der Torestand beim Fußball kann alternativ vorgeschrieben werden. Das richtige Ergebnis, die zutreffende Meldung, wird sogleich in dem Moment, da das Ereignis registriert wird, in den Sendezyklus gegeben.

Gewiß wird die Frage immer wieder gestellt (und sie ist noch keineswegs schlüssig und fundiert beantwortet), ob denn an einem solchen Terminal, im Gegenüber von Individualität des schöpferischen Einzelmenschen und streng logischem System eines Computers, nicht die individuelle Kreativität des Journalisten leiden müsse, beeinträchtigt werde. Und weiter: Ob die aus Aktualitätsgründen notwendige Steigerung der Arbeitsintensität nicht zu raschen Ermüdungserscheinungen und zu Gesundheitsschäden führe - ja, ob nicht durch solche Art von Tätigkeit eine (weiter) wachsende Isolierung unter den Beschäftigten unabwendbar sei (eingedenk der durch das Compuersystem vorhandenen Möglichkeit einer Leistungskontrolle).

Wissenschaftliche Untersuchungen fehlen hier. Eine immer wieder bestätigte Beobachtung ist jedoch, daß theoretische Skeptiker unter den Journalisten in der Praxis sehr bald Anhänger oder Befürworter dieser neuen Technologie werden. Zweifellos mag der Reiz des Neuen, wohl auch der "homo ludens" am Terminal, hierbei eine gewisse Rolle spielen. Jedenfalls sind in den Videotext/Teletext-Redaktionen in London, Wien, Hilversum und Berlin die in der Theorie so häufig geäußerten Befürchtungen nicht (oder noch nicht ?) zu Tatsachen geworden.

Für einen Journalisten - wenn er nicht gerade das ist, was man hierzulande einen "Wissenschaftsjournalisten" nennt - ist das Arbeiten am oder mit einem Computer oft nur schwer vorstellbar. Doch das Schreiben am Videotext- oder Bildschirmtext-Terminal ist zu erlernen wie das Schreiben auf einer Schreibmaschine - in einer Woche oder in zwei Monaten, mit allen Zusatzbefehlen an den Rechner, bis hin zur Eingabe einer Wetterkarte, eines Konterfeis oder eines Schachbrettmusters.

Wer neuzeitlicher Technologie gegenüber ein wenig aufgeschlossen ist, bei wem die Barrieren nicht tief in der Seele sitzen, dem fällt das Eingewöhnen und Einarbeiten ganz sicher leichter.

Das Betätigungsfeld reicht vom harten aktuellen Redaktionsdienst (wie ihn jeder Nachrichtenredakteur bei Rundfunk oder Zeitung kennt) über das die untere Grenze journalistischer Aufgaben berührende Eingeben von Terminen und Statistiken bis zum Kommentar und zur Theaterkritik.

Freilich ist es bei vielen Arbeiten möglich, den Text zuvor aufzuschreiben, mit Bleistift, Kugelschreiber oder an der vertrauten Schreibmaschine und ihn erst danach - verändert oder verkürzt - zur Veröffentlichung einzutippen. Es gibt aber beim Videotext auch den

Fall, wo der Berichterstatter mit einem abgesetzten Terminal (über Leitung mit der Zentrale verbunden) am Spielfeldrand, beim Schachturnier oder in einem Wahlstudio seinen Arbeitsplatz hat und direkt vom Ort des Geschehens den letzten Ergebnisstand übermittelt. Hieraus ergibt sich zugleich die Möglichkeit einer ganz neuen Form von "Heimarbeit" für Journalisten mit einem abgesetzten Videotext- oder Bildschirmtext-Terminal.

Erweitert werden die Tätigkeitsmerkmale eines Videotext- oder Bildschirmtext-Redakteurs mit Blick auf die Zukunft noch beim Gedanken an den kommenden Einsatz beider Informationsdienste für Bildungsaufgaben und selbstverständlich für Schulfunk und Schulfernsehen. Sie können hier begleitend und ergänzend oder mit eigenen Angeboten wirken. Als in die richtige Richtung weisendes Beispiel sei der vom "Teletext" des Österreichischen Rundfunks im Sommer 1980 angebotene Latein-Kursus genannt.

Die "soziale Komponente", die - wie erwähnt - nur Videotext besitzt, sind die Untertitel als Verständnishilfe für Hörbehinderte bei Fernsehsendungen. Durch die Teleschrift wird das Fernsehen in die Lage versetzt, eine wichtige soziale Aufgabe zu erfüllen - einem durch fehlendes oder beeinträchtigtes Gehör ohnehin von vielem ausgeschlossenen Personenkreis Lebenshilfe und etwas mehr Lebensfreude zu geben.

Welche Sendungen wie untertitelt werden sollen - darüber diskutiert und streitet man sich zuweilen noch zwischen London und München, zwischen Wien und Berlin. Soll es "Sondersendungen" mit Untertiteln und Gebärdendolmetscher geben ? Sollen die Untertitel auf das niedrige

Sprachniveau der von Geburt an Gehörlosen zugeschnitten sein ? Oder sollen Videotext-Untertitel als neue, faszinierende Möglichkeit der Sprachentwicklung von Hörgeschädigten eingesetzt werden ?

Gerade die in dieser Frage noch bestehenden Unklarheiten und verschiedenen Denkschulen zeigen die Chancen, die hier auch für Journalisten als Mittler, Ratgeber und Praktiker in einem neu zu erschließenden Bereich bestehen. Ungewohnte und ungewöhnliche Aufgaben kommen auf sie zu.

Die Vorbehalte und die vorstellbaren negativen Folgen neuer Medien und neuer Medientechniken sollen bei alldem nicht vergessen werden. In diesem Falle wohl am ehesten ein Eindruck von Kargheit, der für Redakteure wie Rezipienten in dieser Technologie liegt. Doch reine Ablehnung und Abwendung werden das Sammeln eigener Erfahrungen und Erkenntnisse nicht ersetzen können - schon gar nicht, wenn es um neue Berufe und sich entwickelnde neue Berufsbilder geht. Ob "Gedeih" oder "Verderb" - um das Motto der letzten Mikroelektronik-Tagung des "Club of Rome" zu zitieren - , ob Segen oder Fluch, Vorteil oder Schaden, wird sich auch hier nur in der Praxis, der Anwendung, der Nutzung erweisen.

287

Schrifttum:

Balkhausen, D.: Die dritte Revolution, Düsseldorf/Wien 1978.

Balle, F.: Pour comprendre les média - MacLuhan, Paris 1972.

Brepohl, K.: Lexikon der neuen Medien - Köln 1980.

Buchholz, A./Kulpok, A.: Revolution auf dem Bildschirm - Videotext und
          Bildschirmtext, München 1979.

Hoffmann, G.E.: Erfaßt, registriert, entmündigt, Frankfurt/Main 1979.

Kaiser, W./Marko, H./Witte, E. (Hrsg.): Elektronische Textkommunika-
          tion, Berlin/Heidelberg/New York 1978.

Kepplinger, H.M. (Hrsg.): Angepaßte Außenseiter, München 1979.

Koszyk, K./Pruys, K.H.: Wörterbuch zur Publizistik, München 1969.

Lenhardt, H.: Die Zukunft von Rundfunk und Fernsehen in der Auseinan-
          dersetzung mit den neuen elektronischen Medien, Wien/
          München/Zürich 1972.

Magnus, U.: Die Massenmedien im Jahr 2000 - Berlin 1973.

Pross, H.: Publizistik - Neuwied/Berlin 1970.

Ratzke, D. (Hrsg.): Die Bildschirmzeitung - Berlin 1977.

Rupp, E.P.: Bildschirmtext - München/Wien 1980.

Schukies, G.: Kommunikation und Innovation - Hamburg 1978.

Witte, E. (Hrsg.): Telekommunikation für den Menschen, Berlin/Heidel-
          berg/New York 1980.

Telekommunikationsbericht der Kommission für den Ausbau des technischen Kommunikationssystems (KtK), Bonn 1976.

Editor for Videotext and Bildschirmtext

Alexander Kulpok
Berlin

The new developments in computers, data transmission and
electronics have had much influence on the practical work of
journalists in West Germany - both in written press and in
the field of radio and television.
Nowadays many newspapers are produced by electronic means,
once a domain of radio and television. On the other hand pages
of writing are transmitted along with the ordinary TV programmes or sent along telephone lines from a central computer
source to appear on the television screen.
'Teletext' (in Germany called 'Videotext') was developed by
British engineers in the early 1970's to find a way of subtitling for the deaf and hard of hearing which would not
intrude on the television screens of hearing people. But soon
it had been realised that far from a subtitling service, what
had been developed was a complete news service which could
provide all kind of up-to-the-minute information - a televised
news magazine including headlines, sports results, business
information, travel and weather reports, radio and TV programme
guides and details of contents, exchange rates, theatre
programmes, cooking recipes...
The teletext signals are carried piggy-back alongside the
television programme. Each of the pages has a number. They
are available whenever a television signal - even only a
test card - is broadcasted. The viewer only has to press the

appropriate number on the remote control hand-set and after
a few seconds the page will appear on his screen.

Viewdata (in Germany called 'Bildschirmtext') has a much wider
information source than teletext as it is not broadcasted over the
airwaves, but along telephone lines which enable a two-way-service.
The user can "talk" back. He can as well order goods and services
by using the remote control hand-set. TV sets of the future might
take both teletext and viewdata (videotext and bildschirmtext) in
addition to normal television programmes.
In West Germany a teletext field trial is run by the broadcasting
organizations ARD and ZDF (even though the newspaper publishers
claimed it as a reading medium which inroads into existing newspaper
readership). This experiment started on 1 June 1980 and will last
for three years. It is accompanied by a reaction analysis. Also in
June 1980 the PTT started field trials of a viewdata service in the
cities of Duesseldorf and West Berlin. Besides the broadcasting
 organizations newspapers take part in both trials, considering the
fact that this could once be a way and technical method of distributing newspapers.
News is the central feature for editors in teletext and viewdata
(videotext and bildschirmtext), news about everything. New pages
and new ideas can be tried out every day. The only constraints are
editorial imagination and the equipment needed for inputting. The
text on the TV screen offers instant information. That demands
special efforts from the editor. The latest news headlines and
sports results appear in 'Videotext' and 'Bildschirmtext' before
they are broadcasted in normal television. The viewer gets the
information he wants when he wants it, a "push-button information
service".

Bildschirmtext will have its start in the whole Federal Republic of
Germany at the end of 1983. Even though a start-up date for a full
videotext/teletext service is still open, it is quite evident that
the fast information provision possibilities will be useful
in many fields and create a new type of news journalist.

Das Tätigkeitsfeld eines Medienkaufmanns

Helmut Thoma
Frankfurt

Der Kaufmann in den Print-Medien - eine unabdingbare und jahrzehntelang gewach-
sene Position.
Der Kaufmann in den elektronischen Medien - durch die öffentlich-rechtliche Struktur und die bis vor ganz kurzer Zeit üppig fliessenden Finanzquellen ein Fremd-
körper.

Wie stark diese Unterbewertung der kaufmännischen Funktionen ist, stellte ich auch
fest, als ich bei den Vorbereitungen zu diesem Vortrag versuchte, Material über die
bestehenden kaufmännischen Positionen in den Rundfunkanstalten zusammenzutragen.
Der Begriff "Kaufmann", oder auch damit zusammenhängende Begriffe wie "Wirtschaft,
Ankauf, Verkauf " etc. tauchen in den Rundfunkgesetzen und auch in den Organi-
sationsplänen der deutschsprachigen Rundfunkanstalten gar nicht oder zumindest
sehr vereinzelt auf. Die einzige Rundfunkanstalt im deutschsprachigen Raum, die den
Begriff "Kaufmann" in ihrem Gesetz überhaupt kennt, ist der Österreichische Rundfunk, der über eine kaufmännische Direktion verfügt.

Es ist überhaupt ein Phänomen, wie wenig Literatur oder Analysen über die wirtschaftlichen Grundlagen der Rundfunkanstalten vorliegt. In einem vor kurzem veröffentlichten Aufsatz von Professor Günter Sieben, Universität Köln, (Media-Perspek-
tiven 2/82) findet sich ebenfalls die Feststellung, dass sich die Betriebswirtschafts-
lehre mit den Rundfunkanstalten kaum oder besser gesagt überhaupt nicht auseinan-
dergesetzt hat. Erst in der letzten Zeit, vornehmlich durch die Diskussion über die
Gebührenfrage, wurden wirtschaftliche Probleme im Hörfunk und Fernsehen überhaupt bewusst gemacht und näher untersucht. Diese Situation ist auch deshalb bemerkenswert, da nicht nur die Print-Medien, in denen - wie eingangs bemerkt - die
Kaufleute eine wesentliche und fundamentale Rolle spielen, sondern beispielsweise
die Produktionsunternehmen im Filmbereich ohne den Kaufmann undenkbar wären.

Dass die Rundfunkanstalten bis heute ohne eine entsprechende kaufmännische Be-
trachtungsweise leben konnten, spricht für die aussergewöhnliche Entwicklung dieser
Medien in den letzten Jahrzehnten. Durch die ständig zunehmenden Teilnehmerzahlen,
vornehmlich im Fernsehen, und damit wachsende Gebühreneinnahmen, aber auch

durch die Monopolsituation im Werbebereich bestand für die meisten Rundfunkanstalten nicht die Notwendigkeit einer genauen kaufmännischen Kalkulation, sondern eher das Problem, wie man die üppig fliessenden Finanzmittel unterbringen konnte. Es würde den Rahmen dieses Vortrags sprengen, diese Situation genau zu analysieren. Aber jedenfalls kann man festhalten, dass die Finanzmittel hauptsächlich zu einer enormen Aufstockung des Personalbestands sowie für Bauten und Technik verwendet wurden; am wenigsten eigentlich für den Bereich, der die wesentliche Aufgabe der Rundfunkanstalten ausmacht, nämlich das Programm. Dies ist allerdings kein Phänomen, das allein auf den deutschsprachigen Raum beschränkt ist, sondern man findet eine ähnliche Entwicklung fast in allen Ländern, die die Organisationsform des öffentlich-rechtlichen Rundfunks mit Monopol-Charakter gewählt haben.

Die generelle Geringschätzung der kaufmännischen Funktion spiegelt sich auch in der personellen Besetzung leitender Funktionen wieder. Kaufmännisch geschulte Manager sind in der Ebene der Intendanz nicht aufzufinden, aber auch im Direktorenbereich stellen sie eine Ausnahme dar. Dass dies im Rahmen der deutschen Volkswirtschaft bei Unternehmen, die - wie z.B. das ZDF - über einen Jahresetat von über 1,2 Mrd. DM verfügen und über 3.000 Mitarbeiter haben, eine Ausnahmeerscheinung darstellt, versteht sich von selbst.

Man kann daher zusammenfassend zu der bestehenden Situation in der Bundesrepublik Deutschland sagen, dass gerade im kaufmännischen Bereich durch die Entwicklungen der Telekommunikation sowohl für die bestehenden elektronischen Medien, aber natürlich auch für neu entstehende Unternehmen auf diesem Gebiet - wie kommerzielle Hörfunk- und Fernsehstationen, Kabelanbieter, Pay TV, aber auch Video-Platten-Anbieter - weitgespannte Möglichkeiten entstehen werden.

Was sind nun die hauptsächlichsten Aufgabengebiete des Kaufmanns in den elektronischen Medien?

Nun, da kann man im wesentlichen 3 Tätigkeitsfelder unterscheiden:

1. die Programmbeschaffung
   - Herstellung von Programmen und Ankauf von Fremdprogrammen
     sowie Co-Produktionen

2. die Programmverwertung
   - Verkauf und Verleih von Produktionen und Rechten

3. die Verwertung der Sendezeit
   - die Akquisition von Werbekunden, Verkaufsmarketing, Festsetzung der Tarife

1. Die Programmbeschaffung

Im Bereich der Programmbeschaffung bestehen auch heute schon in den öffentlich-rechtlichen Rundfunkanstalten Ansätze einer kaufmännischen Gestaltung,
ohne dass die Bedeutung so gross ist, wie sie tatsächlich sein sollte. Dabei stellt
sich sowohl für die bestehenden Rundfunkanstalten als auch für jeden neuen Programmveranstalter dieser Bereich als das in der Zukunft wohl gravierendste Problem dar. In allen Aussagen über die zukünftigen Kostenentwicklungen wird man
immer wieder feststellen, dass gerade die Kosten für die Programmherstellung
und -beschaffung als ein überproportional ansteigender Bereich angesehen werden.
Die Ursache ist dabei sehr klar. Bis heute war nämlich durch die Monopolsituation der öffentlich-rechtlichen Rundfunkanstalten auch der Bereich "Programm-
kosten" dem freien Wettbewerb entzogen. Für einen Programmanbieter, der beispielsweise einen Spielfilm in der Bundesrepublik Deutschland angeboten hat, bestand eben nur die Möglichkeit, die Fernsehverwertung bei ARD oder ZDF vorzunehmen, wobei vernünftigerweise die Konkurrenz dieser beiden Systeme nicht
so weit ging, dass man gegenseitig die Preise zu stark angehoben hätte.

Die Preisentwicklung für die Ausstrahlung eines durchschnittlichen Spielfilms
durch die ARD war daher ziemlich gemässigt. Wurden 1968 DM 90.000,- bezahlt,
so waren es 1978 DM 126.000,-- und auch heute liegt der Betrag nicht wesentlich
höher. Vergleicht man diese Preise mit jenen, die in den Vereinigten Staaten bezahlt werden, so sieht man, dass allein durch die Konkurrenz, die dort besteht,
schon 1974 Rekordpreise - allerdings für einzelne Filme - gezahlt wurden. So beispielsweise 1974 von NBC für eine Ausstrahlung von " *Vom Winde verweht* "
5 Mio Dollar. Dies ist sicher ein aussergewöhnlicher Preis für einen aussergewöhn-
lichen Film, aber zeigt Entwicklungstendenzen. Dabei ist noch zu bemerken, dass
" *Vom Winde verweht* " im Jahre 1978 von CBS - allerdings für 20 Jahre - um
35 Mio Dollar neu gekauft wurde.

Auch in der Bundesrepublik wird man sich darauf einrichten müssen, dass sich
die Preise für Spielfilme beschleunigt nach oben entwickeln, vor allem dann, wenn
es für den Anbieter möglich ist, die Rechte in Form einer Video-Kassette oder
einer Bildplatte zu vermarkten.

Derartige Möglichkeiten bestünden auch im Bereich von Sportveranstaltungen -
z.B. bei der Fussball-Weltmeisterschaft. Es wäre kaufmännisch sicher vernünftig
gewesen, wenn die Rundfunkanstalten neben den reinen Fernsehrechten auch
noch alle Nebenrechte, wie z.B. die Rechte zur Werbung an den Banden, das
Merchandising - z.B. Vermarktung des Maskottchens -, etc. übernommen hätten.
Durch die Ausnutzung dieser zusätzlichen Rechte wäre es möglich gewesen, für

die Übertragungsrechte günstigere Konditionen zu erreichen. Tatsächlich ist inzwischen dieser Bereich von unabhängigen Agenturen übernommen worden, die höhere Beträge für diese Nebenrechte bezahlen als die Rundfunkanstalten derzeit noch für die Fernsehrechte. Es zeichnet sich allerdings ab, dass auch diese Fernsehrechte sprunghaft teurer werden, ohne dass die Möglichkeit eines Ausgleichs über Verkaufserlöse aus Nebenrechten vorhanden ist.

Als weiteres Beispiel für die Kostensituation und ihre Entwicklungstendenzen sei noch darauf verwiesen, dass beispielsweise ARD und ZDF dem deutschen Fussballbund für die Übertragung der Bundesliga-Spiele im Jahr rund 7 Mio DM bezahlen. Die amerikanischen Networks haben in den letzten Wochen mit der American Football League, die an Attraktivität dem deutschen Fussball vergleichbar ist, einen 5-Jahres-Vertrag abgeschlossen, wobei sie sich verpflichtet haben, für die Übertragung der Spiele 2 Mrd Dollar zu bezahlen, also umgerechnet 1 Mrd DM pro Jahr.

Die Rundfunkanstalten sind durch diesen sich abzeichnenden Preiswettkampf sicher in einer sehr ungünstigen Lage, da vornehmlich durch die hohen Personalkosten das Programm eigentlich der einzige Bereich ist, in dem gespart werden könnte. Dabei gibt es nach dem KEF-Bericht (Kommission für die Ermittlung des Finanzbedarfs der Rundfunkanstalten) schon 3 kleine ARD-Anstalten, die durch ihre Einnahmen gerade ihr Personal bezahlen können. Es kann daher durchaus vom wirtschaftlichen Gesichtspunkt her eines Tages zu der Situation kommen, dass die Rundfunkanstalten nurmehr in der Lage sind, ihre Verwaltung direkt zu senden !

Die Rundfunkanstalt, die meiner Meinung nach dieses Problemfeld am besten erkannt hat und zu reagieren versucht, ist das ZDF, das durch die Einrichtung eines Bereichs in der Fernseh-Programmdirektion, der auf die Zusammenarbeit mit anderen Medien ausgerichtet ist, das Problem in den Griff bekommen möchte. Dies scheint auch die einzige kaufmännische Möglichkeit zu sein, nämlich dem Programmanbieter von vornherein nicht nur eng begrenzte Fernsehrechte, sondern auch weitere Verwertungsrechte zu selbstverständlich höheren Preisen abzukaufen, die dann gemeinsam mit Dritten weiterverwertet werden können.

1.1. Herstellung von Programmen
Ankauf von Fremdprogrammen

Hinsichtlich der Herstellung von Programmen tritt ein fast gleichartiges Problem auf. Hier sind schon heute die Kosten durch die überproportional hohen Personalaufwendungen in den Rundfunkanstalten sehr hoch. Die Herstellung wird sich jedoch weiter verteuern, da beispielsweise bei den Rechten, aber auch bei den Darstellern, der unangenehm scharfe Wind der Konkurrenz durch die Ritzen pfeifen wird. Für neu auf den Markt kommende Medienunternehmen, die zwar das Problem der hohen Personalkosten nicht haben, stellt sich die Ankaufproblematik dennoch in genauso scharfer Form dar. Dies deshalb, da diese - zumindest in der Anfangsphase - nicht über die ausreichenden Ressourcen verfügen, um einen Preiswettkampf mit den bestehenden Unternehmen voll mittragen zu können. Sie müssen nämlich einerseits ein attraktives Programm machen, um Zuhörer an sich zu binden, haben aber andererseits noch keinen Nachweis gegenüber der werbungtreibenden Industrie, der entsprechende Preise für den Verkauf der Werbezeit erlauben würde.

Diese wirtschaftlichen Zwänge werden meines Erachtens dazu führen, dass sowohl in den Rundfunkanstalten als auch bei den neuen Medien Kaufleute in den Herstellungsprozess jeder einzelnen Produktion in einer Form integriert werden, wie dies in der Industrie für den sog. Product-Manager gilt. Es wird daher notwendig sein, unter voller Beachtung der Standards der Programminhalte und der künstlerischen Verantwortung zumindest für jede grössere Produktion einen kaufmännisch Verantwortlichen zu benennen, der gegenüber der Unternehmensleitung oder Intendanz für das jeweilige Produkt (Programm) die kaufmännische, aber auch die technische und - last not least - künstlerische Verantwortung zu tragen hat.

Eine derartige Funktion findet man in Amerika in der Gestalt des sog. Unit-Managers bereits vor.

Wenn man die gegenwärtige Organisationsstruktur der Rundfunkanstalten ansieht, die doch sehr von der staatlichen Verwaltung inspiriert ist, kann man allerdings auch die Schwierigkeiten ermessen, die einer derartig dreidimensionalen Organisationsform, die über mehrere Direktionsbereiche greifen muss, entgegenstehen.

1.2. Co-Produktionen

Schliesslich soll noch auf den Bereich der Co-Produktionen, vornehmlich im
internationalen Bereich,verwiesen werden. Auch hier stellt sich ein weites
Feld für eine kaufmännische Kalkulation und Kostenentlastung bei der Herstellung dar. Wenn man die gegenwärtige Situation betrachtet, so ist es
nämlich frappierend, dass im europäischen Bereich - wenn man von der
Sondersituation Grossbritanniens absieht - die Produktionen für das Fernsehen hauptsächlich für den nationalen Gebrauch - und dabei auch wieder
für ausschliessliche Verwendung im Fernsehen - hergestellt werden. Dies
scheint mir eine Verschwendung von Mitteln zu sein, da es wirklich zu
teuer ist, heute Produktionen herzustellen, die nur einige Male im nationalen Fernsehen gesendet werden und dann im Archiv verschwinden. Um eine
Produktion aber auch auf dem internationalen Markt verwerten zu können,
muss diese wirklich von vornherein für den internationalen Markt angelegt
sein. Am besten erscheint es, dabei gleich für die Herstellung der Produktion Partner in mehreren Ländern zu finden, die sich an den Kosten der
Produktion beteiligen.

Das Anforderungsprofil eines Kaufmanns in diesem Bereich wird jedenfalls
sehr weit gespannt sein. Ich glaube, dass es unbedingt notwendig ist, neben
einer soliden kaufmännischen Grundausbildung auch ein Verständnis für die
künstlerischen Belange, eine Grundkenntnis der technischen Voraussetzungen und die Anpassungsfähigkeit an primär künstlerisch orientierte Mitarbeiter zu erwerben. Daneben ist noch eine sehr internationale Ausrichtung
notwendig, nämlich die Kenntnis der internationalen Marktsituation, Sprach-
kenntnisse und Einfühlungsvermögen.

Wie man zu diesen Kenntnissen kommt ?
Nun, zum Unterschied zur Situation in den Vereinigten Staaten gibt es faktisch keine Schule oder universitäre Ausbildungslehrgänge, die zu diesem
breiten Kenntnisstand verhelfen. Ich glaube aber, dass eine kaufmännische
Grundausbildung sowie eine praktische kaufmännische Tätigkeit in einem
Markenartikel-Unternehmen - z.B. als Product-Manager -, selbstverständlich verbunden mit einer gewissen Einarbeitungszeit, auch für diese Tätigkeit ausreichen sollte. Sicher wird es in Zukunft auch universitäre Ausbildungslehrgänge für Rundfunk-Kaufleute geben.

Bis allerdings die Situation erreicht wird, wie wir sie in den Vereinigten
Staaten auf dem Ausbildungs-Sektor finden, wird bestimmt noch viel Zeit
vergehen. Es gibt in den USA nämlich sowohl die Broadcasting Education

Association (BEA) als auch mehr als 200 Schulen und Colleges, die spezialisierte Ausbildung für Radio und Fernsehen anbieten. Hierbei werden sowohl auf dem Niveau der Universität 4-Jahres-Kurse angeboten, als auch auf einem College-Niveau 2-Jahres-Kurse. Die Universitäten und Colleges verfügen in den meisten Fällen über eigene Rundfunk- und Fernsehstationen, so dass eine sehr praxisnahe Ausbildung gewährleistet ist.

2. Die Programmverwertung

Für dieses Tätigkeitsfeld des Medienkaufmanns gilt im wesentlichen das bereits oben Ausgeführte, wobei hier eine noch stärkere internationale Orientierung wünschenswert wäre. Zusätzlich ist in diesem Bereich auch eine Kenntnis der juristischen Problemfelder, insbesondere der urheberrechtlichen und leistungsschutzrechtlichen Begriffe erforderlich. Möglichst sollte auch eine Kenntnis der nationalen Besonderheiten und eine stark verkaufsorientierte Anlage vorhanden sein.

3. Die Verwertung der Sendezeit

Ein völlig anderes Tätigkeitsfeld finden wir im dritten Bereich, nämlich die Verwertung der Sendezeit. Zum Unterschied von fast allen anderen Medien werden kommerzielle Rundfunkunternehmen in der Zukunft ausschliesslich vom Verkauf der Sendezeit, also von der Werbung, leben müssen. Dieser Bereich stellt daher für kommerzielle Rundfunkunternehmer die Grundlage ihrer Existenz dar. Aber auch für die bestehenden Rundfunkanstalten stellen die Werbeeinnahmen einen unverzichtbaren Bestandteil ihrer finanziellen Grundlagen dar. Immerhin wird beispielsweise das ZDF heute zu fast 45 % aus Werbeeinnahmen finanziert und die Werbeeinnahmen einzelner ARD-Rundfunkanstalten erreichen ebenfalls dieses Ausmass.

In diesem Bereich liegen auch für die elektronischen Medien noch grosse ungenutzte Finanzierungsmittel. In der Bundesrepublik Deutschland werden derzeit für die sog. klassischen Medien - also Zeitungen, Publikumszeitschriften, Fachzeitschriften, sowie Hörfunk und Fernsehen - 8,3 Mrd DM Werbung investiert. Dabei entfielen auf die Hörfunk- und Fernsehwerbung im Jahre 1981 rund 2 Mrd DM, während im Vergleich hierzu die Publikumszeitschriften rd. 3,6 Mrd DM auf sich zogen. Der Rest entfällt auf Fachzeitschriften und Zeitungen.

Betrachtet man die Werbeaufwendungen in den Vereinigten Staaten, so ist festzustellen, dass in absoluten Zahlen die amerikanischen Werbeaufwendungen 10 Mal grösser sind als die deutschen - in % vom Brutto-Sozialprodukt wird in den Vereinigten Staaten 3 Mal so viel für Werbung ausgegeben wie in der Bundesrepublik Deutschland: 1977 USA 2,3 %, BRD 0,75 %.

Pro Kopf der Bevölkerung sind die US-Werbeaufwendungen ebenfalls fast 3 Mal grösser als die der Bundesrepublik Deutschland: 1977 USA 157 Dollar, BRD 49 Dollar.

Man sieht daran, dass eine Öffnung der elektronischen Medien und eine Vergrösserung der Werbemöglichkeiten zu einem erheblichen Anstieg der Werbeaufwendungen insgesamt führen wird. Immerhin können in den Vereinigten Staaten fast 800 Fernsehsender und über 7.000 kommerzielle Hörfunk-Stationen aus diesem Werbepotential leben, wobei daneben noch die Presse-Medien eine starke Stellung behaupten konnten, und vornehmlich auf dem Zeitschriften-Sektor in den letzten Jahren eine Reihe von erfolgreichen Neugründungen festzustellen sind.

Aus all dem ist zu ersehen, dass für in der Bundesrepublik Deutschland neu gegründete elektronische Medien eine erhebliche Finanzierungsmasse vorhanden ist, ohne dass die bestehenden Medien dadurch wesentliche Einbussen erleiden müssten.

Die bestehenden Rundfunkanstalten haben aufgrund ihrer Situation derzeit eine Monopolstellung, so dass sie überhaupt nicht oder nur in eingeschränktem Ausmass, dem Wettbewerbsdruck ausgesetzt sind. Die Werbetöchter der ARD und die Abteilung Werbefernsehen des ZDF werden heute kaufmännisch nicht gefordert, da der Bedarf nach Werbezeit im Fernsehen weit über das hinausgeht, was angeboten wird und auch im Hörfunk fast das gesamte zur Verfügung stehende Zeitpotential erfasst. Die Aufgabe der Kaufleute besteht daher heute hauptsächlich in der Zuteilung der einfliessenden Aufträge und in der Ablieferung der erzielten Überschüsse an die Anstalten, sowie in der Preisfestsetzung, die allerdings meist nicht nach Leistungsgesichtspunkten - also nach der Entwicklung der Hörer- oder Seherzahlen - erfolgt, sondern nach dem Finanzbedarf der Rundfunkanstalten.

Auch dieser paradiesische Zustand wird sich in Zukunft ändern. Es bedarf nämlich einer funktionsfähigen, sehr marketingorientierten Verkaufsmannschaft, um den besonderen Artikel "Sendezeit", den die Rundfunkanstalten anzubieten haben, den Kunden zu verkaufen. Diese Ware " Werbezeit " ist deshalb so besonders, da sie ohne jedes Lagerproblem täglich wieder zur Verfügung steht, aber - wenn der entsprechende Zeitabschnitt abgelaufen ist - eben auch die dafür vorgesehene Einnahme unwiederbringlich dahin ist. In etwa ist die Situation mit der von Fluglinien vergleichbar, für die ein nicht verkaufter Platz auf einem Flug zwar keine Mehrkosten verursacht, aber eben eine entgangene Einnahme darstellt.

Als weitere Besonderheit, die auch eine erhebliche Erschwerung darstellt, ist die Tatsache zu werten, dass nur eine bestimmte Menge an Sendezeit zur Verfügung steht, die nicht ausweitbar ist. Zum Unterschied von einer Zeitschrift kann eine erhöhte Nachfrage nach Werbezeit nicht durch das Anstückeln von Stunden erreicht werden, sondern es steht nur eine bestimmte Minutenanzahl während der Sendezeit zur Verfügung. Diese Minutenanzahl erreicht in der Hauptsendezeit - zwischen 17.00 und 22.00 Uhr - selbst in den Vereinigten Staaten maximal 9 Minuten pro Stunde.

Um nun Werbezeit zu verkaufen, wird es in Zukunft notwendig sein, die Verkaufsabteilung durch regional gesteuerte Verkaufsbüros mit verkaufsorientierten Repräsentanten auszubauen. Dabei werden die Kunden nicht nur hinsichtlich der angebotenen Sendezeit einen umfassenden Service erwarten - also den Nachweis der Reichweite in dem betreffenden Sendeabschnitt, der durch die Media-Analyse ermittelt wird, - sondern auch die genaue Ermittlung der Sendezeit, in der sich die vom Kunden anzusprechende Zielgruppe am besten erreichen lässt. Dies erfordert wieder den Aufbau von Service-Abteilungen, die über Computerausrechnungen derartige Zeiten ermitteln und auch Argumente für den Verkauf zur Verfügung stellen.

Es ist auch bezeichnend, dass eine derartige Organisation in der Bundesrepublik Deutschland für elektronische Medien nur durch das für den Verkauf der RTL-Werbefunkzeit zuständige Unternehmen eingerichtet wurde. Im Print-Bereich, also bei den Zeitschriften, besteht eine derartige Organisation selbstverständlich seit Jahrzehnten.

Hinsichtlich des Anforderungsprofils von Kaufleuten in diesem Bereich kann man auf jene, bereits in den Print-Medien entwickelte Grundlagen zurückgreifen. Danach werden vornehmlich Marketing- und werblich orientierte Kaufleute, die eine Ausbildung in einer Agentur oder bei einem Markenartikler erhalten haben, geeignet sein, diese Funktionen auszufüllen. Allerdings sollte man diese Kaufleute auch stark mit der Programmherstellung, zumindest von der Information her, verbinden, damit sie sich mit dem Umfeld, in dem die Werbespots gesendet werden, identifizieren und es gegenüber dem Kunden vertreten können.

Bei meinen Ausführungen habe ich mich auf kaufmännische Berufe im Rundfunk – Hörfunk und Fernsehen – beschränkt. Tatsächlich werden die dabei angesprochenen kaufmännischen Aufgabenbereiche im wesentlichen auch bei Veranstaltern von Kabelfernsehsendungen, Anbietern von Pay-TV-Programmen und Herstellern von Video-Kassetten und -Platten zu finden sein.

Der Überblick über die einzelnen Tätigkeitsfelder kann naturgemäss nur ein sehr summarischer sein. Man wird aber auch daraus ableiten können, dass kaufmännische Berufe bei einer Veränderung der Telekommunikations-Landschaft grosse Entwicklungschancen haben. Denn der dann einsetzende Wettbewerb wird nur durch eine kaufmännische Gestaltung dieses Bereichs durchzuhalten sein. Man darf nicht vergessen, dass auch Rundfunk und Fernsehen keine kultische Handlung ist, sondern eine Dienstleistung besonderer Art, die eigentlich genau wie jede andere den Gesetzen und Regeln der Marktwirtschaft unterliegen sollte.

Professions in the Electronic Media Market

Helmut Thoma
Frankfurt

The merchant in the print-media is well known to everybody, whereas
the merchant for electronic media still comprises a foreign element in
the German media situation because of the public law structure of the
broadcasting stations and the until recently abundantly flowing financial sources.

Which is the scope of a merchant active in the field of audio and
video broadcasting? Three kinds of activities may be distinguished:

1. Program acquisition

   Production and purchase of programs as well as co-productions

2. Program utilization

   Sale and lease of productions and copy rights

3. The utilization of transmission time

   Acquisition of advertising customers, sales marketing, establishment of fees.

Activities of the first kind have already started within the broadcasting institutions under public law. Since several years departments
have been established in the broadcasting institutions which deal with
economic questions of programming, mainly regarding the commercial
aspects. These departments, however, do not yet have the influence,
which they should have. Continuously increasing costs for the acquisition of programs will lead to an increasing influence of the merchant's position in the private broadcasting institutions as well as
in those under public law. In this respect not only the competition
among the broadcasters but also the competition with other demands -
for instance from the video and pay-TV domain - have to be considered.

As to the second area of activities a more than proportional increase
of costs for productions must be faced. Here, the assignment of the

media merchant will chiefly cover the exploitation of all financial sources especially by arranging co-productions in an extensive way. It will be necessary to nominate right from the beginning of large productions one responsible person - similar to the product manager in the manufacturing industry - who also cares for the possibility of later utilization and the supervision of the planned cost frame.

The requirement profile of the merchant for both areas should in addition to the usual education for the commercial field also contain an international component as to the knowledge of foreign languages as well as of specifically important foreign markets. Furthermore it is also necessary to have a basic knowledge of the technical process of broadcast production and an understanding for negotiations with creative people.

In the third area just as well the commercial activity covers a very large field, with special emphasis on the contacts to the advertising experts and agencies. For the media merchant these activities require a profound knowledge of the advertising branch, but also of the communication facilities and possibilities of the medium he represents.

In my paper I have confined myself to commercial professions in audio and video broadcasting. However, the commercial activities mentioned above are also to be found with managers of cable television programs, providers of pay-TV programs and producers of video cassettes and disks.

The survey on the different fields of activities can naturally only be a very simplified one. But it can be concluded from it, that with the changing telecommunications area the commercial professions have great chances of development. The beginning competition in this field can only be mastered by a commercial approach. It must not be forgotten, that radio and television, too, are no cultic happenings but a service of a special kind, which as every other service should be subject to the laws and principles of the market economy.

Berufschancen in Aus- und Weiterbildung mittels Telekommunikation und audiovisueller Medien

Klaus Haefner
Bremen

1. Wandel der informationellen Umwelt

Die rasche Entwicklung und breite Penetration von Telekommunikation und technischer Informationsverarbeitung stellen eine nie dagewesene Herausforderung an Bildung und Ausbildung dar. Während bis vor 30 Jahren der Mensch im wesentlichen allein alle informationsverarbeitenden Prozesse abgewickelt halt, übernimmt zunehmend der Computer einen Teil der Arbeit. In dieser Situation können sich Bildung und Ausbildung nicht mehr ausschließlich darauf stützen, daß der Mensch zur Informationsverarbeitung qualifiziert wird. Vielmehr ist es notwendig, ein angemessenes Verhältnis zwischen menschlicher und technischer Informationsverarbeitung zu entwickeln. Dieses grundsätzliche Problem steht über allen Überlegungen zur Wechselwirkung von Informationstechnik und Bildung (1).

Im Folgenden soll allerdings nur ein Teilaspekt dieses Problemkreises weiter behandelt werden, nämlich die Frage, welche neuen Berufsfelder sich bei Nutzung von Informationstechnik in Bildung und Ausbildung eröffnen und welche Aufgaben für Berufstätige in diesem Bereich entstehen. Dabei wird unterstellt, daß das Bildungswesen sowohl im öffentlichen Bereich als auch in der betrieblichen Bildung die Herausforderung der Informationstechnik annimmt - geschieht dies nicht, so ist erkennbar, daß es zu gravierenden Disproportionalitäten zwischen Bildungs- und Beschäftigungssystem und zu wirtschaftlichen Konsequenzen kommen wird.

Fragt man sich nach den Möglichkeiten neuer Berufsfelder in Bildung und Ausbildung, so muß man zunächst zur Kenntnis nehmen, daß sich das Umfeld, in dem Bildung und Ausbildung stattfinden - die "informationelle Umwelt" - in den letzten Jahrzehnten drastisch gewandelt hat (2). Wie drastisch sich diese Umwelt geändert hat, erkennt man, wenn man die Entwicklungen in den letzten 3000 Jahren betrachtet, in denen ja, ausgehend von der Antike, unser heutiges Konzept von Bildung und Ausbildung entstanden ist. Im Folgenden sollen sieben wichtige Bereiche etwas näher charakterisiert werden:

(1) <u>Verdoppelung der Information alle 5 Jahre.</u> Betrachtet man das Volumen der auf Datenträgern verfügbaren Information als Funktion der Zeit, so kann man heute feststellen, daß in der Antike das Gesamtvolumen der gespeicherten Zeichen ungefähr bei 10^8 lag. Über die Jahrhunderte ist dieses Volumen angestiegen auf einen Bestand von heute ca. 10^{16} bis 10^{17} Zeichen. D.h., die verfügbare Information ist um einen Faktor 10^8 angewachsen. Vielerlei Untersuchungen haben gezeigt, daß der Bestand an publizierter Information in den letzten Jahren alle drei bis fünf Jahre verdoppelt wird. Dies bedeutet, daß sich Bildung und Ausbildung orientieren müssen an einem sich ständig und rasch wandelnden Informationsbestand. Angesichts der Leistungsfähigkeit des menschlichen Gehirns ist daher festzustellen, daß nur ein <u>sehr</u> geringer Prozentsatz der insgesamt verfügbaren Information an den Menschen vermittelt werden kann. Er ist auf den Zugriff der auf Informationsträgern gespeicherten Information angewiesen.

(2) <u>Verdichtung der Speichermedien.</u> Parallel zum Anwachsen des Informationsbestandes können wir in der kulturellen Geschichte der Menschheit eine deutliche Verdichtung der Medien beobachten, auf denen Information gespeichert wird. Auf einer Tontafel brauchte man ungefähr 10^4 mm^3, um ein Zeichen abzulegen. In einem normalen Buch wird ein Zeichen auf ca. 1 mm^3 abgespeichert. Magnetische Speicher, wie sie heute in der Datenverarbeitung benutzt werden, brauchen ungefähr 10^{-4} mm^3 zur Speicherung eines Zeichens. Mit modernen optischen Speichermedien ist es möglich, ein Zeichen auf ca. 10^{-8} mm^3 unterzubringen. Dies bedeutet, daß die gesamte auf der Welt auf Datenträgern verfügbare Information in ca. 10^8 - 10^9 mm^3 oder ca. 1 m^3 untergebracht werden kann ! Daß heißt, daß der Mensch zunehmend große Informationsmengen dezentral bei sich verfügbar haben kann. Diese Tatsache hat gravierenden Einfluß auf das im menschlichen Gehirn zu speichernde Wissen.

(3) <u>Erhöhung der Verarbeitungsgeschwindigkeit.</u> Bis vor 30 Jahren war die Verarbeitung von Information im wesentlichen auf Gehirne und einfache Rechenmaschinen beschränkt. Betrachtet man "einfache" Informationsverarbeitung (z.B. Addition der 233.751 + 618.239) so kann man feststellen, daß das Gehirn für derartige Operationen einige 20 Sekunden braucht. Mechanische Rechenmaschinen haben die Addition im Bereich von einer Sekunde lösen können. Heutige Großrechner können eine solche Aufgabe in 10^{-6} Sekunden lösen, d.h. die Verarbeitungsgeschwindigkeit hat um den Faktor 10^8 zugenommen. Allerdings gibt es noch Gebiete (z.B. Mustererkennung), in denen der Mensch wesent-

lich schneller als das technische System ist.

(4) <u>Rasant steigende Datenübertragungsraten.</u> In allen menschlichen
Gesellschaften gibt es Kommunikation über größere Entfernungen. Betrachtet man die Datenübertragungsraten, die bis vor 200 Jahren üblich waren, so muß man festhalten, daß es sich damals im wesentlichen
um den materiellen Transport von Information mittels Boten gehandelt
hat. Die mit diesem Verfahren erreichbaren Datenübertragungsraten
lagen im Bereich von 1 bis 100 Zeichen pro Sekunde. Die Entdeckung
von Telefon, Fernsehübertragung und Glasfasertechnologie ermöglichte
einen drastischen Zuwachs der Informationsübertragungsraten. Moderne
Glasfaserkabelsysteme erlauben Übertragungsraten im Bereich von 10^{10}
Zeichen pro Sekunde. Dies bedeutet, daß die gesamte auf Medien ge-
speicherte Information von 10^{16} bis 10^{17} Zeichen im Bereich von 10^{6}
bis 10^{7} Sekunden (= einige Wochen!) übertragen werden kann. Hier wird
deutlich, daß sich der Zugang zur Information grundsätzlich gewandelt
hat: Während traditionelle Bildung darauf abzielte, Information im
menschlichen Gehirn verfügbar zu machen, weil der Zugang zu einer
entfernten Bibliothek außerordentlich schwierig war, werden wir in
Zukunft zunehmend einen unmittelbaren Zugriff zu Datenbanken haben,
die weiter vom Lernenden und Problemlösenden entfernt sein dürfen.

(5) <u>Der Kostenverfall.</u> Die Entwicklung technologischer Potenzen allein
wäre für das Verhältnis von Informationstechnik zu Bildung relativ
uninteressant, würde diese nicht von einem drastischen Kostenverfall
der informationstechnischen Systeme begleitet werden. Betrachten wir
als typisches Beispiel die Kosten, die für die Kopie eines Buches
entstehen, so können wir festhalten, daß diese in der Antike und im
Mittelalter bei einigen tausend D-Mark (82er Kaufkraft) pro Buch
lagen. Durch den Gutenberg'schen Druck sind die Kosten auf einige
hundert D-Mark pro Exemplar gesenkt worden. Ein Taschenbuch, auf der
Rotationspresse hergestellt, liegt heute bei Reproduktionskosten im
Bereich von 1 D-Mark. Nutzt man optische Massenspeicher (modifizierte
Bildplattentechnik) zur Reproduktion von alphanumerischen Zeichen-
ketten, so kann man ein Buch heute für die Kosten von 1 Pfennig re-
produzieren, d.h. wir beobachten hier einen Verfall um den Faktor
10^{6}. - Ähnliches ergibt sich für die Kostenentwicklungen in der Informationsverarbeitung: Die Aufgabe, 10^{6} Additionen durchzuführen,
kostete in der Antike und im Mittelalter (je nach Einschätzung der
Gehälter) im Bereich von einigen tausend D-Mark. Mechanische Rechner
haben diese Aufgabe für einige hundert D-Mark ausführen können. Auf
Großrechnern können derartige Arbeiten heute im Kostenbereich von
weniger als 1 D-Mark abgewickelt werden. Auch hier eine Kostende-

degression um den Faktor 10^3 bis 10^4.

(6) <u>Steigende Lernzeiten.</u> Was hat der Mensch bisher getan, um auf den
Wandel der informationellen Umwelt zu reagieren ? Im wesentlichen sind
die Lernzeiten stetig vergrößert worden. Gab es in der Antike und im
Mittelalter praktisch keine formale Bildung und gelang es dem damals
Gebildeten, in wenigen Jahren einen gewissen Einblick in den Stand
des Wissens zu bekommen, so liegen heute die Ausbildungszeiten in den
Industrie-Nationen bei 13, 15, 20 Jahren. Wir haben uns daran gewöhnt,
von permanenter Weiterbildung zu sprechen, d.h. wir gehen davon aus,
daß kein Mensch mehr in der Lage ist, in einem bestimmten Zeitabschnitt
seine Gesamtausbildung abzuschließen. Dies bedeutet, daß die Auseinandersetzung zwischen den Lernenden und Problemlösenden und der durch
die Informationstechnik gestalteten und sich verändernden informationellen Umwelt permanent stattfindet.

(7) <u>Übergabe menschlicher Informationsverarbeitung an die Informationstechnik.</u> Neben der Verlängerung der Lernzeit hat der Mensch in den Industrie-Nationen - aber zunehmend auch in den Entwicklungsländern -
einen schnell ansteigenden Anteil der insgesamt notwendigen Informationsverarbeitung an die Informationstechnik übertragen. D.h., bei
drastisch zunehmenden Gesamtanforderungen an Informationsverarbeitung
in einem Staatswesen werden zunehmend immer weniger Arbeiten vom Menschen selbst abgewickelt. Großrechnersysteme, Rechnernetze, Datenbanken, Informationssysteme und zunehmend dezentrale ("persönliche")
Computer übernehmen Informationsverarbeitung, die früher in menschlichen Gehirnen abgewickelt wurde.

Lehrer und Ausbilder müssen diesen Wandel zur Kenntnis nehmen und sie
müssen sich fragen, wie eigentlich Qualifikationen aussehen sollen,
die darauf hinzielen, in einem solchen Mischsystem zu arbeiten.

2. Aufgaben von Bildung und Ausbildung

Neue Berufe und Tätigkeitsfelder im Bildungssystem einer Informations-
gesellschaft entstehen aus einer Bewältigung der Herausforderungen.
Ohne hier den Versuch zu unternehmen, das "neue Bildungsziel" darzu-
stellen, sei auf einige wichtige Aspekte eingegangen, die die Basis
für die Arbeit neuer Berufe bilden (siehe auch (2)):

(1) <u>Entwicklung der Kommunikationsfähigkeit.</u> In einer mit Information
und Informationstechnik überlasteten Welt ist es Voraussetzung für
die qualifizierte Ausübung von Berufstätigkeiten und persönlichen

Tätigkeiten, daß der Mensch kommunikationsfähig ist. Bildung und Ausbildung müssen heute bereits die Kommunikationsfähigkeit mit anderen
Menschen, mit den traditionellen Institutionen, mit den Print-Medien
und mit den destributiven elektronischen Medien sichern. Dagegen ist
es zunehmend wichtig, daß die Kommunikationsfähigkeit mit den entstehenden interaktiven computergestützten Systemen entwickelt wird.
Lernen in diesem Bereich setzt voraus, daß der Lernende Zugang zu
derartigen Systemen hat. (Das Bildschirmtext-System der DBP, welches
ab Mitte der 80er Jahre in der Bundesrepublik verfügbar sein wird,
wird ein solcher Zugang für breite Volksschichten sein.)

(2) <u>Vermittlung von Handlungskompetenz.</u> Der Mensch muß lernen, im Umgang mit anderen Menschen zu handeln, er muß sich auf andere Menschen
einstellen und Entscheidungen treffen können. Der Lernende muß den
Umgang mit elektro-mechanischen Apparaten erlernen, die zunehmend
die unmittelbare materielle Umwelt des Menschen bestimmen (vom Star-
mix bis zur Drehbank). Als neue Herausforderung treten zu diesen
Forderungen an Handlungskompetenz die Anforderungen im Umgang mit
informatisierten Systemen (z.B. Informationssystemen, Datenbanken)
und im Umgang mit elektronischen Systemen, die bereits eine Programm-
struktur mitbringen (z.B. Roboter). Handlungskompetenz setzt voraus,
daß der Mensch in der Lage ist, diese Systeme soweit zu verstehen,
daß er über sie entscheiden kann und daß er sie in seinem Sinne beherrscht.

(3) <u>Vermittlung eines Weltbildes.</u> Bildung und Ausbildung müssen gerade in dieser Zeit eines Umbruchs von den traditionellen zu den elektronischen Medien einen Beitrag liefern, den Strom kultureller Information aus der Vergangenheit in die Zukunft aufrechtzuerhalten. Die
Vermittlung sozio-politischer Strukturen und die Einschätzung der eigenen Position in diesen Strukturen sind zunehmend von Bedeutung.
Angesichts der Prägung unserer Welt durch Naturwissenschaften und
Technik ist es notwendig, naturwissenschaftliche Erkenntnisse zu vermitteln. Der Mensch muß verstehen, wie er seine eigene Position in
der Gesellschaft bestimmt und welche Konsequenzen er daraus zu ziehen
hat. - Von zunehmender Bedeutung ist die Frage nach dem Verhältnis
von Mensch zu "intelligenter" Maschine. Was bedeutet es für einen
Facharbeiter, daß er plötzlich einer Maschine gegenübersteht, die
seine Arbeiten, die er mühsam gelernt hat, mit sehr viel höherer Prä-
zision und sehr viel größerer Ausdauer erledigt ? Das Bildungswesen
muß ein Konzept vermitteln für die Arbeit in einer automatisierten
Welt; es muß versuchen, sicherzustellen, daß stabile, menschliche
Persönlichkeiten möglich bleiben.

(4) <u>Berufsausbildung.</u> In der eigentlichen Berufsausbildung kommt es
darauf an, einen breiten Kanon an Grundlagenfakten und geeigneten Prozeduren (im kognitiven und im motorischen Bereich) zu vermitteln. Es
muß Aufgabe der Berufsausbildung sein, den Menschen in ein Berufsfeld
und in die relevanten Nachbardiszuplinen einzuarbeiten. - Angesichts
der intensiven Nutzung der Informationstechnik in allen wirtschaftlichen Bereichen ist das Training von Fähigkeiten und Fertigkeiten
im Umgang mit der informatisierten Maschine zunehmend von Bedeutung.
Der Lernende muß ein Verständnis von der Komplementarität von Mensch
und Maschine vermittelt bekommen.

(5) <u>Fort- und Weiterbildung.</u> Fort- und Weiterbildung müssen ständig
neue Informationsfelder für den Menschen erschließen. Dies kann zum
einen dadurch geschehen, daß diese Informationsfelder im personalen
Unterricht dargestellt und an den Menschen vermittelt werden. Es wird
aber zunehmend Systeme geben, in denen Fort- und Weiterbildung unmittelbar bei der Problemlösung erfolgen. Angesichts der Übernahme
vieler einfacher Prozeduren durch die Informationstechnik ist es notwendig, dem Lernenden und Problemlösenden neue prozedurale Qualifikationen aufbauend auf seinen vorhandenen zu vermitteln. Schließlich
aber - und dies erscheint zunehmend besonders wichtig - muß der Mensch
in Fort- und Weiterbildung einen Einblick bekommen in seine soziale
Orientierung in der Gesellschaft und Hinweise finden, wie seine persönliche Stellung zu gestalten ist.

Diese fünf Aspekte zeigen, daß die Bildungsaufgaben, in denen sich
neue Berufsfelder zu bewähren haben, nicht etwa nur gekennzeichnet
sind durch technische Anforderungen, sondern vielmehr durch ein hohes
Maß an sozialer und humaner Verantwortung. Die vor uns liegenden Aufgaben des öffentlichen und privaten Bildungssystems stellen höchste
Anforderungen in zweierlei Hinsicht: Erstens muß der im Bildungswesen
Tätige in der Lage sein, den Lernenden einen effektiven Zugang zu der
sich wandelnden informationellen Umwelt zu verschaffen. Zweitens hat
er die schwierige, aber außerordentlich wichtige Aufgabe, dem Menschen
eine Stütze in der Findung von Werten und Normen zu geben, die notwendig sind, um eine menschliche, stabile Persönlichkeit zu entfalten.

<u>3. Technische Potenzen für Lernen und Problemlösen</u>

Die traditionellen Berufsgruppen im Bildungswesen, Lehrer und Ausbilder, waren bis vor wenigen Jahrzehnten auf sehr einfache technische
Hilfsmittel im Umgang mit Information angewiesen. Tafel und Kreide

einerseits und das Buch andererseits waren die zentralen Mittel zur
Vermittlung von Wissen und Prozeduren. Auch der Lernende verarbeitete
Information im wesentlichen im Lesen und im Umgang mit Information
auf statischen Datenträgern. Heute bereits, aber zunehmend im nächsten
Jahrzehnt, werden Lernende, werden neue Berufsfelder in Bildung und
Ausbildung die Möglichkeit haben, auf eine Palette informationstechni-
scher Möglichkeiten zurückzugreifen. Der Lernende und Problemlösende
wird zunehmend außerhalb der Institution Bildungswesen mit modernen
Informationstechniken lernen.

Im Folgenden soll ein kurzer Überblick über die wichtigen technischen
Möglichkeiten gegeben werden, die für neue Berufsgruppen im Bildungswesen zur Verfügung stehen und zu gestalten sind (3):

(1) <u>Hardware.</u> Angesichts des Kostenverfalls kann der im Bildungsbereich Tätige zunehmend eine Reihe von Hardware-Komponenten nutzen:
Microprozessoren und Rechner gestatten die Implementation von Prozeduren; auditive und visuelle Speicher erlauben es, Information auch
in dieser Repräsentation unmittelbar dem Lernenden verfügbar zu machen; alphanumerische Speicher gestatten Textinformation sowohl zum
Lesen als auch zur Verarbeitung in einfachen Prozeduren unmittelbar
verfügbar zu machen; kleine und handliche Roboter erlauben im Bildungswesen auch motorische Prozesse in ihrer Steuerung und Abwicklung sehr
detailliert zu demonstrieren. - Dem Lernenden steht als Kommunikationsmittel ein Terminal (in der Regel in Form eines Bildschirmarbeits-
platzes) zur Verfügung. Daneben erlauben es Drucker und Lautsprecher,
Information auch in anderer Form aus Lehr- und Informationssystemen
zu entnehmen; spracherkennende Systeme werden es in Zukunft dem Lernenden erlauben, unmittelbar gesprochene Worte in Lehr- und Lernsysteme einzugeben.

(2) <u>Betriebssoftware.</u> Neue Berufsfelder in Aus- und Weiterbildung
werden intensiv an der Entwicklung und Nutzung von Dialogsystemen
arbeiten. Diese sind die Voraussetzung für eine geeignete Nutzung
der Hardware durch den Lernenden und Problemlösenden. Hier sind heute
Datenbanksysteme, Grafiksysteme und interaktive Programmiersprachen
weit verbreitet. Daneben gibt es eine Reihe von speziellen Systemen
für den computerunterstützten Unterricht, die sich an den Bedürfnissen der Erstellung von interaktiven Lernmaterialien orientieren.

(3) <u>Systeme.</u> Lernende und Problemlösende können zunehmend auf infor-
mationstechnische Systeme zugreifen, deren Gestaltung Aufgabe neuer
Berufsfelder sein wird. Hier sei beispielhaft verwiesen auf die Micro-
Computer ("persönliche" Computer), die Nano- (Taschen-)Computer und

die "intelligente Bildplatte" (Kombination von Bildplatte und Micro-
computer). Das Bildschirmtextsystem der Deutschen Bundespost wird mit
der Potenz der externen Rechner ein komplexes System darstellen, welches gestaltet und entwickelt werden muß. Die neue Welt des BIGFON
stellt ein mittelfristiges "Dach" dar für die telekommunikativen Systeme, die in Bildung und Ausbildung genutzt werden können. Computer-
aided-Design-Systeme bilden komplexe Mischungen aus Unterstützung des
Ingenieurs und Weiterbildungspotenzen.

4. Neue Berufsfelder

Akzeptiert man die in den vorangegangenen Kapiteln besprochenen Randbedingungen für Bildung und Ausbildung in einer Informationsgesell-
schaft, so ergeben sich z.Z. im wesentlichen drei große Tätigkeitsfelder, in denen neue Berufschancen im Bildungswesen erkennbar sind:
Dies ist zum einen die Heranführung von neuen Lehr- und Lernmaterialien, die moderne informationstechnische Systeme nutzen; zweitens
gibt es eine Berufschance für jene, die Materialien für interaktive
Systeme entwickeln wollen. Drittens besteht eine breite Herausforderung an die Strukturierung des schnell entstehenden Wissens.

Es ist z.Z. nicht leicht, diese Berufsfelder mit prägnanten Berufs-
namen zu belegen, dennoch sei im Folgenden der Ansatz versucht, drei
Berufe näher zu beschreiben, wobei offensichtlich ist, daß es Übergänge gibt.

(1) Der "Medien-Pädagoge". Dieses Berufsfeld umfaßt den Fachlehrer,
der sich in der Nutzung und im Einsatz von Medien im breitesten Sinne
des Wortes qualifiziert. Der Medien-Pädagoge ist ein Organisator von
Lernprozessen in einer technischen Lernlandschaft. Er ist damit in
der Regel der Betreiber eines Medienzentrums, entweder auf kleiner
oder auch auf großer Basis. Er muß vorhandene interaktive Lernange-
bote aufbereiten und verfügbar machen. In vielen Fällen wird er
nicht umhin können, vorhandene Courseware anzupassen und zu erweitern. Er ist derjenige, der die personale Lehre in den Institutionen
- oder auch zu Hause - ergänzt, erweitert, evtl. auch durch geeignete
Angebote substituiert.

Sein Arbeitsplatz findet sich in Schule und Betrieb. Überall dort,
wo es gilt, vorhandene Lehr- und Lernsysteme auf die Herausforderung
der Informationstechnik einzustellen, ist der Medien-Pädagoge notwendig. Er ist zu sehen als ein komplementäres Mitglied des Lehrkörpers,
der durch sein spezielles Wissen dem personal Lehrenden Unterstützung

und Hilfe leistet.

(2) <u>Der "Kurs-Autor"</u>. Die Entwicklung von Lehr- und Lernmaterialien
für moderne informationstechnische Systeme ist eine schwierige und
aufwendige Aufgabe. Hier gibt es eine breite Palette neuer Berufsmög-
lichkeiten. Der Kursautor muß ein Fachmann in einem Gebiet sein, er
muß in der Lage sein, interaktive Systeme (audiovisuelle und alphanumerische) geeignet zu gestalten und einsetzbar zu machen. Er ist
viel mehr als ein Lehrbuchautor, da er nicht nur die Information in
Form eines Angebotes gestalten muß, sondern auch die Reaktion des Lernenden zu bewerten und geeignete Antworten einzuplanen hat. Er ist
der Programmierer eines Kurses, d.h. derjenige, der einen Kurs letzt-
lich in einem informationstechnischen System zum Laufen bringt. Er
wird computerunterstützten Unterricht, audiovisuelle Medien und Informationssysteme gestalten und umgestalten müssen. In vielen Fällen
wird er Kurse, die er vorfindet, an vorgegebene Anforderungen an-
passen müssen.

Der Arbeitsplatz des Kursautors ist im Verlag, in Dachverbänden der
Organisation, im Großbetrieb, in spezialisierten Softwarehäusern und
in geeigneten Anstalten des öffentlichen Rechts zu suchen. Es wäre
z.B. durchaus denkbar, daß es in der Bundesrepublik "Anstalten für
interaktive Dienste" gibt, so wie wir Rundfunkanstalten haben. Auch
solche Anstalten könnten aus einer Grundgebühren-Erhebung finanziert
werden. Mit diesem Ansatz wäre es möglich, ein relativ breites Angebot an guten interaktiven Lehr- und Lernsystemen zu erstellen und der
Bevölkerung verfügbar zu machen. Hierdurch könnten sich breite Berufschancen öffnen, für Kursautoren sowohl als für die Lernenden.

(3) <u>Der "Wissensingenieur"</u>. Dieser Beruf fordert einen Fachmann in
einem speziellen Gebiet, der in der Lage ist, dort Kontexte, Begriffe,
Beziehungen und Sachverhalte zu analysieren. Er muß die Struktur des
Faches verstehen und in der Lage sein, sie auf Datenbanken und Informationssysteme abzubilden. Hierbei muß er Rücksicht nehmen auf den
Stand des Wissens einerseits und auf die Kommunikation zwischen Benutzer und Datenbank andererseits. Es muß ein Spezialist in künstli-
cher Intelligenz sein, die zunehmend einen Beitrag zur Organisation
von Wissen in den neuen computerisierten "Expertensystemen" liefert.
Natürlich muß es ein Software-Fachmann sein, der in der Lage ist,
auch in komplexen Informationssystemen Wissensgebiete abzuspeichern.

Sein Arbeitsplatz wird in Instituten, lexikalisch orientierten Verlagen, Datenbank-Anbietern und in der oben andiskutierten "Anstalt
für interaktive Dienste" zu sehen sein.

5. Quantitative Überlegungen zum Bedarf

In der Diskussion um neue Arbeitsplätze im Bereich der Informationstechnik ist es von großer Wichtigkeit, qualitative Prognosen mit quan-
titativen Überlegungen zu untermauern. Dies ist allerdings in der Bildung und Ausbildung besonders schwierig, da z.Z. nicht erkennbar ist,
inwieweit das Bildungswesen die Herausforderung der Informationstechnik wirklich aufnimmt und eine angemessene Berücksichtigung von Informationstechnik in Bildung und Ausbildung stattfinden wird. Bisher hat
das Bildungswesen die sich wandelnde informationelle Umwelt nur sehr
begrenzt zur Kenntnis genommen. Allerdings ist in jüngster Zeit erkennbar, daß mit Einführung des Faches Informatik in der Sekundarstufe II einerseits und mit der zunehmenden Zahl von informationstechnischen Systemen in Haushalten andererseits eine Berührung zwischen Bildung und Informationstechnik stattfindet. Auch in den Betrieben ist die zunehmende Verbreitung der Informationstechnik ein
Ansatzpunkt, über die Nutzung von interaktiven Medien in der Ausbildung erneut nachzudenken. Selbsterklärende Rechnersysteme und compu-
terunterstützter Unterricht sind Verfahren, die zunehmend an Interesse
gewinnen.

Akzeptiert man diese gemäßigt positive Einschätzung, so ist es möglich, gewisse Abschätzungen darüber vorzunehmen, wie der Bedarf sich
in den drei Berufsfeldern im nächsten Jahrzehnt entwickeln wird.

(1) _Stellen für "Medien-Pädagogen"._ Der Medien-Pädagoge hat - wie oben
angeführt - die Aufgabe, die personale Lehre durch die Bereitstellung
entsprechender medialer Lehrangebote zu erweitern, zu ergänzen und zu
verbessern. Das heißt, in Betrieben und Schulen substituiert er nicht
etwa den Lehrer, sondern er bietet neue und erweiterte Funktionen an.
Aus dieser Einschätzung heraus muß man davon ausgehen, daß auf eine
gewisse Zahl von Lehrern jeweils ein Medien-Pädagoge kommen sollte.
Geht man von der heutigen angespannten Finanzierungssituation im öffentlichen Bildungsbereich, aber auch in den Betrieben, aus, so kann
man wohl annehmen, daß eine Abschätzung von 1 Medien-Pädagoge auf
100 Lehrende und Ausbildende eine angemessene Relation ist. Akzeptiert
man diese, so würde dies bundesweit ein Potential von 10.000 Stellen
bedeuten. Von diesen ist bisher nur ein kleiner Prozentsatz besetzt.

Die Nutzung von Informationstechnik im Bildungswesen kann also hier
in der Tat eine signifikante Zahl neuer Stellen schaffen, vorausgesetzt, daß die Ziele des Bildungswesens die Herausforderung der Informationstechnik berücksichtigen und daß der persönlich Lehrende sich
stärker um affektive und persönlichkeitsorientierte Ziele bemüht,

während kognitive Fähigkeiten und Fertigkeiten auch im Dialog mit informationstechnischen Systemen erworben werden.

(2) <u>Bedarf für "Kurs-Autoren"</u>. Mikrocomputersysteme, das Bildschirmtext-System, Kabelsysteme und die mikrocomputerunterstützte Bildplatte erlauben es, eine breite Palette von neuen Kursangeboten zu entwickeln. Hierfür bedarf es einer angemessenen Zahl von Kursautoren.

Man kommt zu einer ersten Abschätzung der notwendigen Stellen, wenn man sich zunächst vergegenwärtigt, wieviel Stunden unterschiedlichen Unterrichts im öffentlichen Bildungswesen und in den Betrieben heute abgewickelt werden: Geht man einmal davon aus, daß die Schule und die darauf aufbauende Berufsausbildung über 13 Jahre in jeweils 40 Wochen mit 25 Stunden durchgeführt wird und unterstellt man, daß es mindestens zwei parallele Züge in der Schule gibt, so ergibt sich ein Volumen von insgesamt ca. 26.000 Stunden inhaltlich unterschiedlichen Unterrichts. Setzt man einmal an, daß 10 % des Unterrichts technisch unterstützt werden, so ergibt das 2.600 Stunden. Berücksichtigt man ferner den Erfahrungswert, daß die Erstellung von einer Stunde Dialog auf einem informationstechnischen System ca. 1.000 Arbeitsstunden kostet, so bedeutet dies, daß die Entwicklung von ca. 2.600 Stunden ca. 1.300 Stellen ergeben würde. - Führt man ähnliche Überlegungen für die Wirtschaft und die Betriebe durch, so ergeben sich hier weitere 650 Stellen, d.h., das Gesamtvolumen der hier in den nächsten Jahren möglichen Stellen für Kursautoren liegt im Bereich von 2.000.

(3) <u>Potenzen für den "Wissens-Ingenieur"</u>. Zu einer Abschätzung des Bedarfs an Wissens-Ingenieuren kommt man, wenn man sich fragt, wieviel abgrenzbare Gebiete des Wissens es gibt, die es zu strukturieren gilt. Geht man einmal von der Zahl der Fachinformationszentren aus, in der Bundesrepublik 16, und verdreifacht diese, so kann man wohl von einer Grundmenge von ca. 50 großen Feldern des Wissens der Welt ausgehen.

Erwartet man, daß in diesen Feldern in der Bundesrepublik jeweils mindestens ein bis zwei Teams arbeiten, um Begriffe abzugrenzen, Relationen aufzustellen und neu entstehende Information zu organisieren, so ergibt dies pro Feld mindestens ca. 10 Stellen. Insgesamt ergibt sich also ein Bedarf an Wissens-Ingenieuren in den nächsten Jahren von einigen 500 Stellen.

(4) <u>Ökonomische Abschätzungen</u>. Zu ähnlichen Werten für die Gesamtzahl der möglichen Stellen kommt man auch auf einem anderen Weg: Zur Zeit werden in der Bundesrepublick für Bildung und Ausbildung von den öffentlichen und betrieblichen Einrichtungen insgesamt jährlich ca. 100 Milliarden D-Mark aufgewandt. Geht man einmal davon aus, daß in

den nächsten Jahren nur   ein Volumen von 0,5 % dieses Betrages
für die Nutzung von moderner Informationstechnik eingesetzt wird, so
sind dies ca. 500 Mill. D-Mark. Dies entspricht bei heutigen Gehältern
für Lehrende und Ausbildende ca. 8 - 10.000 Positionen.

Ob sich diese Zahlen allerdings wirklich realisieren lassen, hängt -
wie bereits eingangs erwähnt - sehr davon ab, inwieweit das Bildungswesen in der Tat bereit ist, Informationstechnik zu integrieren. Bisher haben z.B. ökonomische Überlegungen im öffentlichen Bildungswesen
nur sehr begrenzt eine Rolle gespielt. Bildungsökonomie ist dort von
vielen nur als Ausgabenpolitik für öffentliche Mittel gesehen worden.
Insofern bleibt offen, ob ökonomisches Denken dazu führt, Informationstechnik wirklich zu nutzen. Die Diskussion über Lehrerarbeitslosigkeit
ergibt z.Z. ein Bild, in dem es gesellschaftlich und menschlich notwendig erscheint, daß ausgebildete Lehrer auch als personal Lehrende
in den Beruf kommen. Wenn diese Einstellung sich durchsetzt, so wird
in der Tat der personale Unterricht ausgebaut und das mediale Lernen
unterentwickelt bleiben. Es erscheint aber auch möglich, die heute
zunehmend arbeitslos werdenden Lehrer weiterzubilden und sie im Bereich der Nutzung von Informationstechnik für Bildung und Ausbildung
einzusetzen. Wenn dies von der öffentlichen Hand und den Betrieben
entsprechend vorangetrieben wird, so gibt es in der Tat neue Chancen
für neue Berufe in dem hier angedeuteten Rahmen.

6. Neue Studiengänge für neue Berufe

Die bisher angestellten Überlegungen zeigen, daß die Informationstechnik in Bildung und Ausbildung neue Berufschancen eröffnet. Diese
setzen jedoch auch geeignet qualifizierte Bewerber für diese Positionen voraus. Wie ist es nun um diese bestellt ?

Betrachtet man die heute an den Hochschulen vorhandenen Ausbildungsgänge, so muß man in der Bundesrepublik feststellen, daß wir für die
neuen Berufsfelder bisher praktisch nicht ausbilden:

Die Lehrerausbildung orientiert sich am personalen Unterricht, sowohl
im Grundstudium als auch im Praxisteil in der 2. Phase. - Die Infor-
matik-Studiengänge sind auf das Entwickeln von informationstechnischen
Systemen und der dazugehörigen Software angelegt; die Informatik versteht sich bisher nicht als Wissenschaft der Informationsverarbeitung
im Menschen und Computer, sondern sie hat ihr Arbeitsgebiet und den
Ausbildungsbereich eingeschränkt auf die Informationsverarbeitung in
technischen Systemen. - Epistomologie ist in der Bundesrepublik kein

Studienfach, d.h. eine systematische Beschäftigung mit Strukturen des
Wissens, der Generierung und Verarbeitung von Wissen, wird nicht angeboten. - Insbesondere existieren keine Aufbaustudiengänge für Berufsgruppen wie sie durch die Schlagworte "Medien-Pädagoge", "Kursautor"
oder "Wissens-Ingenieur" hier bezeichnet werden. Es erscheint deshalb
unabdingbar, neue Studiengänge zu schaffen, die diesen Mangel aus-
gleichen. Im Folgenden sollen zwei derartige Studiengänge exemplarisch
besprochen werden.

(1) <u>Aufbaustudiengang Medienintegration.</u> Das Studienangebot sollte
sich an Personen wenden, die als 2-Fach-Lehrer ausgebildet sind. Es
wäre wünschenswert, wenn diese Lehrer bereits praktische Erfahrung
im personalen Unterricht hätten. In einem 4-semestrigen Aufbaustudien-
gang sollten dann folgende Themen behandelt werden: Informatik (mit
einem Grundverständnis der elektronischen Datenverarbeitung und der
Programmierung), Kommunikationstheorie (im technischen Sinne und im
Sinne eines Verständnisses der Mensch-Mensch und der Mensch-Maschine-
Kommunikation), Medien-Pädagogik (als Theorie des Umgangs des Menschen mit den Medien), Gestaltung von Lernmaterialien (als praktische
Übung in der Entwicklung von audiovisuellen und interaktiven Kursen),
Struktur des Wissens (Einführung in Datenbankkonzepte und semantische
Netzwerke), Evaluation (Einführung in die Bewertung von Unterrichts-
geschehen) und kognitive Psychologie (Verständnis der Arbeitsweise
des menschlichen Gehirns auf der Basis eines informationstheoreti-
schen Modells). - Der Studiengang sollte zum einen Theorie, zum anderen aber auch intensiv konkrete Praxis vermitteln.

(2) <u>Grundständiger Studiengang Informationsgestaltung.</u> Das Ziel ist
ein Diplom bzw. - so die Kultusministerien dieses akzeptieren - ein
Staatsexamen. - Als Grundqualifikation ist in diesem Studium nur ein
wissenschaftliches Fach zu vermitteln. Aufbauend und ergänzend zu
diesem Fach sind folgende Inhalte anzubieten: Informatik und Nachrichtentechnik (Grundlage der elektronischen Datenverarbeitung in Rechnern
und in kommunikativen Netzwerken), Pädagogik (Grundlagen und Theorie
eines Verständnisses des Unterrichts und Lehrgeschehens), kognitive
Psychologie (Theorie und Praxis der menschlichen Informationsverarbeitung), Epistomologie (Theorie und Praxis der Organisation und
Strukturierung von Wissen), Gestaltungslehre (praktische und theoretische Überlegungen zur Gestaltung von Materialien und Mensch-Maschine-
Dialogen) und künstliche Intelligenz (Einführung in moderne Konzepte,
die es erlauben, komplexe Strukturen auf Rechnern und telekommunikativen Netzen zu implementieren).

Das Studium ist als 8-semestriges Studium an einer Hochschule zu organisieren, wobei ca. 2/3 des Zeitaufwandes für die eigentliche Fachqualifikation und gut 1/3 für die Ausbildung in den weiteren Bereichen
zu verwenden sind.

(3) <u>Beispiel Stanford University.</u> Vorschläge dieser Art erscheinen
z.Z. in der Bundesrepublik weit hergeholt. Dieses beruht nicht unwesentlich auf dem Mangel der Auseinandersetzung des Bildungswesens
mit der sich wandelnden informationellen Umwelt. In den USA, wo man
schneller und pragmatischer handelt, gibt es bereits derartige Curricula z.B. für Kursautoren. Im M.A.-Programm der Stanford-University
für "Interactive Educational Technology" (4) werden folgende Kurse
angeboten:

<u>Computer Science:</u> Systematics Programming, Introduction to Computer
Organization. - <u>Advanced Work in Computer Science:</u> Artificial Intelligence Programming, Fundamentals of Artificial Intelligence, Topics
in A I. - <u>Curriculum Design/Evaluation:</u> Introduction to Curriculum,
Curriculum Construction. - <u>Advanced Work in Curriculum:</u> Introduction
to Philosophy of Education, Alternative Models of Elementary Curriculum, Educational Connoisseurship and Criticism.- <u>Psychology and
Education:</u> Psychological Foundations of Education, Introduction to
Test Theory, Human Abilities, Cognitive Psychology of Education.

Außerdem müssen die Studenten "Advanced Courses", ein Seminar und
ein Projekt belegen. Im Projekt werden interaktive Lehrmaterialien
praktisch erstellt.

Die deutschen Universitäten müssen dringend prüfen, inwieweit sie
derartige Studiengänge anbieten wollen. Angesichts eines Bedarfs an
qualifizierten Kurs-Autoren zumindest in der Wirtschaft erscheint es
sinnvoll, in einer frühen Phase eine Kooperation zwischen Universitäten mit Informatik-Fachbereich und der Wirtschaft voranzutreiben.

7. Schrifttum

(1) <u>Haefner, K.:</u> Die neue Bildungskrise - Herausforderung der Informationstechnik. Birkhäuser, Basel 1982

<u>Dostal, W.:</u> Bildung und Beschäftigung im technischen Wandel.
Beitr. AB 65. Bundesanstalt für Arbeit 1982

<u>Committee on Science and Technology</u>, US House of Representatives:
Computers and the Learning Society. Washington 1978

(2) <u>Estabrook, L. (Ed.):</u> Labraries in Post-Industrial-Society.
Phoenix 1977

McHale, J.: The changing Information Environment: A Selective
Topography. In: The Conference Board (Ed.): Information Technology. Some Critical Implications for Decision Makers. New York 1972

(3) Forester, T. (Ed.): The Mikroelectronics Revolution. Oxford 1980

Painke, H.: Digital Technology - Status and Trends, München 1981

Kaiser, W. (Hsg.): Elektronische Textkommunikation. Berlin 1978

(4) Umdruck der "School of Education", Stanford University, Stanford,
California.

New Job Opportunities in Education Using Telecommunication and Electronic Information Processing

Klaus Haefner
Bremen

Summary

This paper gives an insight into professional opportunities in using telecommunication, electronic information processing and microcomputing in education. Considering the present situation and the coming technologies the following conclusions have been pointed out:

(1) The evolution of technical information processing and telecommunication have changed our informational environment heavily. Information available worldwide has increased up to some 10^{17} characters, density for storing information has gone down to some 10^{-8} mm^3, the speed of information processing is up to some 10^7 operations per second, glass fiber systems allow data transport with rates in the order of 10^{10} characters per second. All this comes along with drastical cost decreases in the last decades. We are expecting further changes of this type and no forces are seen which will limit this development of a drastical change of the informational environment.

(2) Education has to respond to the challenge of the information technology. The educational system has to draw conclusions for its organization and structure. Avoiding the adaption of education to the needs of the informational environment and the professional demands will lead to substantial decreases in productivity as well as in a breakdown of human selfrespect and in social stability.

(3) If the educational system is taking up the challenge of information technology, there are mainly three areas of new jobs which are important: (a) The media integrater, this is a profession in which people cooperate with traditional teachers in introducing media and particularly interactive systems into the educational process.
(b) Course authors, they have to develop software in new systems for education, particularly for interactive applications. (c) Knowledge engineers, this is a group of jobs bringing the progress made in artificial intelligence to the field of education, they have to design and to implement appropriate information systems.

(4) Considering the quantitative aspects, there is a chance for some 12.ooo new jobs in the Federal Republic. This number, however, anticipates that the educational system is considering information technology as an existing and important technique outside and inside education.

(5) It has to be realized that in Germany we have no appropriate curricula educating people for this new jobs: Teachers training is heavily focussed onto the personal situation in schools. Informatics training goes to machines but not to education. Thus, German universities are challenged to open up new educational programs, as for example the Stanford University has done with its curriculum for an M.A. program in "Interactive Educational Technology".

Neue Berufsbilder in Information und Dokumentation

Winfried Schmitz-Esser
Hamburg

Meine Damen und Herren,

die elektronische Dialogtechnik kann heute auf mehr als 20 Jahre einer
stürmischen Entwicklung zurückblicken, sie hat ihren Siegeszug über
die ganze Welt und quer durch alle möglichen Anwendungsgebiete angetreten.

Information und Dokumentation (I+D) gelten zwar nicht als ihre vorzüg-
lichsten Einsatzfelder, doch ist zweifellos seither auch hier Erstaun-
liches erreicht worden; die Ära der interkontinentalen Kommunikation
mit Rechnern hat auch in I+D längst begonnen. Über 100 Millionen
Fundstellen, von entfernten Punkten der Welt über Telekommunikation
greifbar, legen Zeugnis von einer atemraubenden Entwicklung ab. Nir-
gends aber noch sind elektronische Dialogsysteme wirklich perfekt.
Noch kann kein beliebiger Informationssucher mit einiger Aussicht auf
Erfolg ad hoc und einigermaßen problemlos über einen elektronischen
Auskunftsdialog die Informationen bekommen, die er haben will.

Beim Großteil des öffentlich zugänglichen Dialogwissens, das in über
1000 Datenbasen gespeichert ist, handelt es sich um bibliografisches
Wissen und nicht die gewünschte Originalliteratur, die man sich erst
noch besorgen muß. Wo Daten für Endnutzer geliefert werden, richten sich diese an eine kleine Schar eingeweihter Spezialisten. Der große Rest der Informationssucher aber muß sich für den Umgang mit
elektronischen Informationssystemen eines geschulten Vermittlers bedienen – des Dokumentars.

Eben dieser Dokumentar steht heute – und noch auf viele Jahre hinaus
– an der Nahtstelle zwischen einem rasch wachsenden, kaum mehr,
überschaubaren und technisch eben noch keineswegs perfekt angebotenen
Teil des Weltwissens einerseits und dem Informationssucher andererseits.

Die schwierige und zuweilen eher bemitleidenswerte Rolle des Informa-
tionsmittlers ist schon häufig dargestellt worden, so daß ich mich mit
wenigen Stichworten für die Hauptprobleme begnügen kann:

- Von der Angebotsseite her – (1) mangelnde Angebotstransparenz
  und Benutzerfreundlichkeit, (2) regellose Überschneidungen in den
  Wissensbeständen, die von unterschiedlichen Hosts angeboten
  werden, (3) Unterschiedlichkeit der Suchsprachen, Kommando-
  sprachen, Zutrittsprozeduren, (4) Unterschiedlichkeit der Er-
  schließungsregeln und der Erschließungspraxis, schließlich und
  alltäglich (5) immer wieder: die zermürbenden technischen Probleme bei der Kommunikation mit dem Rechner.

- Von der Endnutzerseite (Informationssucher) her – (1) mangelhafte oder fehlerhafte Kommunikation, (2) Transpositionsfehler, (3) psychologische und soziologische Hemmschwellen im gegenseitigen Umgang, (4) unzureichende Kenntnisse der Arbeitsbedingungen auf beiden Seiten, um nur das Wichtigste zu nennen.

Der Dokumentar als menschlicher "Trouble Shooter" für den Informationssucher? Wer wollte es leugnen, das ist die Realität. Eine andere ist die: Der Dokumentar als menschlicher Überbrücker der Unzulänglichkeiten technischer Systeme, die mit ihren zumeist nicht natürlichen Zugriffssprachen eigentlich nur eine Zwischenstufe der Entwicklung zu höher entwickelten, "intelligenten " Frage-/Antwortsystemen darstellen.

Dieses Referat befaßt sich mit den neuen Berufsbildern im Umkreis der Telekommunikation in I+D. Je nachdem wie weit man blickt, wird man Unterschiedliches entdecken, jedenfalls aus heutiger Sicht, (denn wie schnell die Entwicklung dann tatsächlich voranschreitet, steht auf einem anderen Blatt).

Ich will deshalb hier zunächst zwei Grundlinien der Technik und die damit verbundenen beruflichen Möglichkeiten verfolgen: Die eine, in der der Dokumentar noch als Mittler wirkt, die zweite, in der Endnutzersysteme bereits existieren. Zur Frage, wann sich die zweite Linie vor die erste drängt, läßt sich noch nichts Genaues sagen. Ich halte die zweite Hälfte der 80er Jahre für durchaus realistisch. Daneben gehe ich kurz auf Sonderentwicklungen im I+D-Bereich ein, wie den nicht-interaktiven Bildschirmtext und die Bildplattentechnik.

I. Neue Berufsbilder in den Mittlersystemen

In den "klassischen" Mittlersystemen kennen wir drei Funktionen der inhaltlichen Verarbeitung des Wissens:

- Die Bewertung, Auswahl und gegebenenfalls Kassation von Dokumenten (Bestandsverdichtung),

- die inhaltliche Erschließung oder Indexierung (Aussagenverdichtung),

- die Recherche (Informationsvermittlung).

(Die formale Erfassung von Dokumentenkriterien lasse ich hier einmal außer acht).

Alle drei Funktionen werden in der Regel von Dokumentaren wahrgenommmen, meist solitär, also getrennt voneinander (ein Grund übrigens für mangelnde kybernetische Leistungen unseres I+D-Betriebs), zuweilen aber auch nebeneinander oder in Funktionsperioden aufeinander abfolgend. Daneben werden Dokumentare als Systemkonstrukteure und insbesondere als Konstrukteure von Erschließungshilfen, wie Notationen, Klassifikationen und Thesauri eingesetzt.

Es gibt eine Reihe von Anzeichen und auch Untersuchungen, die besagen, daß sich Mittlersysteme in den nächsten Jahren der Zahl und dem Umfang nach weiter kräftig ausbreiten werden, ja daß die eigentliche Breitenausdehnung erst noch bevorsteht. Die Finanzmisere der öffentlichen Hände - und damit eines wesentlichen Teils der Veranstalter wie auch der Abnehmer - setzt in jüngster Zeit in allen großen Industrieländern unübersehbare Einschränkungen. Dennoch darf für Dokumentare heutigen Zuschnitts gelten: Ihre Berufsaussichten sind gut, mit Sicherheit besser als in den meisten anderen Wirtschaftszweigen.

Mit der einziehenden Vielfalt und auf einem breiteren Sockel im Angebot von I+D-Dienstleistungen kann man jetzt schon eine Reihe neuer spezieller Professionen emporsprießen sehen:

1. Der Informationsmakler

Die mangelnde Transparenz des Informationsmarktes und die Komplexität der meisten Angebote machen sich Informationsmakler (Information Brokers) zunutze. Sie spezialisieren sich ausschließlich auf die Recherche-Funktion der Dokumentare, üben diese jedoch über verschiedene in Frage kommende Systeme hinweg aus, oft unter Einbeziehung traditioneller Wege der Informationsbeschaffung.

2. Der Informationsaufbereiter

Die mangelnde Nutzernähe einzelner Systeme ruft nach Spezialisten, die in der Lage sind, Recherche-Ergebnisse, die aus unterschiedlichsten Informationssystemen bezogen werden, nach Art von Maßkonfektion individuell so aufbereiten, daß der Nutzer mit ihnen "etwas anfangen" kann. Auch dieses Geschäft wird von Informationsmaklern besorgt, aber es gibt doch schon Fälle, in denen solche Leistungen auch in den I+D-Stellen selbst erbracht werden.In einer Reihe von Fällen wird ein solches Konzept heute diskutiert.

3. Der Recherche-Journalist

Umgekehrt halten sich häufige Benutzer von I+D-Dienstleistungen, wie etwa Redaktionen, für die Recherchefunktion und für die Aufbereitungs-/Verdichtungsfunktion in zunehmendem Maße eigene Stäbe von Recher-

che-Journalisten oder auch Dokumentationsjournalisten, und zwar unabhängig davon, wie gut oder wie schlecht sie mit hauseigenen Informationssystemen bedient sind.

Daneben lassen sich neue oder bisher nur wenig bekannte Tätigkeitsfelder auf folgenden Gebieten ausmachen:

- Bei der Übertragung, Aufbereitung oder Umformatierung von
  Daten für Informationssysteme (z.B. beim Zuschnitt einer gegebenen Datenbasis auf einen anderen Hostrechner),

- bei der Eingangs- und Ausgangsqualitätskontrolle von Dokumenten (z.B. zur optischen Qualitätskontrolle für Mikrover-
  filmung),

- zur Verifizierung, Ergänzung und Aussonderung bestimmter
  angelieferter Daten (z.B. im Hinblick auf besondere rechtli-
  Íiche Erfordernisse wie Verwertungsrechte),

- zur ergänzenden Schaffung von Daten für sekundäre Systeme,
  wie Register, Newsletter u.a.m. (Beispiele: "Financial
  Times", "Le Monde"),

- zur Lieferung von Faksimile-Kopien der nachgewiesenen
  Primärliteratur (Literatur-Lieferdienste),

- zur Lieferung von Mikrofilmen, Microfiches, insbesondere
  COM oder anderen Ausdrucken,

- zur Überprüfung und Akquisition von Datenbasen,

- zur Akquisition von Kunden für gezielte Aussendung von
  Informationen nach Benutzerprofilen (SDI) und für Newsletters
  etc., sowie zur kaufmännischen Betreuung dieser Dienste,

- zur Einarbeitung und Schulung,

- bei der Beratung auf allen einschlägigen Feldern von I+D.

II. Berufsbilder in interaktiven Endnutzersystemen

Weiten wir nun den Blick und wenden wir uns den künftigen Endnutzersystemen zu, hier zunächst den Dialogsystemen! Hier kann als Grundsatz gelten, daß alle Dokumentarsfunktionen, die sich in irgendeiner
Form algorithmisieren lassen und damit auf einer Maschine ausgeführt
werden können, eines Tages für den Dokumentar entfallen werden – in
eben dem Maße, wie die "Intelligenz" des maschinellen Informationssystems zunimmt. Neue, wichtige Tätigkeitsfelder tun sich parallel zu
diesem Prozeß auf. Was sind dies für Entwicklungen?

Telekommunikation erlaubt Wissensübermittlung unabhängig von den Mechanismen der Herstellung und Verteilung von Druckerzeugnissen. Telekommunikation setzt sich über die mehr oder weniger kleinräumigen Einzugsbereiche der Verleger von Printprodukten hinweg – wie überhaupt über geografische Grenzen, innerhalb derer bisher Wissen allgemein übermittelt wird. Alleinige wirklich ernstzunehmende Grenze ist die Sprachbarriere, jedenfalls noch für eine geraume Zeit. Regionale Marktnischen für die Darbietung von Wissen im Rahmen inkompatibler Pluralität werden mit den Neuen Medien eingeebnet, Wissen findet einen ungleich größerenMarkt als bisher, und zwar – das ist abzusehen – Wissen in Form von Erstwissen (Primärdaten), während sekundäre Information in ihrer Bedeutung zurücktreten wird. Mit der Größe des Marktes wächst zugleich die Wahrscheinlichkeit, daß sich auch für ein sehr spezielles Anliegen eine genügend große Schar sehr spezieller Abnehmer findet. Der Markt der Zukunft wird also nicht nur größer, er wird auch zugleich weit spezieller.

1. Der Redakteur

Für die Menschen, die von Berufs wegen mit der Darstellung und intellektuellen Aufbereitung von Wissen für elektronische Informationsdienste befaßt sein werden, bedeutet dies: Auch sehr spezielle Wissensbereiche bekommen in den neuen Frage-/Antwortsystemen eine Chance, vorausgesetzt natürlich, daß dieses Wissen authentisch beherrscht und genügend angefordert wird.

Praktisch heißt das: Der Spezialist für – sagen wir – die Befreiungskriege oder das Filmwerk Buñuels braucht sich nicht mehr damit abzufinden, daß er "seinen" Stoff, wenn überhaupt, alle Jahre einmal "anbringen" kann, vielleicht aus aktuellem Anlaß oder zu mitternächtlicher Stunde und dann noch in der Regel stark gestrafft. In den elektronischen Datenbanken der Zukunft werden auch die Minoritäten immer und überall "Sendezeit" haben – will sagen: für den Zugriff bereitstehen, und die Darbietung kann ohne Rücksicht auf problemfremde Programmerwägungen erfolgen.

Wie sieht also der Redakteur solcher elektronischen Informationssysteme aus? Er darf es sich leisten, ein Spezialist zu sein, ja er wird sich nur behaupten, wenn er diesen seinen Spezialistenvorteil voll zur Geltung bringt, das heißt: Wenn er mit der Autorität des Autors spricht. Der Generalist hätte auf diesem kompetenten Niveau nichts mehr entgegenzusetzen.

Der Redakteur interaktiver Informationsdienstleistungen könnte und sollte (und warum sollte er nicht?) idealerweise der Fachautor selber sein. Er wäre ja über das interaktive Medium höchst effizient in der Lage, die gesamte mögliche Gemeinde seiner speziellen Interessenten anzusprechen.

Wer irgendeinmal als Fachredakteur geschrieben hat, wird aufatmen
und sagen: "Endlich! Wann kommen diese Zeiten? Wieviel durchaus
Zutreffendes fand sich doch in manchen meiner Manuskripte und mußte
sich – zuweilen bis zur Unkenntlichkeit entstellt – Argumenten der Programmacher, der Generalisten, beugen; Argumente, die schwer zu ent-
kräften waren, wie: 'Das liest doch keiner', 'viel zu ausführlich',
'paßt nicht in die Blattmischung', usw., usw.".

So gesehen könnte es scheinen, als brächen für den Spezialisten/Redak-
teur Zeiten unbegrenzter Entfaltung an. Es ist aber leicht zu erkennen,
daß er diese neue Freiheit mit anderen nicht weniger realen Beschränkungen erkauft, die andere Spezialisten setzen.

2. Der Marktforscher

Detaillierte, authentische Darstellung, intensiv aufbereitet für eine Fülle möglicher Fragestellungen – das kostet Geld. Dazu kommen die
laufenden Kosten der Aktualisierung für alle im System vorgehaltenen
Aussagen. Da ist es nur verständlich, wenn der Veranstalter des
elektronischen Informationsdienstes sichergehen will, daß die Aussagen,
die er vorhält, auch genügend nachgefragt werden. Also ruft er einen
Marktforscher.

Einen Marktforscher, der selbstverständlich sein Handwerk versteht,
das heißt: die Methode; aber zugleich auch einen, der die Sache, die
angeboten wird, genügend kennt; denn seine Aufgabe ist es ja heraus-
zubekommen, welche Fragestellungen im einzelnen "gehen" und welche
nicht. Ich meine hier wirklich einzelne Fragen, nicht, wie bisher
gang und gäbe, ganze Problemgebiete. Letzeres mag für die Absi-
cherung von Programmdarbietungen (Heft, Zeitung, Sendung) genügen,
da ja der Schreiber Art und Umfang unter Kontrolle hat. Für Frage-
/Antwortsysteme, die ganz vom Nutzer regiert werden, genügt das
nicht. Wir stoßen hier also auf berufliche Anforderungen, in denen
marktforscherische Methodik und gute Kenntnisse auf dem Fachgebiet
miteinander kombiniert sein müssen.

3. Der Pädagoge

Eine weitere Anforderung stellt der Benutzer des Informationssystems.
Er zahlt und darf verlangen, daß er sich lernend und dabei möglichst
unproblematisch mit dem Stoff bekanntmachen kann, den er sucht. Von
welcher Fragestellung und von welchem Wissensniveau er auch her-
kommt – immer muß ihm das Informationssystem als ein geschlossenes
Lernsystem entgegentreten, in dem alle Aussagen stimmig und im Sinne der hinter den Anfragen erscheinenden Lernziele einzeln miteinander
abgeglichen sind.

Aus diesem Grunde wird der Betreiber des Informationssystems zusätzlich nach einem Fachmann rufen, der sich in den Lernprozessen auskennt; einem Pädagogen also, der imstande ist, die einzelnen Wissensportionen so aufzubauen, daß mit dem Informationssystem ein Lerngebäude entsteht. Auch hier tritt uns Bedarf an Methodenwissen zusammen mit dem Fachwissen entgegen, das in der Datenbank angeboten wird.

4. Der Dokumentar im engeren Sinne

Wirksame Darstellung, Marktbezug, didaktischer Aufbau – all das genügt indes noch nicht für das wirklich brauchbare, interaktive Endnutzersystem. Wie in der klassischen I+D üblich, muß der Stoff des Systems inhaltlich so aufbereitet und strukturiert werden, daß er maschinell geordnet, gespeichert und wiederaufgefunden werden kann. (Die natürliche Sprache liefert nicht genügend Ordnungselemente für diesen Zweck.) Vielmehr ist ein Großteil der Kenntnisse aus der Methodik der Dokumentation vonnöten, insbesondere die Techniken der Notationen, Klassifikationen und Thesauri.

Auch hier zeichnet sich eine Kombination von Anforderungen ab. Methodenlehre allein genügt nicht. Ganz ausgezeichnete Fachkenntnisse sind vonnöten, um Erschließungswerkzeuge zu konstruieren, die der sehr hohen Intensität der Wissensverarbeitung entspricht, wie sie von Publikumssystemen auf Aussageebene gefordert wird. Hier wird also wiederum ein Spezialist gebraucht, der eine hochkarätige Kombination mitbringt von Methode und Fach.

Dieser Dokumentar sieht freilich anders aus als der uns heute geläufige, denn heute gilt in I+D ja noch weitgehend die Regel, daß für die laufende inhaltliche Erschließung Fachkenntnisse mittleren Niveaus oder gar bloße Einarbeitung in den Stoff ausreichen. Dabei wird der Bau des Erschließungswerkzeugs fast durchweg immer losgelöst vom Indexierungsvorgang betrieben, und meist nur hier auf der höchsten Ebene der Qualifikation. Wenn erst einmal allgemeine Informationssysteme für jede einzelne Aussage ihr ordnungsmäßiges Pendant finden müssen, wird sich diese heute schon nicht unangefochtene Praxis nicht länger halten können.

5. Der Sprachwissenschaftler

Schließlich kommt es in den modernen Endnutzersystemen darauf an, daß die sprachlichen Hürden im Umgang mit Suchsystemen, so wie wir sie heute noch allerorten finden, fortgeräumt werden. Brauchbare Dokumentationssprachen auf dem Niveau der Einzelaussage sehen zwangsläufig noch viel verwickelter aus als die Dokumentationssprachen heutiger Tage, die meist nur größere, gängige Komplexe bezeichnen. (Man denke an die Problematik der syntaktischen Indexierung!) Keinem Informationssucher ist dann wohl mehr zuzumuten, daß er sich in Kunstsprachenwerke einarbeitet. Möglicherweise ist dann schon ein Spezialist überfordert. Doch soll hier ja der Endnutzer selbst ans Terminal und das bedeutet: Sprachliche Kommunikation darf kein größeres Problem mehr darstellen.

Das ruft den Sprachwissenschaftler auf den Plan, den Linguisten. Er muß – entsprechend der alten Goethe'schen Regel – wenn schon nicht dem Volk, so doch seinem Benutzervölkchen "aufs Maul schauen", die gebräuchlichsten und wahrscheinlichsten Wendungen, die an den Gegenstand heranführen, in brauchbare linguistische Algorithmen umsetzen. Er muß sich um eine linguistisch einwandfreie Dialogführung kümmern und dabei mit dem Didakten und anderen Spezialisten eng zusammenarbeiten. Er muß also dem Benutzer gewissermaßen den sprachlichen Weg in den Wissensbestand der Bank ebnen.

Auch hier ist klar, daß allein linguistisches Methodenwissen nichts bewegt, sondern daß auch in diesem Fall ganz besonders solides fachliches Allgemeinwissen, ja intime Vertrautheit mit fach- und umgangssprachlichen Details vonnöten ist.

So ergeben sich für Konstruktion und Unterhalt der neuen Generation intelligenter Informationssysteme allein aus den inhaltsbezogenen Funktionen folgende fünf neue oder gewandelte Berufsbilder von <u>Informationsspezialisten</u>:

1. Redakteure zur kompetenten Darstellung

2. Marktforscher zur Absatzorientierung der Aussagen

3. Pädagogen zur didaktischen Anlage der Aussagen

4. Dokumentare im engeren Sinne zur Ordnung der Aussagen und des Wissensbestands

5. Sprachwissenschaftler als linguistische Wegbereiter.

Für alle fünf Gruppen ist die Verbindung von Methodenkenntnis und Fachwissen ein unbedingtes Erfordernis, also die Verbindung von Instrument und Stoff. Dabei ist durchaus denkbar, daß im einen oder anderen Falle die Beherrschung mehrerer Instrumente zugleich in der Person eines Fachmannes aufgebracht werden kann, zum Beispiel eines Redakteurs und Dokumentars oder eines Didakten und eines Sprachwissenschaftlers. Wenn ich übrigens Fachmann sagte, so soll das nicht etwa heißen, daß nicht auch Frauen diese Karriere ergreifen können. Ich sehe nämlich gerade in diesen neuen Berufsbildern für Frauen ebensogroße Chancen wie für Männer.

Instrumentalkenntnisse aus einer Reihe angrenzender Wissensbereiche mag für die eine oder andere Ausprägung neuer Informationssysteme besonders notwendig sein, wie z.B. der Psychologie, Soziologie.

Auf die Problematik der Sprachbarrieren im internationalen Feld kann ich an dieser Stelle nicht eingehen. Ich will hier nur zwei Dinge feststellen.

Erstens, daß bei Aufbau und Pflege von Endnutzersystemen unter den genannten neuen Berufen zumindest die Redakteure und Dokumentare noch über sehr gute Fremdsprachenkenntnisse verfügen müssen, und zwar zumindest in den Sprachen, die die wichtigsten Einzugsbereiche für das Wissen des Informationssystems repräsentieren.

Zweitens, daß endnutzerorientierte Aufbereitung auch in beschränkten Sprachräumen die Wissensverarbeitung in eben diesen Sprachen verlangt - angesichts der immer wieder heraufbeschworenen angelsächsischen Bedrohung ein für deutsche Informationsspezialisten vielleicht tröstlicher Aspekt.

6. Der Informatiker

Sind EDV-Kenntnisse für die inhaltliche Verarbeitung erforderlich?
Ich glaube nein, hielte aber Grundkenntnisse maschineller Informationsverarbeitung für nützlich. Jedenfalls muß die noch von den ersten Gehversuchen maschineller Informationsverarbeitung her bekannte Forderung nach Beherrschung von Programmiersprachen für überzogen gelten. Es würde genügen, wenn Redakteure, Marktforscher, Pädagogen, Dokumentare und Sprachwissenschaftler dem Informatiker jeweils die Regeln übergeben könnten, nach denen er Programme schreiben soll, und es würde genügen, wenn er gut zuhören könnte und seinem Gegenüber seinerseits verständlich machen kann, was er für Systemfazilitäten zur Lösung und Verbesserung zu bieten hat.

Ich weiß, daß dies bei den Informatikern - und ich spreche ja hier vor einer stattlichen Anzahl von ihnen - ein neues Verständnis voraussetzt, ein Verständnis, das in dieser doch so sehr von der Ratio bestimmten Zunft leicht Eingang finden müßte, das aber heute doch weitgehend fehlt und für das deshalb geworben werden muß. Ich will diese meine Chance vor Ihnen nutzen und mein Anliegen vortragen:
Nicht anders als alle am I+D-Prozeß Beteiligten müssen Sie, die Informatiker, begreifen, daß der Aufbau wirklich brauchbarer Frage-/ Antwortsysteme nur dann gelingen kann, wenn alle benötigten Talente erfolgreich zusammengespannt werden. Vom gegenwärtigen Stand- und Zeitpunkt aus betrachtet, kann das nur heißen: Informationssysteme weniger informatikbezogen als anwenderbezogen, weniger technik- als inhaltsorientiert aufbauen.

Es besteht gar kein Zweifel, daß die Informatiker zum Aufbau der neuen Systeme ebenso unentbehrlich sind wie die Vertreter der oben erwähnten Berufsbilder, denen die inhaltsbezogene Arbeit obliegt. Das gilt aber ebenso gut für die Integration anderer Tätigkeiten, etwa auf den Gebieten Telekommunikation, Audio- und Videotechnik, Reprografie, Zeichen- und Spracherkennung usw., dies alles je nach künftiger Ausstattung und Absicht der Informationssysteme.

7. Weitere Berufsbilder

Ich habe noch nicht gesprochen von den neuen Berufen oder auch neuen Ausprägungen von alten, die sich aus den Veränderungen der verlegerischen, kaufmännischen und organisatorischen Bedingungen ergeben, sowie aus dem Betrieb der Dienste und ihrer internen sowie öffentlichen Kontrolle. Dazu läßt sich pauschal wenig sagen, denn Genaues hängt von den Konstellationen ab, die sich entwickeln werden.

Ziemlich sicher ist, daß die verlegerische Funktion auf einen neuen Schwerpunkt hingedrängt wird; wieder mehr hin zu den Ideen, die vertreten werden, hin zu mehr Verantwortung für die Koordination der inhaltlichen Arbeiten, weg von material- und programmgebundenen Aspekten wie Papier, Druck, Transport, Sendezeit usw. Wichtig wird der Rechner, den man allerdings auch mieten kann und unübersehbar ist die Rolle, die teure und leistungsfähige Software (Suchsysteme) spielen werden. Werbung hat in ad-hoc-Auskunftssystemen wohl keinen Platz, es sei denn, sie käme als kompetente Produktinformation – vom Benutzer ausdrücklich verlangt – wieder herein. Die Carrier-Dienste einschließlich des Inkassos der Nutzungsgebühren besorgt nicht mehr das Verlagshaus sondern die Bundespost. Also wohl auch ein gewandeltes Berufsbild Verleger.

Man darf gespannt sein zu sehen, ob sich dieser Wandel aus dem herkömmlichen Verlagsgewerbe heraus vollzieht oder ob er sich daneben ganz neu entwickelt, wofür eine Menge spricht.

III. Neue Berufsbilder im Gefolge anderer Entwicklungslinien

In nicht interaktiven Bildschirmtextsystemen stellen sich eine Reihe von Anforderungsprofilen ähnlich dar wie in den künftigen interaktiven. Auch hier braucht man den Redakteur, den Marktforscher und den Pädagogen. In einer gewissen Funktion, nämlich zur Anlage und Pflege des Suchbaums und der daran angebundenen Findemittel auch den Dokumentar. Entbehrlich ist der Sprachwissenschaftler, denn intelligentes, sprachliches Eingehen auf beliebig formulierte Fragen findet dort nicht statt. Dafür aber verlangt die Aufmachung der Seiten zuweilen nicht unbeträchtliches grafisches Talent, vielleicht gerade soviel, daß es den Einsatz eines Grafikers rechtfertigt.

Hochgradig visuelles Vermögen, Erfahrung im Umgang mit stehenden und bewegten Bildern, einschließlich audiovisueller Techniken erfordert dagegen der Aufbau von Informationssystemen mit Hilfe der optischen Platte. Dies ist mit hohen Anforderungen an didaktisch geschickte Anordnung gepaart.

Darüber hinaus öffnen sich im Gefolge künftiger Breitbandkommunikation großartige Perspektiven für visuelle Berufe.

IV. Schluß

Meine Damen und Herren,
ich komme zum Schluß. Für eine Reihe von Entwicklungslinien in I+D habe ich versucht, neu aufkommende Berufsbilder aufzuzeigen. Dies konnte nur in aller Kürze geschehen, ohne Aussagen über Ausmaß und Impetus der Bewegung und ohne Ansehen von Details wie etwa nötig werdende Unterscheidungen nach Qualifikationsebenen. Dennoch hoffe ich, klargemacht zu haben:

1. In den Informationssystemen der Zukunft kommt es auf weit höhere Kompetenz bei der Beherrschung des Wissens an; nicht mehr in erster Linie Dokumente sind es, die gespeichert bzw. geordnet werden, sondern es ist unmittelbar brauchbares Wissen. Zugleich mit der engen Nutzerorientierung werden Methodenkenntnisse wichtig und damit berufliche Qualifikationen, in denen Methode und Fach eine enge Liaison eingehen.

2. Auf beiden Flanken des klassischen Dokumentarsberufes öffnen sich neue, faszinierende Berufsfelder für Informationsspezialisten, mit Tätigkeiten, die unzweifelhaft schwieriger, dafür aber weniger monoton, humaner und mit ungleich größerer Verantwortung ausgestattet sein werden.

3. Mit der zentralen Bedeutung, die ad-hoc-Informationssysteme eines Tages mit Sicherheit erlangen, werden auch die mit den Wissensinhalten dieser Systeme befaßten Berufe ebenso sicher in Bezug auf Einfluß und Ansehen gewinnen; der Informationsspezialist hat damit alle Chancen zum Spitzenberuf, weil sich nach und nach herausstellen wird, daß die Gesellschaft auf seine Tätigkeit nicht verzichten kann.

New Types of Professions in Information Storage and Retrieval

Winfried Schmitz-Esser
Hamburg

There has been a tremendous development in the field of automated information storage and retrieval since the invention of the electronic dialogue more than two decades ago. The introduction on a full scale has yet to come. Despite all the progress achieved, however, there is scarcely a system today that is so perfect as to enable any normal interested person to easily gain access to the desired information without further knowledge or training. This is why most of the interactive systems today depend heavily on information specialists rather than on the end users

With the expected further rapid expansion of automation in the information industry, a strong need for such specialists is being forecast for the next few years to come. There will be a need for further specialisation in three traditional areas such as

- selection and evaluation of documents
- intellectual or machine-aided indexing
- computerized research.

This is the case with, e.g. information brokers, or with a new type of professional specialising in the transformation and preparation of research results for the user, or with the rise of special research editors in the big publishing houses.

New types of jobs are also created in special businesses like

- data and information transmission, preparation or re-formatting
- input and output control, e.g. optical quality control for microfilming
- verification, completion and selection of certain incoming or outgoing data
- production of secondary systems like registers, SDI's, newsletters etc.
- delivery of facsimile copies (source documents)
- microfilming and reproduction
- evaluation and acquisition of data bases

- client's contacts and all sorts of commercial services involved

- training

- consultancy.

In a later stage of development, however, the end user will come into his own right, and information systems will be in a position to cope more "intelligently" with his demands.

It's anyone's guess as to when this will happen and, in some cases, as to the degree of perfection that can be achieved in those "intelligent" question and answer systems.

The following, however may be safe to say:
All those functions of the documentalist which in some way or in another can be made subject to an algorithm and thus be replaced by a machine will diminish. New and more important fields of activity, however, will open up in the process.

Construction and maintenance of a new generation of "intelligent" information systems will require mainly five new or modified types of professionals:

1. Editors – to cope with competent and responsible description and comment of the content of the data bases

2. Market researchers – to assure that the knowledge stored in the base is oriented towards users' needs

3. Educationalists – to assure true learning systems, i.e. that each relevant quantum of knowledge in the base is presented in a didactically meaningful relationship to other relevant pieces of knowledge in it

4. Documentalists in a proper sense – in order to assure reliable structuring of the knowledge to be stored and updated

5. Language specialists – as linguistic pathmakers.

On both sides of the classic information mediators' job, new, fascinating professions will appear.

Along with the rising importance which ad-hoc information systems will achieve, also the professions involved in the processing of knowledge in these systems will surely gain influence and prestige.

With this, the information specialist has every chance of a top job – because it will turn out that society cannot any longer do without him or her.

Resümee des Kongresses

Eberhard Witte
München

Der diesjährige Kongreß des MÜNCHNER KREISES zum Thema "Telekommunikation als Berufschance" geht seinem Ende entgegen. Die Zusammenfassung einer solchen Veranstaltung muß natürlich immer eine sehr persönliche, subjektive Sache sein; jeder Teilnehmer würde andere Schwerpunkte legen. Wenn wir mehrere von uns bitten würden, zu sagen, was für sie am wichtigsten war, dann könnten wir wahrscheinlich Mosaiksteine zu einem wirklichen Gesamtbild zusammenfügen. So kann mein Resümee natürlich nur mein persönliches Verständnis des Kongresses wiedergeben.

Dem Kongreß lag eine ganz besondere Architektur zugrunde. Zu Beginn der Veranstaltung habe ich das Problem "Telekommunikation als Berufschance" zunächst einmal sehr flächig gesehen. Ich stand unter dem Eindruck vieler medienpolitischer Diskussionen, in denen Schreckensbilder von einer neuen Technik, die mikroelektronisch und mit Glasfasern, mit neuen Organisations- und Integrationsformen bisherige Tätigkeiten überflüssig macht und damit den Menschen von seinem Arbeitsplatz wegstößt, gezeichnet wurden. Der Chip, durch dessen Einsatz heute neue technische Systeme aus Hardware, Software und Orgware entstehen - und der deswegen Träger ganzer Arbeitswelten ist - wird heute mit dem Wort "Jobkiller" belegt. Eigentlich erstaunt es zunächst, daß wir eine aufkommende Massenarbeitslosigkeit durch den Einsatz dieser Technologie befürchten. Das eigentliche große Ereignis der Automation, nämlich die Einführung des Computers in unsere Arbeitswelt, ist ja bereits vollzogen worden. Gerade dabei hat sich gezeigt, daß Arbeitskräfte eben nicht eingespart wurden, sondern vielmehr neue Tätigkeitsfelder entstanden sind. Dennoch glaubt man, daß die neue Qualität der Informations- und Kommunikationstechnik zu einer Berufsmisere führen könnte. Deshalb ist das Thema des Kongresses "Telekommunikation als Berufschance" im Grunde eine These, die schon etwas behauptet, die Thematik zumindest nicht mehr ganz offen läßt. Ich muß ehrlich bekennen, daß mir dabei gar nicht so ganz wohl war,

denn so eine Veranstaltung soll schließlich auch halten, was im
Thema als Aussage schon versprochen wird.

Zu Beginn der Veranstaltung wurden bestehende Berufe noch recht
statisch dargestellt. Man sah den Diplom-Ingenieur, den Elektrotechniker, den Journalisten, den Lehrer. Es war vielleicht nicht
ganz klar, welche Art von Ingenieur hier vorgestellt wurde. Zunächst
waren es einzelne, dann wieder ganze Gruppen, mal arbeiteten sie
miteinander fachübergreifend oder auch hochspezialisiert; es wurden
also schon gewisse Differenzierungen deutlich. Was ich dabei gelernt habe, war, daß es hier nicht um eine ruhende statische Berufswelt, die jetzt mit einem Mal Mann für Mann ausgetauscht wird,
geht, sondern daß hier arbeitende Menschen in einer außerordentlich
schnellen Entwicklung stehen.

Im nächsten Schritt begann sich das in seiner Tiefe skizzierte Gebäude als Ganzes zu bewegen. Es war offensichtlich allen klar, daß
wir uns nicht vorstellen können, einen Status quo bewahren zu wollen.
Das Wort von den Mischberufen ist gefallen. Auch die Frage, ob in
Zukunft Spezialisten oder fachübergreifende Fähigkeiten verlangt
werden, konnte nicht ganz geklärt werden. Vom Ingenieur wurde eine
auf der einen Seite breite Grundlagenausbildung verlangt, um, außerordentlich anpassungsfähig, sich immer wieder neue Spezialgebiete
erobern zu können. Andererseits wurde aber auch festgestellt, daß
sich das ganze Wissen alle sechs bis sieben Jahre überholt. Die
Diskussion bis zu diesem Zeitpunkt machte das erste Ergebnis der
Veranstaltung deutlich: Die bestehenden Berufe im Bereich der Telekommunikation stehen in einer äußerst dynamischen und zukunfts-
trächtigen Berufswelt. Allein für die jetzt bestehenden Tätigkeitsfelder der Telekommunikation werden sich - auch ohne daß neue Berufsfelder hinzutreten müssen - überdurchschnittliche Berufschancen
bieten.

In einer zweiten Phase des Kongresses wurden dann wirklich neue Berufe vorgestellt. Das Wort "Berufe" scheint hier allerdings nicht so
richtig zu passen. Der Begriff leitet sich von "Berufung" ab, also
aus einer schön geordneten Welt, man möchte beinahe sagen, der
Zünfte, in der ein Beruf förmlich anerkannt werden mußte, um eine
eigene, lebenslange Tätigkeit zu rechtfertigen. Gerade auf dem Gebiet der Telekommunikation scheint dieser langfristige Aspekt

allerdings nicht zu treffen. Es sind doch viel eher zukunftsorientierte Tätigkeiten, die durchaus von verschiedenen Berufsbezügen her ausgefüllt werden können. Aus diesen können sich erst mit der Zeit auch neue Berufe entwickeln.

Die neuen Berufe wurden ziemlich deutlich im Bereich der Datenverarbeitung aufgezeigt. Es war interessant zu sehen, wie aus dem bescheidenen Programmierer der ersten Stunde der Datenverarbeitung eine Vielzahl von neuen Beschäftigungsfeldern hervorgegangen ist. Gerade hier zeigt sich ganz deutlich, wie absurd die Idee vom Ersatz handschreibender oder maschinenschreibender Personen durch die Datenverarbeitung ist.

Schließlich schaffen auch die neuen Telekommunikationsformen die verschiedensten neuen Tätigkeiten. Da gibt es den Videotextjournalisten. Auch Bildschirmtext schafft eine Reihe neuer Aufgaben, die nicht nur das Erstellen dieser Informationen, sondern auch das Auffinden, das Anbieten, das Verkaufen, das Kalkulieren, das Bedarffeststellen umfassen, kurzum alles, was die Vielfalt inhaltlicher medialer, technischer, aber auch wirtschaftlicher Tätigkeiten beschreibt. Nicht genannt wurden die Berufe, die sich um die Satellitenkommunikation herum etablieren werden. Man sollte schon darauf hinweisen, daß man hier noch keine Vorstellungen über Berufsbilder entwickelt hat, weil eben das Medium in Europa erst begrenzt im Einsatz ist. Dort wo diese Technologie verwendet wird, gibt es auch eine Fülle neuer Tätigkeiten anwendungsbezogener, nicht allein technischer Art.

Unsere begrenzte Phantasie ist natürlich ein Hindernis bei dem Versuch, die zukünftige Berufswelt zu skizzieren. Ich vermute, daß es noch ein paar hundert ähnliche Tätigkeiten gibt, von denen wir uns in einigen Jahren wundern werden, daß wir sie eben heute noch nicht vorausgesehen haben.

Ein erwähnenswertes neues Berufsfeld - mir als Betriebswirt natürlich besonders sympathisch - ist der Medienkaufmann, der Medienbetriebswirt, also derjenige, der eben nicht nur mit Budgets umgeht, sondern im Saldo zwischen Aufwand und Ertrag denkt. In Budgets denken wir alle, auch natürlich die öffentlich-rechtlichen Rundfunkanstalten. Niemand hat unbegrenzte Mittel zur Verfügung. Das wesentliche am Kaufmann ist aber, daß er Saldoverantwortung zu tragen hat, daß sein Aufwand durch Ertrag wieder gedeckt werden muß und nicht einfach Budgets ausgegeben werden. Es ist sicherlich wert, daß sich tatkräftige und, man kann hier hinzufügen, unerschrockene junge Berufsanfänger dieser wichtigen Frage widmen.

Ich kann natürlich nicht alle neuen Berufsfelder aufzählen, die Sie in den vergangenen zwei Tagen vorgeführt bekamen. Es gibt den Informationsmakler, den Informationsaufbereiter, den Informationspädagogen, den Telepädagogen, ja den Telekünstler, denn wir sollten uns in der Tat dem, was Menschen Spaß macht, auch mit Hilfe der Telekommunikation widmen und nicht immer nur an die Arbeitswelt denken.

Sicherlich haben wir nur einen kleinen Teil von dem erfaßt, was uns die Zukunft an neuen Berufen bringen wird. Man stelle sich nur vor, eine solche Diskussion wie diese wäre vor der Einführung des ersten Automobils geführt worden. Damals hätte man auch vermutet, daß das Auto eine ganz gefährliche Innovation sein wird. Es vernichtet natürlich die Arbeitsplätze von Tausenden von Kutschern. Außerdem mußten die Pferde ja nun nicht mehr gepflegt werden. All die Berufe, die sich um dieses Fortbewegungsmittel herum etabliert haben, wurden natürlich durch die Erfindung des Automobils überflüssig. Daß aus diesem Jobkiller inzwischen die tragende Kraft für die wirtschaftliche Entwicklung geworden ist, daß sich nicht nur die Automobilindustrie, sondern auch Zulieferindustrien, Straßenbaubetriebe, die Hersteller und Betreiber von Ampel- und Signalanlagen und anderen Ordnungssystemen entwickelt haben, zeigt, wie problematisch Prognosen von zukünftigen Berufsbildern sein können. Ähnliche Entwicklungen hat es beim Flugverkehr gegeben. Allerdings wurde auch der Zeppelin erfunden und dieses Verkehrsmittel beschäftigt heute so gut wie niemanden mehr. Auch hier zeigt sich wieder einmal ganz deutlich, daß es eben keine technischen Zwangsläufigkeiten gibt, daß nicht alles, was technisch machbar wird, auch gemacht werden muß. Die Patentämter auf der ganzen Welt sind voll von Erfindungen, die technisch machbar sind, aber wirtschaftlich nicht realisiert wurden, weil die Menschen dafür nicht bezahlen wollten. Es kann eben nur dann neue Berufsbilder geben, wenn auch die Techniker es verstehen, ihre Erfindungen durch das Nadelöhr der Wirtschaftlichkeit zu führen. Erst dann können ihre Entwicklungen realisiert werden und erst dann entstehen neue Berufschancen.

Schließlich wurden die Beschäftigungschancen von Absolventen verschiedener Ausbildungsrichtungen erörtert. Wir haben mit einer gewissen Befriedigung gesehen, daß bei Ingenieuren im Augenblick Angebot und Nachfrage in einem ganz guten Gleichgewicht stehen. Bei den Journalisten, ein im übrigen als Beruf mit spezifischen Ausbildungsformen und nicht als künstlerische Tätigkeit noch recht junger Beruf, ist die Frage der Zukunftschancen noch strittig. Dies zeigt, daß sich in diesem Bereich schon eine stürmische Entwicklung abzeichnet, denn sonst würde man wohl die Probleme noch nicht sehen.

Als weiterer Aspekt wurden uns die Träger der beruflichen Ausbildung vorgestellt. Es sind keineswegs nur die Schulen und Hochschulen, sondern auch die Betriebe, und zwar keinesfalls nur Industriebetriebe der herstellenden Wirtschaft, sondern auch die Funkhäuser und Zeitungsverlage, überhaupt die Printmedien, in denen Ausbildung betrieben wird. Wir haben auch festgestellt, daß diese Ausbildung selbst wieder mit Hilfe der Telekommunikation stattfinden kann, daß hier also sozusagen eine Metaebene der beruflichen Entwicklung angesprochen wird. Gerade im Ausland werden auf diesem Gebiet beachtliche Anstrengungen unternommen, die uns zu denken geben sollten.

Was natürlich gerade für die politische Diskussion eine beträchtliche Rolle spielt, ist die volkswirtschaftliche, quantitative Betrachtung der zukünftigen Beschäftigungsstruktur. Es wurde uns vorgerechnet, daß durch die weltweite Verbreitung des Telefonnetzes bis zum Jahre 2000 - also eines "alten Mediums" - insbesondere in der dritten Welt bis zu 10 Millionen neue Arbeitsplätze geschaffen werden können. Vernichtet werden Arbeitsplätze durch die Verbreitung dieses Dienstes nur in ganz geringem Umfang. Die neuen Telekommunikationsformen, die in ein unbekanntes Gelände hineinstoßen, sind natürlich in dieser Rechnung noch nicht enthalten. Wir sollten also, entgegen der allgemeinen Schreckensbefürchtung, davon ausgehen, daß wir es hier mit einer ausgesprochenen fortschritts- und arbeitsschaffenden Entwicklung zu tun haben.

Gleichzeitig ist uns aber deutlich geworden - und alle Referenten haben dies erwähnt -,daß die Arbeit zwar anspruchsvoller, aber auch schwieriger wird. Es stellt wieder einmal eine neue Herausforderung dar, uns dieser Technik zu bedienen, die von uns Leistungen, Einübungen und Fortbildung verlangt.

Die hohe Flexibilität und Dynamik dieser Entwicklung bedeutet allerdings auch, daß jeder einzelne belastende Umstrukturierungsprozesse zu bewältigen hat. Es ist klar, daß wir uns alle um die soziale Abfederung der Entwicklung zu kümmern haben, denn es kann niemandem daran gelegen sein, uns durch eine zu ruckartige, explodierende und dadurch sozial bedrohliche Entwicklung in eine Spannung hineinzumanövrieren, in der sich die Fronten noch weiter verhärten würden. Wir sollten alle Verantwortung auch dafür tragen, daß die soziale Komponente gerade im Interesse einer realisierungsfähigen Entwicklung mitbedacht wird.

Wir haben am gestrigen Abend den Versuch unternommen, in das Gespräch um die Zukunft der technologischen Entwicklung auch diejenigen einzubeziehen, die in einigen Jahren damit konfrontiert werden, nämlich die heutigen Schüler und Auszubildenden. Bei dieser Diskussion hat ein Jugendlicher gefragt, ob denn durch diese offensichtlich doch schon von übernatürlichen Kräften beschlossene Entwicklung dem Menschen alle Spielräume genommen seien. Was hier Angst macht, ist offensichtlich, daß man von Experten die Zukunft vorgeführt bekommt und nicht deutlich wird, daß es sich hierbei nur um Denkmodelle, keineswegs aber um beschlossene und unveränderbare Konzepte handelt. Es ist verständlich, wenn Jugendliche bei dem Gedanken, daß bereits alle Entscheidungen vorgetroffen sind und die Freiräume zur eigenen Zukunftsgestaltung schon von der vorhergehenden Generation verschüttet wurden, Angst entwickeln. Wir sollten gerade gegenüber der jungen Generation deutlich machen, daß ihre Zukunft eben noch nicht vorgestaltet ist und breite Spielräume der Ausfüllung und Gestaltung bestehen. Noch niemand weiß heute im einzelnen, wie zukünftige Kommunikationsnetze aussehen werden. Wir wissen noch nicht, wie diese Netze funktionieren, nicht einmal, welche Struktur sie haben werden. Wir gehen immer noch davon aus, daß wir unsere alten Aufbaustrukturen bewahren können. Es kann aber durchaus sein, daß die zukünftige Kommunikationslandschaft ganz andere Strukturen hervorbringt, von denen wir heute höchstens die Umrisse erkennen können. Denen, die da in der Zukunft ans Werk gehen, sei deswegen gesagt: "Die Welt ist noch nicht zugemauert. Sie ist von der zukünftigen Generation nicht nur gestaltbar, sondern muß von ihr gestaltet werden."

Allerdings ist Telekommunikation eine infrastrukturbezogene Aufgabe. Insofern ist es nötig, daß die Architekten der zukünftigen Kommunikationslandschaft ihre Pläne schon rechtzeitig entwickeln. Wer an diesem zukünftigen Bild mitzeichnet, die eigene Kreativität einbringt und damit neue Systeme aufbaut, trägt eine besondere Verantwortung, die in seinem schöpferischen innovatorischen Horizont über längere Zeiträume hinausreicht. Unser Kongreß hatte insofern den richtigen Namen: Telekommunikation ist eine Berufschance!

Résumé of the Congress

Eberhard Witte
München

This year's congress of the MÜNCHNER KREIS on Professional Chances
in Telecommunications is going to end soon. A summary of such an
event is always a personal matter; every participant would have
other focal points. If we would ask several persons of us to repeat
the most relevant facts, we could probably get a mosaic-like picture
of the whole event. But of course I can only give my own understanding
of the congress.

The congress had a very special architecture. At the beginning my
view of the professional chances in telecommunications was influenced
by many media-political discussions, where horror pictures of a new
technique - microelectronics, fiber optics, new methods of organization and integration - were made up, which are rendering useless
present job types and which are pushing away the workers from their
jobs. By using the microchip new technical hardware, software and
orgware systems and thus whole job areas are created, but neverthe-
less they call it "jobkiller" today. It seems strange, that we fear
mass unemployment by using this technology. The really important
consequence of automation, i.e. the introduction of the computer,
has already been done. There it was shown, that old jobs were not
replaced, but new job areas were created. Still one believes, that
the new quality of information and communication technology is
leading towards a new job crisis. Thus the subject of the congress,
"Professional Chances in Telecommunications", is already a hypothesis
and has a certain influence on the general topic. I have to admit,
that I was not so comfortable with it, because such a congress is
bound to deliver what it promised in its title.

At the beginning of the congress existing professions were described
rather statically, e.g. the engineer, the journalist, the teacher.
Maybe it was not quite clear, what kind of engineer was presented
sometimes: engineers working alone or in groups, beeing specialized

or multifunctional. I learned that we do not find a stable or static
professional world which is replaced man by man, but that we have to
deal with people in an extremely fast changing environment.

In the next step the details were shaped up to a complete view. Obviously everybody knew that we can not imagine to preserve the status
quo. "Mixed jobs" were mentioned and it could not be find out for
sure, if we need specialists or generalists in the future. On one
hand, the engineer is asked to have a broad, general basis education in order to be able to adapt at new special fields. On the
other hand it was said, that the whole knowledge is getting out of
date within every six or seven years. The discussion up to that
point revealed the first result of the congress: The existing telecommunications professions are part of a very dynamic and promissing
job scene. Just for the now existing job fields of telecommunications
there will be chances above the average - without talking about new
job areas.

In the second phase of the congress new professions were presented.
Yet the term "profession" does not fit very well, since it is associated with the traditional view of work, were a job had to be formally
accepted in order to justify life-long occupation. But this long-
term aspect does really not fit within the area of telecommunications. Jobs are future-oriented, associated with different professions, and they still need time to develop into new professions.

Jobs in electronic data processing were described rather clearly. It
was interesting to see, how the first modest programmer job developped
into a whole lot of new professions. This shows us how absurd it is
to think, that electronic data processing is replacing handwriting
or typing employees.

Furthermore the new forms of telecommunications create a lot of new
different occupations like the videotex journalist, like creating,
finding, offering, selling, calculating information, i.e. everything
described by the variety of media, technical or economical tasks.
Professions resulting of satellite communication were not mentioned.
Here do not exist any clear descriptions, because this medium is
only used to a limited degree in Europe. But where this technology
is already applied, there are plenty of new technical and user-
oriented jobs.

Our limited phantasy hinders us to describe already now the future
professional world. I guess that there are still a few hundred other
occupations and we will wonder later, why we did not forsee them today.

A new field we should talk about is the media businessman, who does
not only work with budgets, but thinks in terms of costs and revenues, and who is - for me as a management scientist - especially
interesting. Everybody thinks in terms of budgets, also of course
the public broadcasting companies. Yet nobody has unlimited supplies.
But the essential characteristic of the manager is to be responsible
for the balance, i.e. his costs have to be covered by his revenues,
and he is not simply spending a budget. It is certainly worthwile,
that energetic and - we could add - courageous job beginners are
dealing with this important question.

Of course I can not list all new jobs you heard about during the last
two days. There is the information dealer, the information manager,
the information teacher, the tele-teacher, even the tele-artist. Indeed we should devote telecommunications also to things which give
pleasure to the people, and should not think only at the world of
jobs.

Certainly we covered only a small part of those jobs which will be
created in the future. Just imagine this same discussion before the
introduction of the first automobile. At that time one also would
have guessed, that cars are quite a dangerous innovation. Of course
thousands of coachman jobs are destroyed. The horses no longer have
to be looked after. All kind of jobs being concerned with this kind
of transportation are becoming useless. But the fact that this jobkiller has become the driving force of the economical development,
that not only the automobile industry, but also suppliers, road
construction, signal and lights industries etc. were created, demon-
strates the difficulty to describe future professions. The air traffic has similar traits, even though also a Zeppelin was invented,
which nowadays provides practically no jobs. Obviously there is
no law, that everything, which is technically feasible, has practically to be used. Patent offices around the world are full of technically possible but economically unfeasible inventions, because
nobody wanted to pay for it. There can be only new professions, if

the technicians are able to let their innovations pass the economical examination. Only then new developments might be realized and new professional chances might develop.

Finally professional chances of graduates of several school types were discussed. We were content to find that supply and demand of engineers are almost balanced at the moment. Future chances of journalists - not in the artistic sense but as a profession with formal education and such rather a new job type - are not yet clearly seen. This profession undergoes a rapid development, otherwise its problems would not yet be so much discussed.

Another type of education is taking place within firms and organizations. Not only schools and universities, but also industry, i.e. production as well as communications industry like broadcasting companies, news publishers and the print media in general are providing this kind of formal training. We could even state, that education itself can be done by means of telecommunications. Considerable efforts are undertaken especially abroad, which should encourage us to pay more attention to this application.

The macroeconomical, quantitative analysis of the future job structure is of special importance for the political discussion. We heard that world-wide implementation of the telephone network - i.e. a "classical" medium - until the year 2000 can create up to 10 million new jobs, especially in the third world, while only to a very small degree jobs will be destroyed. The new telecommunications media are of course not yet part of that calculation. Thus we should think, despite general horror visions, that we are facing a development which is bringing about progress and new jobs.

At the same time we could also see - and every speaker made that point - that the jobs become more demanding and more difficult. This is again a challenge for us to use this technique, which demands our efforts, training and continuing education.

The high flexibility and dynamics of this development also implies troublesome restructuring processes for everyone. Certainly we have to take care of the social consequences, because we are not interested in a sudden, exploding - and thus socially threatening -

development with hardening front-lines. All of us should share the
responsibility to take into account the social part - in the interest
of a realistic and feasible development.

Yesterday evening we tried to include also those into the discussion
about the technological evolution, who will be confronted with it
in a couple of years, i.e. today's students and apprentices. One of
them asked, if this development - obviously predetermined by super-
natural forces - took away already all human space of free movement.
Obviously it is threatening, that experts demonstrate the future
without making it clear, that they talk about theoretical models,
but certainly not about final, unchangeable concepts. It is under-
standable, that young people are getting afraid at the thought, that
all decisions are already made and that the previous generation destroyed already their chances to shape their own future. Especially
the young generation we should tell, that their future is still
open and that they are needed to form it and fill it out. Nobody
knows today the details of future communication networks. We do not
yet know, how they function nor how they are structured. So far we
suppose, that we can preserve the present structures. But it is
possible, that the future communications map creates quite different
structures, of which we know at most their outlines. Those, who will
work on it in the future, should be told: "The world is not yet
walled up. It _can_ not only but it _has to_ be formed by the future
generation."

Yet telecommunications are concerned with infrastructure such that
it is necessary, that the architects of future communications maps
develop their plans in time. Everyone who takes part in the process
of designing this future, who uses his own creativity in order to
build new systems, bears a special responsibility, which with its
creative and innovative dimensions goes far into the future. Thus
our congress had the right name: Telecommunications are a professional chance!

Liste der Autoren
Index of Authors

Becker, Richard; Intendant des Deutschlandfunks, Raderberggürtel 40,
        5000 Köln 51

v. Bülow, Andreas, Dr., MdB; Bundesminister für Forschung und Technolo-
        gie, Postfach 20 07 06, 5300 Bonn 2

Dingeldey, Ronald, Dipl.-Ing.; Präsident des Fernmeldetechnischen
        Zentralamtes, Am Kavalleriesand 3, 6100 Darmstadt

Dorn, Bernhard; Leiter des Direktionsbereichs Vertriebsunterstützung,
        IBM Deutschland GmbH, Pascalstraße 100, 7000 Stuttgart 80

Gissel, Hans, Dr.-Ing.; Mitglied des Vorstands der AEG-TELEFUNKEN AG
        und Vorstandsvorsitzender der AEG-TELEFUNKEN Kommunika-
        tionstechnik AG, Theodor-Stern-Kai 1, 6000 Frankfurt

Haefner, Klaus, Prof. Dr.; Fachbereich 2, Universität Bremen, Postfach
        33 03 40, 2800 Bremen 33

Kaiser, Wolfgang, Prof. Dr.-Ing.; Institut für Nachrichtenübertragung,
        Universität Stuttgart, Breitscheidstraße 2, 7000 Stutt-
        gart 1

Komatsuzaki, Seisuke; Managing Director of the Research Institute of
        Telecommunications and Economics, 1-6-19, Azabudai,
        Minato-ku, Tokyo, Japan

Kulpok, Alexander; Leiter der ARD/ZDF-Videotext-Redaktion, Lehrbeauf-
        tragter an der FU Berlin, Theodor-Heuss-Platz,
        1000 Berlin 19

Langenbucher, Wolfgang R., Prof. Dr.; Institut für Kommunikationswissen-
        schaft (Zeitungswissenschaft) der Universität München,
        Widenmayerstraße 46/III, 8000 München 22

Lohr, Helmut, Dr.; Vorsitzender des Vorstands der Standard Elektrik
        Lorenz AG, Hellmuth-Hirth-Straße 42, 7000 Stuttgart 40

Maier, Hans, Prof. Dr.; Bayerischer Staatsminister für Unterricht und
        Kultus, Salvatorplatz 1, 8000 München

Marko, Hans, Prof. Dr.-Ing.; Lehrstuhl für Nachrichtentechnik,
        Technische Universität München, Arcisstr. 21,
        8000 München 2

Nierhaus, Herbert, Dr.; Deutsche Angestellten-Gewerkschaft, Ressort
        Bildung, Karl-Muck-Platz 1, 2000 Hamburg 36

Ohmann, Friedrich, Dipl.-Ing.; Vorsitzender der Nachrichtentechnischen
        Gesellschaft im VDE, Stresemannallee 21, 6000 Frankfurt
        und Generalbevollmächtigter Direktor der Siemens AG,
        Hofmannstr. 51, 8000 München 70

Schmitz-Esser, Winfried, Dr.; Vorsitzender des Vereins Deutscher Doku-
        mentare und Leiter der Abteilung Info-Marketing/Dialog-
        systeme, Gruner + Jahr, Mittelweg 180, 2000 Hamburg

Schnupp, Peter, Dr.; InterFace GmbH, Karolinenstraße 4, 8000 München 22

Schulze-Vorberg jr., Max; InterFace GmbH, Karolinenstraße 4
        8000 München 22

Seriki, Omotayo A., Prof. Dr.-Ing.; Department of Electrical Engineering,
        University of Lagos, Lagos, Nigeria and Executive Direc-
        tor (Telecommunications), Siemens Nigeria Ltd., Lagos,
        Nigeria

Springer, Hans, Dr.rer.nat.; Direktor der Schule für Rundfunktechnik,
        Wallensteinstraße 121, 8500 Nürnberg

Sumner, Eric E.; Vice President Computer Technologies and Military Sy-
        stems, Bell Laboratories, 600 Mountain Avenue, Murray
        Hill, N.J., 07974, USA, and President of IEEE Communica-
        tions Society

Thoma, Helmut, Dr.; Geschäftsführer der IPA/Radio Luxemburg, Freiherr-
        vom-Stein-Straße 58, 6000 Frankfurt/Main

Turner, George, Prof. Dr.; Präsident der Westdeutschen Rektorenkonferenz,
        Ahrstraße 39, 5300 Bonn 2 und Präsident der Universität
        Hohenheim, Schloß, 7000 Stuttgart 70

Witte, Eberhard, Prof. Dr.; Institut für Organisation, Universität
        München, Ludwigstraße 28, 8000 München 22 und Vorsitzen-
        der des MÜNCHNER KREISES

Wolter, Werner; Head Public Information and Press Section of the Inter-
        national Telecommunication Union, Place des Nations,
        1211 Genève 20, Schweiz

Wördemann, Franz; Zentralstelle Fortbildung Programm ARD/ZDF,
        Cretzschmarstraße 10, 6000 Frankfurt/Main

Diskussionsleiter
Session Chairpersons

Kaiser, Wolfgang, Prof. Dr.-Ing.; Institut für Nachrichtenübertragung,
            Universität Stuttgart, Breitscheidstr. 2,
            7000 Stuttgart 1

Lorenz, Gert, Dr.; Vorsitzender des Vorstands der Philips Kommunikations
            Industrie AG, Thurn- und-Taxis-Straße 10,
            8500 Nürnberg

Noelle-Neumann, Elisabeth, Prof. Dr.; Institut für Demoskopie
            Allensbach, 7753 Allensbach

Ratzke, Dietrich; Chef vom Dienst der Frankfurter Allgemeinen Zeitung,
            Fachautor Neue Medien, Heller Hof Str. 2-4,
            6000 Frankfurt/Main

Schips, Kurt, Dipl.-Ing.; Geschäftsführer der Robert Bosch GmbH,
            Robert-Bosch-Platz 1, 7016 Gerlingen Schillerhöhe

Wolter, Werner; Head Public Information and Press Section of the
            International Telecommunication Union, Place des
            Nations, 1211 Genève 20, Schweiz

Teilnehmer an der Podiumsdiskussion
Participants in the Panel Discussion

Chakraborty, Rabindra Nath, Falkenstr. 2, 8070 Ingolstadt

Giebel, Hayo, Dr.-Ing.; Bereichsleiter Rechner-Systeme, Periphere Com-
               puter Systeme GmbH, Pfälzer-Wald-Straße 36,
               8000 München 90

Hibler, Michael, Ulmenstr. 7, 8032 Locham

Kaiser, Wolfgang, Prof.Dr.-Ing.; Institut für Nachrichtenübertragung,
               Universität Stuttgart, Breitscheidstr. 2,
               7000 Stuttgart 1

Kroll, Clemens, Institut für Nachrichtentechnik, Conollystr. 3
               8000 München

Lupp, Uwe, Dr.; Lindwurmstraße 85, 8000 München 2

Marko, Hans, Prof. Dr.-Ing.; Lehrstuhl für Nachrichtentechnik,
               Technische Uiversität München, Arcisstraße 21,
               8000 München 2

Ohmann, Friedrich, Dipl.-Ing.; Vorsitzender der Nachrichtentechnischen
               Gesellschaft im VDE, Stresemannallee 21,
               6000 Frankfurt/Main und Generalbevollmächtigter Direktor
               der Siemens AG, Hofmannstr. 51, 8000 München 70

Band/Volume 4

Telekommunikation für Bildung und Ausbildung Telecommunication for Education and Vocational Training

Vorträge des vom 11.–12. Juni 1980 zur
VISODATA'80 in München abgehaltenen
Kongresses
Proceedings of a Congress Held in Munich
During VISODATA '80, June 11–12, 1980
Herausgeber/Editor: K.H.Vöge
1981. VII, 108 Seiten (10 Seiten in Englisch)
DM 30,-. ISBN 3-540-10645-6

Telekommunikation für Bildung und Ausbildung
wird schwerpunktmäßig dargestellt in zwei Über-
sichtsvorträgen, sechs Fallbeispielen und einer
politischen Podiumsdiskussion. Ziel ist, den
gegenwärtigen Zustand des Spannungsfelds
zwischen Bildungsanspruch und Bildungsvermitt-
lung mittels elektronischer Hilfsmittel zu
beleuchten. Dabei soll deutlich werden, in
wieweit Telekommunikation nach Meinung der
Fachleute heute und in absehbarer Zukunft überhaupt in der Lage oder sogar zwingend
notwendig ist, Bildung und Ausbildung zu
vermitteln. Schließlich war die seit Jahren festge-
fahrene Diskussion zur Bildungstechnologie
sowohl bei der Bildungsverwaltung und
Bildungsausführung als auch bei ihr selbst neu zu
beleben.

Band/Volume 5

Neue Formen der Datenkommunikation New Forms of Data Communication

Vorträge des am 1./2. Juli 1980 in München
abgehaltenen Symposiums
Proceedings of a Symposium Held in Munich,
July 1/2, 1980
Herausgeber/Editor: G.Seegmüller
1981. XIV, 159 Seiten (75 Seiten in Englisch)
DM 43,-. ISBN 3-540-10736-3

Bisher sind die Veröffentlichungen des
„Münchner Kreises" ohne besonderen Reihentitel vorgelegt worden. Ab sofort erscheinen sie
unter dem Reihentitel **Telecommunications**, so
daß der hiermit vorgestellte Band die Nr. 5
bekommt.
Das Buch behandelt die Technik, die Probleme
und die Anwendungsmöglichkeiten neuer Daten-
kommunikationsmedien und -einrichtungen.

Dazu zählen insbesondere Breitbanddienste über
Kabel, Glasfaser und Satelliten. Es handelt sich
um die redigierten Vorträge, welche auf dem
Symposium des Münchner Kreises am 1. und 2.
Juli 1980 von Fachleuten aus den USA, Kanada
und Europa gehalten wurden. Die Vorträge
zeichnen sich aus durch hohen aktuellen Infor-
mationsgehalt bei gleichzeitiger guter Lesbarkeit
auch für nicht auf diesem Gebiet Tätige.

Band/Volume 6

Kommunikation über Satelliten Communication via Satellites

Vorträge des am 23./24. Oktober 1980 in
München abgehaltenen Kongresses
Proceedings of a Congress Held in Munich,
October 23/24, 1980
Herausgeber/Editor: W.Kaiser, U.Lohmar
1981. XIV, 219 Seiten (47 Seiten in Englisch)
DM 53,-. ISBN 3-540-10751-7

Mit dem Kongreß, der diesem Band zugrunde
liegt, wollte der Münchner Kreis über die aufse-
henerregenden neuen Möglichkeiten der Satellitenkommunikation und deren Nutzungsformen
unter möglichst vielen Gesichtspunkten informieren und einen Beitrag zur Klärung der noch
offenen Fragen leisten. Da die Referate in
deutscher oder in englischer Sprache, jeweils mit
Simultanübersetzung, vorgetragen wurden, ist
auch dieser Band weitgehend zweisprachig
gestaltet. Jedem Vortrag in deutscher Originalfassung ist eine gekürzte Darstellung in englicher
Sprache beigefügt und umgekehrt.

Springer-Verlag
Berlin
Heidelberg
New York